配線で読み解く鉄道の魅力

4 東海道本線編

川島令三

天夢人
Temjin

はじめに

鉄道線路の配置、すなわち鉄道配線でもっともダイナミックなのは多数の線路が輻輳している大きな駅や貨物駅、それに通勤混雑緩和や貨物路線と旅客路線を分離したりして多数の線路が並んでいる区間である。

本書では東京―神戸間を結んでいる東海道本線を取り上げる。並行する東海道新幹線がなかった時代は特急や急行が頻繁に走っていた。東海道新幹線が開通すると、それら特急、急行は激減した。

各地で新幹線が開業すると並行している在来線はローカル路線化してしまう。東海道本線も東海道新幹線の開業で花形の長距離列車がほとんど走らなくなって、そうなってしまったと思われがちだが、あにはからんやそうはならなかった。東海道本線は他の並行在来線と状況がまったく違うのである。

東京口では通勤混雑の緩和で、東海道新幹線開業した後でも、新しく貨物支線を増設したりして共用していた東海道本線の電車と横須賀線の電車を分離し小田原まで貨客分離の複々線にした。

静岡地区では特急列車の運転は激減したものの、普通列車を頻繁に運転して乗客を増やした。名古屋地区では高速の特別快速や新快速、快速が頻繁に走るようになり、北陸特急の「しらさぎ」や高山線特急の「ひだ」が走る。

関西地区も大阪発着の北陸特急は山科駅から湖西線回りになって、山科駅以東には快適通勤用の「びわこエクスプレス」走るだけになったが、特急よりも速いとされる新快速が

はじめに

頻繁運転され、草津以西は複々線になっている。

東海道新幹線、さらに山陽新幹線開業後も東京発着の九州方面への寝台特急ブルートレインがずっと走っていた。しかし、九州新幹線の開業後には走らなくなってしまった。とはいえ四国と出雲を結ぶ「サンライズ出雲・瀬戸」は現在も走っている。

旅客列車で東海道本線を通して定期運転で走っているのは、この「サンライズ出雲・瀬戸」だけだが、貨物列車は昼夜を問わず頻繁に運転されている。しかもコンテナ貨車を26両連結した１３００ｔ牽引の５５０ｍほどの長い貨物列車が走る。東海道本線には大規模な貨物駅や貨物信号場があり、多くの駅には長い貨物列車が停車できる着発線が置かれている。

東海道本線には線路が６線以上並ぶ区間が多数あり、ダイナミックな配線をしている大きな駅や貨物駅が多数ある。

多くの書籍などでは車庫や貨物ヤードの配線は網掛けなどをして省略しているが、本書ではこれらの配線をもれなく紹介した。また、かつてのヤード仕訳方式の配線について、東洋一といわれた吹田操車場を例にして紹介している。

今でも花の東海道本線といわれるほど多数の線路が行き交っている同線の配線図を見ていただいて楽しんでもらえれば幸いである。

２０２４年１月

川島　令三

序章　線路の用語について

主として国鉄が使っていた鉄道用語の大半は一種独特な言い回しをしている。また、旅客部門、貨物部門、運転部門、車両部門によって同じことを示していても違う言い回しをしている。さらに、線路にはそれぞれに名称と番号が付いている。しかも名称だけ、番号だけ、名称と番号の両方が付いていることもある。

最初にこれらを紹介する。

本線と従属線、本線と支線、本線と側線の違い

本線という名称はいろいろ使われ方をしている。路線の名称で東海道本線というところの「本」を付けているのは東海道線の部の本線だからである。国鉄としては各路線を束ねた「部」というものを設けて、そこのメインの路線を**本線**と呼ぶ。これと対になる言葉として、東海道本線に付属する路線ということで**従属線**と言う。従属線という言葉は聞こえが悪いことから**所属線**と言い換えることもある。

ともあれ東海道線の所属線は山手線、赤羽線、横須賀線、南武線、鶴見線、武蔵野線、横浜線、根岸線、御殿場線、伊東線、身延線、二俣線（現天竜浜名湖鉄道）、飯田線、岡多線（現愛知環状鉄道）、武豊線、樽見線（現樽見鉄道）があった。

これが**本線**と**所属線**の使い分けである。

ＪＲになってからは部という分類は消滅しているので本線という使い分けはしなくなっているが、慣習的に多くの書物で東海道本線という言い方をしている。

東海道本線を含むこれら所属線にはそれぞれ支線というものがある。南武線には支線として尻手—浜川崎間がある。鶴見線にも海芝浦支線、大川支線がある。

そして東海道本線にも多数の支線がある。東海道貨物支線という名称で浜松町—東京貨物ターミナル—鶴見間がある。品川—新川崎—鶴見間は一般には横須賀線あるいは湘南新宿ラインと呼ばれているが、品鶴貨物支線が正式名称である。略して品鶴線ということが多い。鶴見—横浜羽沢—東戸塚間は新横浜貨物支線もある。

名古屋地区には名古屋港支線、稲沢支線、関西地区にも大阪ターミナル線（吹田—大阪貨物ターミナル間）、北方貨物線（吹田—塚本間）、梅田貨物線（吹田—福島間）などがある。名古屋港支線は間もなく廃止される。

これが**本線**と**支線**の使い分けであり、南武線と南武支線との対比をするときは川崎—立川間が本線という言い方になる。

本書で一番出てくるのが**本線**と**側線**の使い分けである。この場合の**本線**とは営業列車が走る線路のことである。営業列車とは旅客を乗せている列車のことだが、旅客だけでなく貨物を運賃を受領して運搬する貨物列車も含まれる。旅客や貨物を乗せていない回送列車や試運転列車も本線を走ってもいい。

側線とは営業列車が走らない線路のことで、営業列車は絶対に走ってはいけない線路のことである。

本線と言っても、さまざまな線路がある

また、この場合の本線にも各種の線路がある。複線の場合は**下り本線**、**上り本線**と使い分ける。普通列車が特急などを待避する待避線は**副本線**と呼ばれるが、これも立派な本線

である。「副」と付ける理由はサブ的な本線だからである。

上下本線の間に副本線があるときは**中線**（なかせん）といい、複数ある時は下り本線側から順に**中1番線、中2番線、中3番線**……とする。上下本線の外側に副本線がある場合で、下り線の外側にあるときは**下り1番線、下り2番線**……、上り線の外側にあるときは**上り1番線、上り2番線**……と付していく。

ただし中線も含めて下り1番線、上り1番線と付番されていても側線の場合もある。側線であれば副本線でないので営業列車は走ることができない。

本書ではとくに断りがない場合の中線または中○番線、下り○番線、上り○番線ということにする。

また、副本線を含む本線については使用する目的による言い方もある。また旅客列車については発着、貨物列車については着発という使い分けをしている。

下り本線は下り列車が発着（貨物は着発）するか通過する本線、**上り本線**は上り列車が発着、通過する本線、**上下本線**は一つの線路に上下列車が発着・通過する本線である。**着発線**という場合は貨物列車が着発するか通過する本線である。

東海道本線に単線区間はないが、単線路線の行き違いをする駅や信号場において片方を直線にして速度を落とさず高速で通過できるようにしているところがある。そのような行違駅のことを1線スルー駅という。高速で通過する線路を上下本線、停止して高速通過列車をやり過ごす線路を**上下副本線**という。

到着本線は列車の到着だけ使用する本線、**出発本線**は出発だけに使用する本線である。到着本線と出発本線は貨物駅や貨物ターミナルに多数あるが、武蔵野線の府中本町駅のように到着本線があって旅客を降ろし、奥の引上線で折り返して出発本線に進入する旅客駅もある。

側線の各種用途の線路名称

側線にも使用する目的による言い方がある。先述の**引上線**（ひきあげ）とはある線路から列車を進入させて折り返して別の線路に転線させる線路のことを言う。

留置線は当面使用しない列車、車両を留め置く線路、**仕訳線**（しわけ）は列車を車両ごとに解体あるいは組成するための線路のことを言う。多数のものを分けて再組み立てをすることを、一般には仕分けと書くが国鉄では仕訳と書いている。

仕訳線は貨物基地などに多いが、旅客基地でも仕訳線がある。また、かつては各駅で集めて一つの貨物列車を組成するが、すべての貨車が同じ目的の駅に行くことはないので、**貨物操車場**を置いて、そこで貨物列車を分離させて、各車両の目的地別に再組成させる方式をとっていた。

東海道本線では新鶴見と稲沢、吹田という日本三大操車場のすべてが設置されていた。そこまで大規模でなくても塩浜（東海道貨物支線）、湘南、茅ヶ崎、東静岡、西浜松、大府、笠寺、岐阜、大垣、米原、草津、梅小路、東灘などに操車場が置かれていた。

これは貨物列車の**ヤード仕訳方式**といわれるものだった。このため全国各地に広大な貨物操車場が設置された。しかし、貨物列車の解体、再組成は土地だけでなく要員や時間も膨大にかかって効率が悪かった。

そこで現在は貨物取扱駅（**貨物駅**）を整理して数を減らし、各貨物駅間を基本的に直行する方式にするとともに、タンク貨車による油送貨物列車以外は基本的にコンテナ輸送に切り替えている。貨物駅周辺の荷主からの貨物をコンテナに積み込んでトラックで貨物駅に輸送、貨物駅でコンテナ積載貨車に積み込むための貨物列車を組成する作業も必要なために現在でも多くの貨物駅で仕訳線が置かれている。

前述した各操車場は廃止されたものも多いが、貨物ターミナルや貨物駅、高速の旅客列車を待避するための貨物信号場などで残っているところも多い。

ただし、コンテナ貨車ではない貨車を使用して貨物輸送をすることがある。これを**車扱貨物**列車といい、特大貨物を運ぶ特別な貨車だったり、新造された鉄道車両を運ぶ甲種鉄道車両輸送、専用線（後述）発送貨物列車などがある。

また、旅客列車の固定編成化、電車化によって作業の数は減っても旅客列車の仕訳をする必要もあり、旅客列車の基地にも仕訳線が残っている。東海道本線では大阪の宮原が旅客用操車場、略して**客操**として残っている。ただし宮原客操を引き継いだＪＲ西日本は周辺の車両基地とともに統合して網干総合車両所宮原支所の名称にした。

車庫などにある線路はすべて側線だが、先述の仕訳線と留置線のほかにも多数の名称がある。**洗浄線**は車両外部を洗浄清掃する線路、**検修線**は車両を検査修理する線路、**試運転線**は検修を終了した車両が正確に走ることができるか試す線路である。**転削線**は走行を繰り返すと車輪が摩耗していびつになって乗り心地が悪くなる。真円に戻す転削機に車両を通して各車の車輪を削っていく線路のことである。

出区線は車庫から本線へ向かう線路、**入区線**は本線から車庫に向かう線路、**入出区線**は出区、入区の両方を行う線路である。入庫線、出庫線、入出庫線としているところもある。

貨物取扱駅では貨車が自力で走行できないので、機関車のための線路が置かれている。旅客駅ではほとんどが電車になっているものの機関車に牽引される客車列車が全くないわけではないので、一部の駅では機関車用線路が残してある。たとえば東京駅や大阪駅がそうである。

機関車用線路についてはすべて「機」を頭につけている。**機待線**（きまち）は仕訳線で組成された列車を牽引するために一時的に機関車が待機する線路、**機折線**（きおり）は機関車だけが折り返す線路で、列車全体が折り返す線路はずばり**折返線**という。**機引上線**は機関車の転線のための線路、**機回線**は列車の前方に連結した機関車を後方側に連結するための線路である。運転関係では「きまわしせん」と読み、施設関係では「きまわりせん」と読む。運転関係では機関車を回す線路、施設関係では機関車が回る線路ということで部署によって使い分けている。

機走線は機関車だけが走るための線路、**通路線**は機関車だけでなく列車または仕訳前の貨車、客車、回送電車も走る線路である。

旅客列車を扱う駅も含めて全般に使われる用語として渡り線がある。鉄道では亘線と書いていたが、近年は渡り線と表記することが多くなった。

日本の鉄道の複線では左側通行をしている。列車の進行方向から対向線路にそのまま転線できる渡り線のことを**対向亘線**（たいこう）、バックして対向線路に転線できる渡り線を**背向亘線**（はいこう）というがわかりにくい。本書ではもっとわかりやすいよ

安城駅の４番線（右）の末端に置かれている安全側線

うに対向亘線を**順渡り線**、背向亘線を**逆渡り線**と表記する。

待避線と本線が合流する地点など二つ以上の線路が合流または交差する二つの線路にそれぞれ1本の列車がほぼ同時に進入または進出するとき、いずれかの線路を走っている列車を停めて、もう一つの列車に進路を譲ることで衝突を避けるが、このとき停まるべきほうの列車が冒進（誤って進行すること）したときに、違う方向に進入させる線路を設置して衝突を避けるようにしている。この線路のことを**安全側線**という。

特定の荷主が専用に使用するために、その荷主の負担によって敷設した線路を専用線という。専用線はJRや臨海鉄道に接続しているのが基本である。また、専用線から分岐して別の会社が私的に使用する線路を**引込線**というが、現在の日本には引込線に該当する線路はない。

JRや臨海鉄道、私鉄線、専用線、それぞれの路線間で車両の受け渡しを行う線路のことを**授受線**という。通常は貨車の受け渡しを行うが、私鉄とJRとの間で機関車牽引によって走行してきた新車の搬入のために行う授受線もある。これが先述した**甲種鉄道車両輸送**貨物列車というもので、運搬される新車に装備している車輪で走行するが、国からの認可がないために自力走行できず機関車牽引で走行する貨物列車のことである。

保守のための車両を一時的に留め置く線路を**横取線**という。多くの駅で貨物の取り扱いを廃止したので、不要となった貨物側線を横取線にしたところが多い。保守車両の車庫を保守基地という。貨物専用駅の中にある保守車両の留置などを行う線路は**材料線**または**保材線**という。

横取線と本線の間に設置するポイントは通常のものだとノーズ部とトングレール（可動レール）部に空隙があって乗り心地が悪い。保守車両は営業運転が終了した夜間に横取線から本線に入線し、営業運転開始前に横取線に戻るだけなので、本線路の上に保守車両が通れる専用レールを載せて一時的に出入りできる**乗り上げ式ポイント**を置くようにしている。簡易に乗り上げ式ポイントを設置できるようにポイント部のレールの横に乗り上げ用レールを常設している。

多くの横取線や保守基地と本線との間や保守車両だけのための渡り線などは乗上式になっているが、頻繁に保守車両が行き来するようなところでは通常のポイントが使われている。

本書の配線図では下り本線を「下本」、下り1番線を「下1」、機待線を「機待」と「線」「番線」を省略して表記した。

芦屋駅下り外側線の横取線にある乗り上げポイント。トングレール部とノーズ部の横に置かれている白い装置が乗り上げレールで、これを本レールの上にかぶせて保守用車両が通れるようにする

目次

第3章　豊橋―米原間　105

第4章　米原―神戸間　150

配線で読み解く鉄道の魅力

東海道本線編

4

東海道本線はJR3社に跨がっている

東海道本線は東京―神戸間589・5kmの路線である。このうち東京―熱海間はJR東日本、熱海―米原間はJR東海、米原―神戸間はJR西日本の路線になっている。

国土交通省は鉄道各社が所有している、もしくは使用している鉄道路線を管轄するために分類している。いわば鉄道路線の戸籍簿である。

この戸籍上で東海道線というとJR東日本の東海道線として東京―熱海間104・5kmだけでなく、支線として品川―新川崎―鶴見間17・8km、浜松町―東京貨物ターミナル―浜川崎間20・6km、鶴見―八丁畷間2・3km、鶴見―高島―桜木町間8・5km、鶴見―横浜羽沢―東戸塚間16・0kmが加わる。

JR東海の東海道線として東京―米原間341・3kmのほかに支線として山王信号場―名古屋港間5・0km、大垣（南荒尾信号場）―関ケ原間10・7km、南荒尾信号場―美濃赤坂間1・0kmが加わる。

JR西日本の路線として米原―神戸間143・6kmのほかに支線として吹田貨物ターミナル―塚口間7・9km、吹田貨物ターミナル―福島間8・7km、吹田貨物ターミナル―大阪貨物ターミナル間8・7kmが加わる。

さらに複々線や3複線（複線が三つ並んでいる区間）、別ルートの区間があったりして、線路の配置は非常に複雑になっている。

かつては各種長距離列車が東海道本線を直通して走っていたが、東海道本線の全区間を走り抜け列車は貨物列車と夜行寝台特急「サンライズ出雲・瀬戸」だけになっている。ほとんどの列車はＪＲ各社の境である熱海、米原で運転を打ち切られ、折り返している。わずかに数本の普通列車が、朝上り、夕夜間下りに熱海を通り抜けて東京―沼津間を走っている。

米原を通り抜けているのは高山―大阪間の特急「ひだ」１往復が岐阜―大阪間の東海道本線を走るだけである。

なお、貨物列車は日本貨物鉄道（株）、通称ＪＲ貨物が運行している。ＪＲ貨物は第３種鉄道事業として、各ＪＲ旅客会社の線路を使用して貨物列車を運行しているが、線路を保有して貨物列車を運行する第１種鉄道事業の区間もある。

東海道線では山王信号場―名古屋港間６・２㎞と吹田貨物ターミナル―大阪貨物ターミナル間８・７㎞がそうである。このうち山王信号場―名古屋港間は令和５年度末で廃止することになっている。

相模川橋梁を走る最後の九州ブルートレイン「富士・はやぶさ」号。2009年３月撮影

第1章　東海道本線東京口

国鉄時代からＪＲ東日本の東京―熱海間は東京口と呼ばれている。東京口には長距離列車が走る列車線を東海道本線、近距離電車が走る電車線（山手・京浜東北線）のほかに別線で走る横須賀線や貨物支線がある。

東海道本線で当初に開業した新橋―横浜間は開業時点では単線だったが、すぐに複線化された。電車の運転が始まると長距離列車が運転しにくくなるので、山手線の電車が乗り入れてくる東京―品川間には電車専用の複線と長距離列車用の複線に分けた複々線にした。前述のように前者の複線を電車線、後者の複線を列車線というようにした。

やがて電車線は桜木町まで延伸され、品川―横浜間も複々線になった。電車線には山手線電車と京浜東北線の電車が走っていたが、いずれも混雑するようになり、増発するには複々線にするしかないということでさらにもう一つの複線を併設した。これによって東京―品川間は電車線の複々線と列車線の複線による6線線路が並ぶことになった。これを3複線という。

乗り換えが簡単にできるようにするために東京（田端）―田町間では方向別複々線にした。それまでの電車線と列車線との複々線は線路別である。

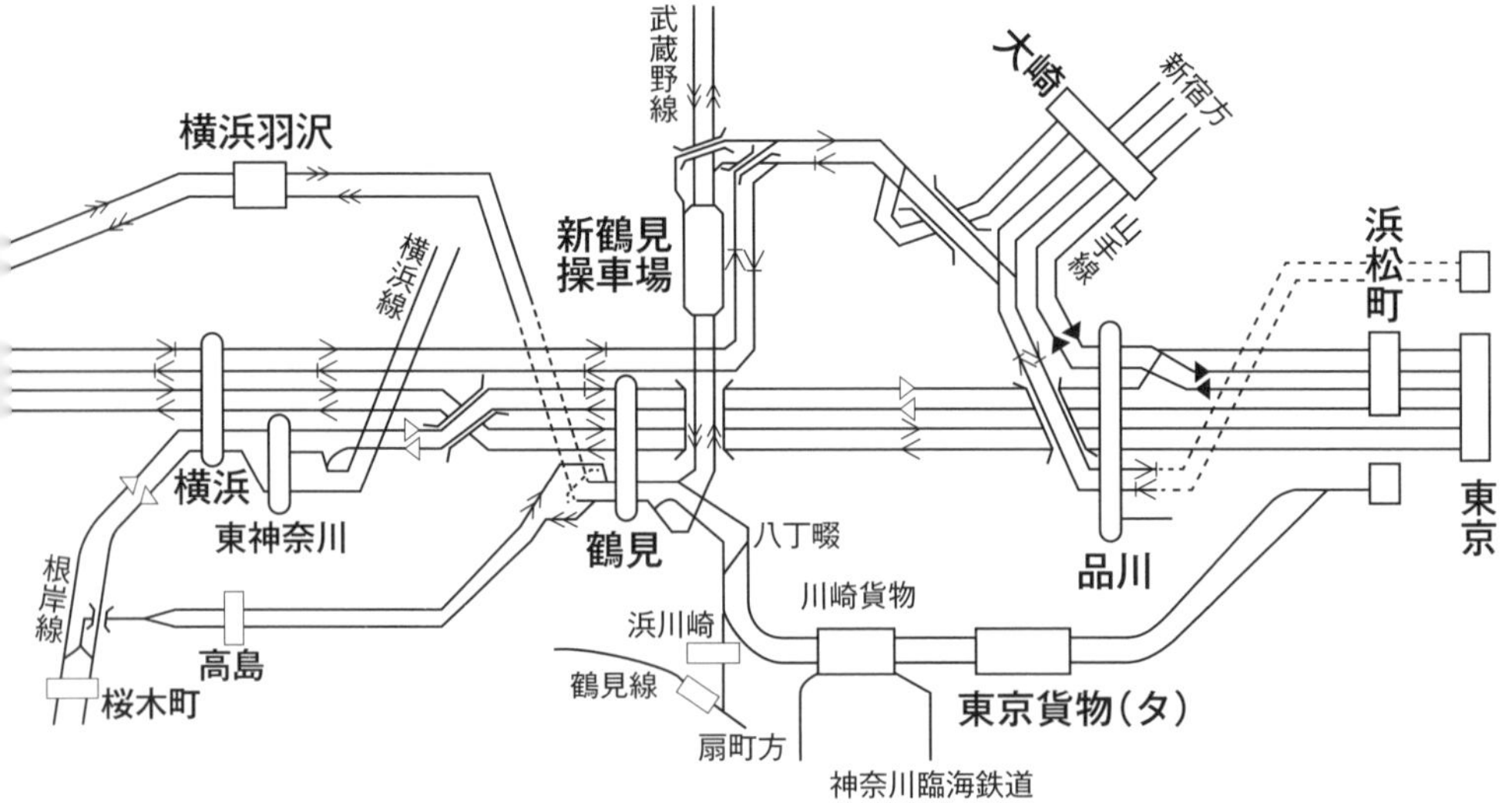

また、貨物列車と旅客列車が同じ線路を走ることも運転に支障が起きる。貨物列車は品川以南で走っていた。以北は山手線を経由して田端に向かっていた。そこで品川―横浜間は貨客分離をすることになったが、客車の取り扱いで客車操車場を拡張したために、貨物輸送の増大で広大な敷地が必要な貨物操車場を品川に置くスペースはなくなった。

そこで鶴見北部に新鶴見操車場を設置、別ルートの貨物支線を品川―新鶴見―鶴見間に敷設した。この支線のことを品鶴支線もしくは単に品鶴線あるいは品鶴貨物支線と呼ぶようになった（本書では品鶴線と呼ぶ）。さらに鶴見―平塚間にも複線の貨物線を併設した。鶴見―平塚間には当初に開通した東海道列車線を貨物線に転用、新しく線形をよくした新線を列車線にした。元の列車線とは少し離れることもあって、旧列車線を横浜貨物線というようになった。

東海道列車線には横須賀線電車も乗り入れていた。両線とも混雑してきたので分離することになったが、既設の東京―大船間には線路を増設するスペースはまったくないので、東京―品川間は地下別線で横須賀線専用の複線を造った。その地下線の東京駅ではやはり地下を走る総武快速線と接続して直通電車が走るようにした。そして品鶴線と横浜貨物線に横須賀線電車が走るようにした。

横須賀線電車専用にしたため、鶴見から以南に貨物線が必要になる。そこで別線で鶴見から東戸塚駅までの貨物支線（通称新横浜貨物線）

東京―熱海間概略図

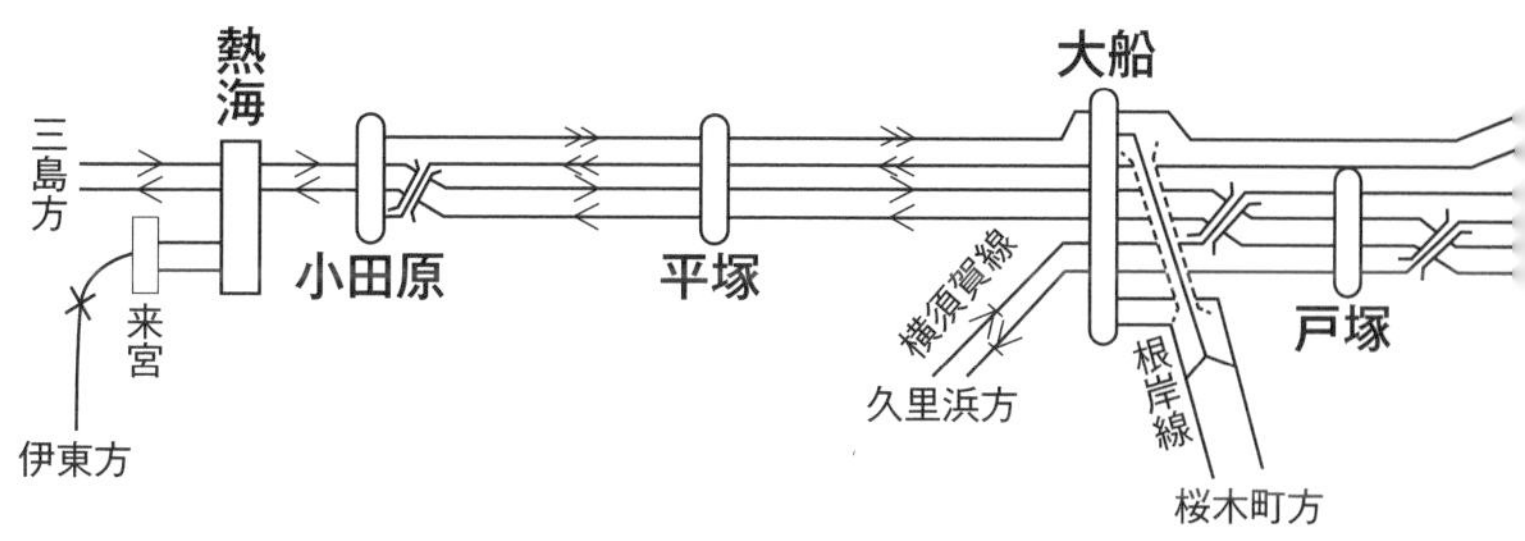

を敷設、東戸塚―大船間は貨物線を増設した。つまり、東戸塚―大船間は3複線になった。また、大船―平塚間の貨物線は小田原駅まで延伸した。

ほぼ同時期に山手貨物線を通らなくても放射状各路線に貨物列車が通れるように武蔵野線を開通させるとともに、鶴見から臨海部の塩浜操（現川崎貨物）駅と東京貨物ターミナルを経て浜松町駅、さらに汐留駅までの貨物支線（通称東海道貨物支線）も開通させた。途中の浜松町南方―汐留間は単線、他は複線である。ただし汐留―浜松町間は廃止、浜松町―東京貨物ターミナル間は休止中である。

さらに鶴見―桜木町間の貨物支線（通称高島貨物線）も開通させている。東高島―桜木町間単線、他は複線である。貨物列車は桜木町駅で根岸線に直通している。

区間別に整理してみると、東京―品川間では複線の列車線、山手・京浜東北線電車が走る複々線の電車線による3複線、地下別線の主に横須賀線電車が走る複線がある。

品川―鶴見間では列車線と電車線（京浜東北線電車用）による複々線と別線の品鶴線のほかに、浜松町駅から東京ターミナルを経て鶴見駅まで東海道貨物支線の複線がある。

鶴見―横浜間では列車線と電車線のほかに横須賀線用の旧横浜貨物線による複線の合計3本の複線が並行する。さらに鶴見―東戸塚間で別ルートを通る新横浜貨物線がある。また、旧横浜貨物線を本書では横須賀線と呼ぶことにする。

横浜駅以南で電車線は分かれて根岸線につながる。横浜―桜木町間は長らく東海道本線の支線だったが、現在は根岸線に編入された。このほか別ルートで進む鶴見―桜木町間の現貨物支線の高島線がある。

横浜―大船間では列車線と横須賀線による複々線になるとともに、東海道貨物支線が東戸塚―大船間で並行する。つまり浜松町駅が起点で、東京貨物ターミナル、川崎貨物駅、鶴見駅（旅客ホームはない）、横浜羽沢駅（貨物駅）を経て東戸塚駅までの別ルートの貨物支線ある。

その東海道貨物支線の横浜羽沢駅構内で相模鉄道新横浜線の羽沢横浜国大駅への接続線が分岐し、同駅で相模鉄道と相互直通運転をしている。また、東戸塚駅から先は東海道列車線と並行するので、ここから先は貨物線、列車線を旅客線と呼び分けることにする。その貨物線と旅客線のほかに大船駅までは横須賀線が加わって３複線になる。

大船以遠では正式路線名の横須賀線になって鎌倉方面へ分かれるので、旅客線と貨物線による線路別複々線になって、この複々線は小田原駅まで続いている。

小田原駅からは複線になるが、ＪＲ東海との境界駅とされる熱海駅から従属線の伊東線が来宮駅まで並行している。伊東線の起点は熱海駅だが、当初に使用していた東海道本線を流用し、別途、東海道本線用の線路を造ったので、熱海―来宮間は複々線になっており、東海道本線には来宮駅のホームはないが、電車留置線（以下電留線）が設置され、来宮駅の東海道本線電留線がなくなった地点が事実上のＪＲ東海との境界駅になっている。

神戸駅に向かって右側を山側、左側を海側とする。

東京

東京駅は列車線の島式ホーム２面４線と電車線の島式ホーム２面４線が高架で並んでいる。電車線の西側の３、４番線の上に中央本線の１、２番線の島式ホームがある。丸の内側の地下に横須賀線と総武快速線の島式ホーム２面４線、南側の地下に東海道本線と交差した京葉線の島式ホーム２面４線がある。中央本線と京葉線の東京駅は本書では省略する。

列車線は東北本線の列車線、電車線も東北本線の電車線と接続して、列車線も電車線もほとんどの列車、電車が東北本線に直通している。

東京駅始発列車は寝台特急「サンライズ出雲・瀬戸」と昼行特急「サフィール踊り子」「踊り子」「湘南」だが、昼行特急の配置は田町車両センターから大宮総合車両センターに移り、電留線が残っている旧田町車両センターは東京総合車両センター田町センターに改組された。

昼行特急の多くは東大宮—東京間を回送されているので東京駅で折り返し清掃等を行う昼行特急は少ない。「サンライズ出雲・瀬戸」は田町に残っている留置線で昼間時は留め置かれ、折返整備をする。東京—田町間を回送で走るために東京駅で折り返しをする。また、常磐線特急「ひたち」が東京—品川間に乗り入れている。

列車線のホームは15両編成ぶんの長さがある。上野寄りで2線になった先にシーサスポイントがある。大船寄りでは7、8番線と9、10番線の間にシーサスポイントがあり、その先で2線に合流する。合流する手前に機待線が残っているが、機関車牽引の客車列車はなくなったので使用されていない。

電車線は11両編成ぶんの長さがある。通り抜け式になっているが、中央本線のホームの下にある3、4番線が中央本線の1、2番線だった。中央

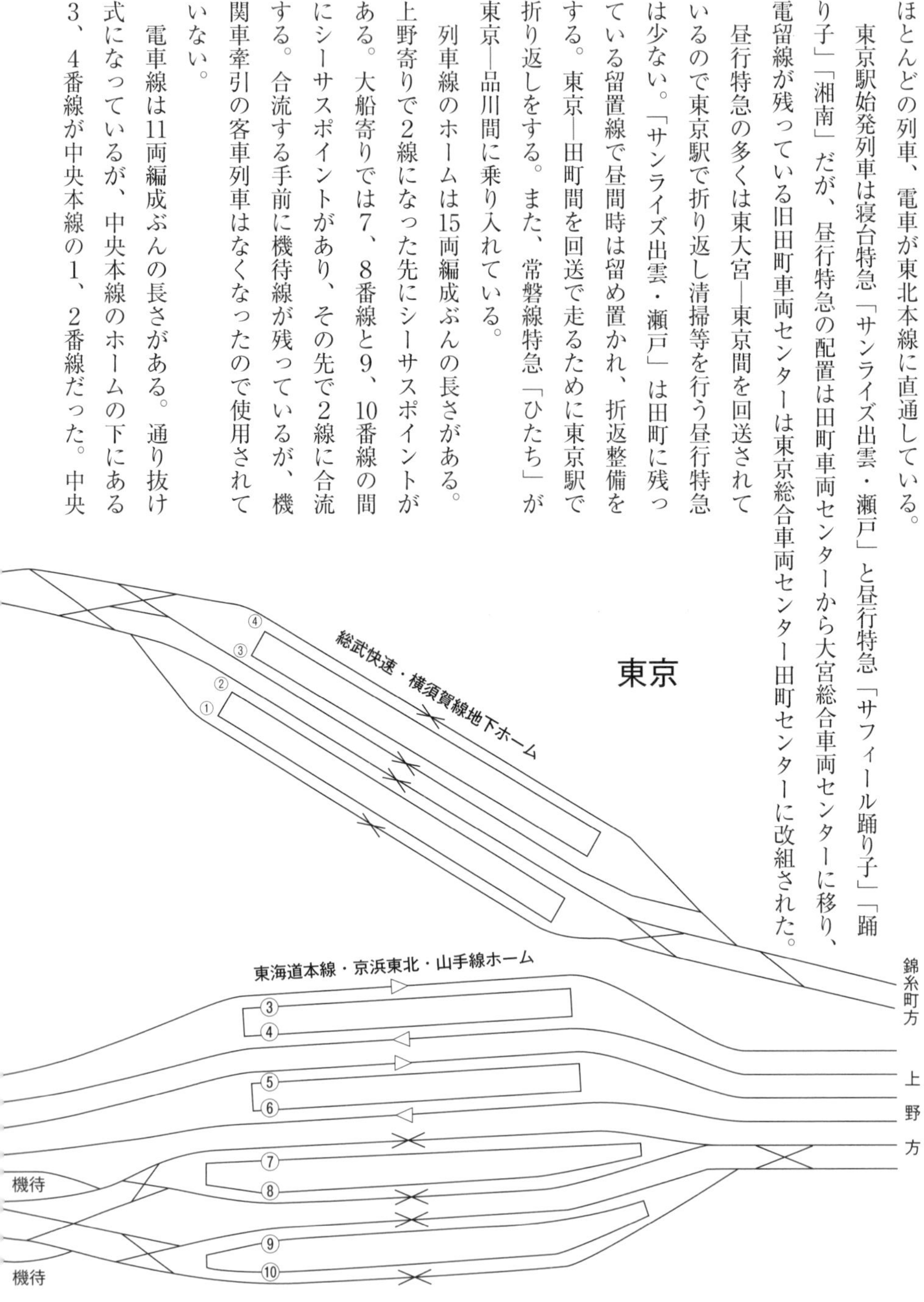

本線のホームを上にあげて、3番線が京浜東北線北行、4番線が山手線内回り、5番線が山手線外回り、6番線が京浜東北線南行、そして7~10番線を列車線とずらして、東北新幹線の20、21番線を割り込ませた。そのため有楽町寄りで複々線の電車線は西に線路を振って南下する。

横須賀・総武快速線の地下ホームも通り抜け式に

神戸寄りから見た東京駅

浜松町―田町間では新幹線の海側に単線の東海道貨物支線の線路が並行している。複線用地が確保され写真の位置あたりで東海道本線から分岐した連絡線が新幹線と立体交差して東海道貨物支線に接続する

品川方

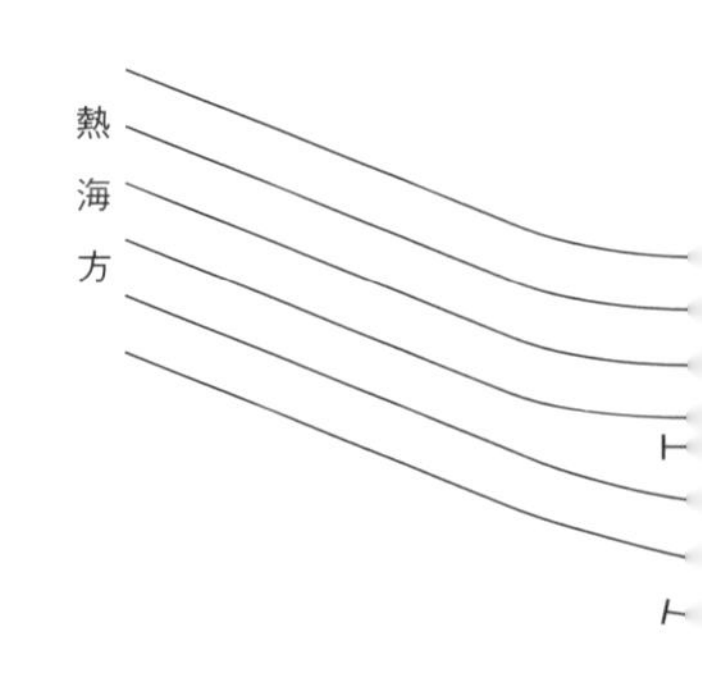

なった島式ホーム2面4線で、案内上は総武地下ホームとし、番線は1～4番と独立している。横須賀線専用線ができるまでは総武・房総方面の全特急が3、4番線を発着線にしていた。

横須賀線電車が乗り入れるようになると総武快速線と直通運転をするが、両線電車とも東京駅折り返しが一部設定され、横須賀線電車の折り返しは1番線、総武快速の折り返しは4番線に基本的にしていた。

そのため通常のように2線の上下線が合流した先にシーサスポイントなどがある配線ではなく、千葉寄りは1、2番線間にシーサスポイントがあって、3、4番線は合流、その先で2番線に合流してから順渡り線で1番線に転線できるようにしている。

横須賀寄りでは3、4番線との間にシーサスポイントがあって、1、2番線は合流して1線になる。シーサスポイントの先で1、2番線が合流した線路から分かれた長めの渡り線と交差するという、やや複雑な配線になっている。

有楽町駅は方向別複々線になっている電車線にだけ島式ホーム2面がある。新橋駅は列車線と地下の横須賀線用線路にも島式ホームがある。浜松町駅は電車線だけにしかホームがないが、東海道貨物支線用の線路跡が海側東海道新幹線越しに残っている。

田町駅も電車線にだけに島式ホームがある。少し前までは東京寄りの上下線にシーサスポイント、そして引上線が1線あったが、羽田アクセス線の建設工事のための敷地として利用することになって引上線は撤去された。その代わりに内側を走っている山手線の品川寄りの内外回り線間に逆渡り線が設置されている。

品川駅を出ると東海道本線と京浜東北線の上を品鶴線（山手貨物線でもある）と東海道新幹線が斜めに乗り越していく。この先は品鶴線、新幹線、京浜東北線、東海道本線の順

駅の東京寄りを見る。山手線内外回りの間にあったＹ形引上線は撤去され、ここに外回り線、東海道本線上り線を移設して羽田アクセス線の分岐スペースを設置することになる。両側のシーサスポイントはまだ残っている

田町駅の品川寄りを見る。東京寄りの引上線がなくなったのを補うために、品川寄りの内外回り線の間に順渡り線が設置され、異常時は田町駅の内回り線から外回り線に転線して折り返すことになる

して分かれる。

高輪ゲートウェイ―品川間

複々線になっている電車線には京浜東北線と山手線の電車が走っている。田町駅までは京浜東北線北行と山手線内回り、山手線外回りと京浜東北線南行による方向別ホームになっていて、同一方向の電車との乗り換えは同じホームでできて便利である。

とはいえ、品川駅で山手線と京浜東北線は分かれるために品川駅では線路別ホームにする必要がある。従前、田町電車区の横に京浜東北線北行が中央を走る山手線内外回りの線路を斜めに乗り越していた。

これを田町電車区（ＪＲ化後田町車両センター）の規模の大幅縮小によって、東側に移設するとともに、新駅の高輪ゲートウェイ駅を設置、斜めに乗り越していた乗越橋も移設した。高輪ゲートウェイ駅は京浜東北線と山手線を分離した線路別ホームで開業した。

明治以来、田町―品川間には田町電車区と東京機関区があって、東海道本線の一大車両基地になっていた。都心の一等地に広大な車両基地があるのはもったいないということで、大幅に縮小したのである。

従来、東海道本線の列車は東京駅で折り返して田町の基地へ、東北本線の列車は上野駅で折り返して尾久の基地へ回送していた。電車なら簡単に折り返しができるが、客車列車では機関車の付け替えをしなくては

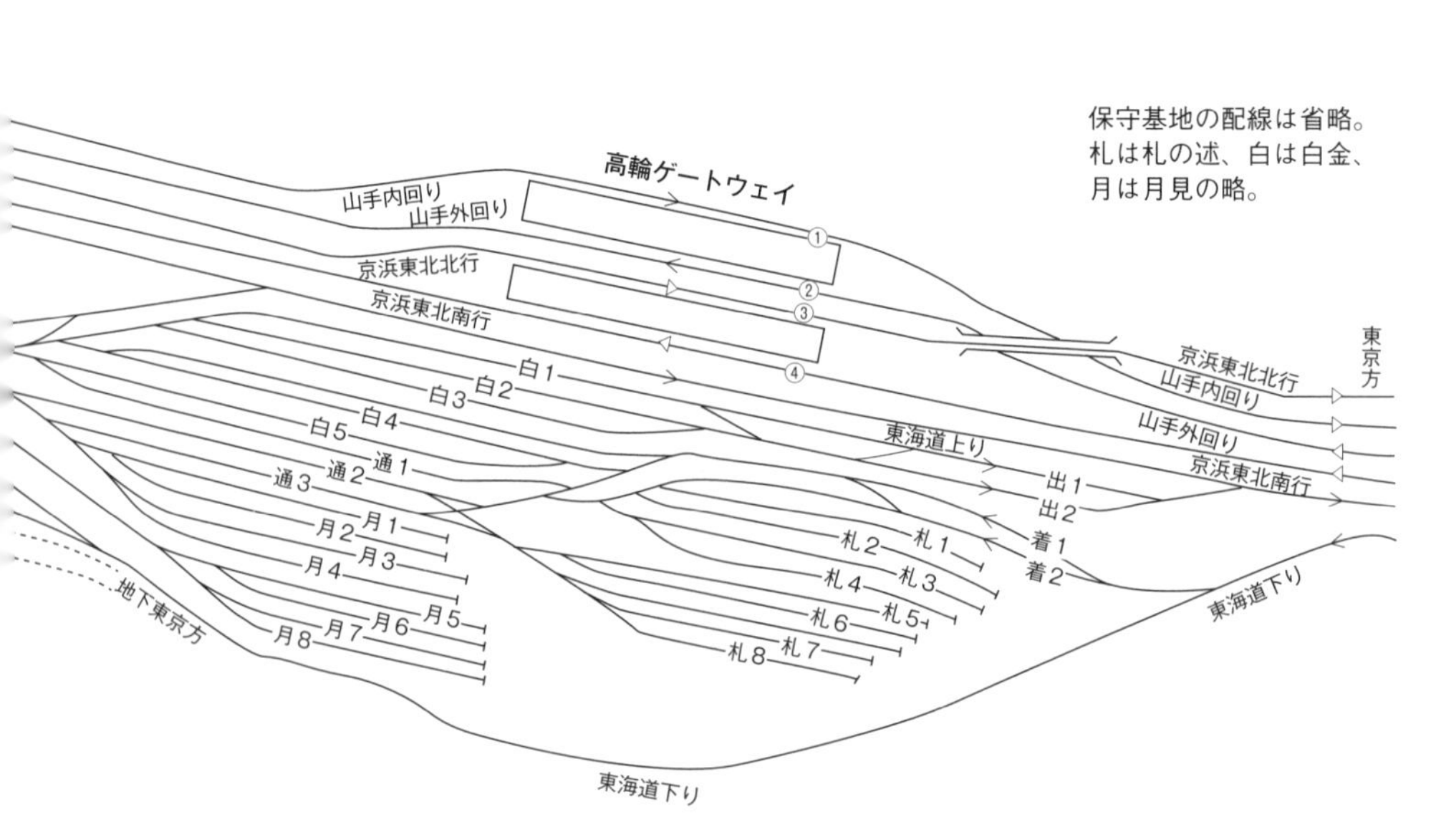

ならず、非常に効率が悪かった。電車であっても乗務員は1列車ぶんの長さを歩いて折返後の乗務員室まで歩かなければならなかった。

そこで東海道本線の車両基地を東北本線の尾久にある車両基地を使用、東北本線の車両基地を田町の車両基地として使用すれば、スルー運転して折り返しをしなくてすむ。このため古くからこの方法をとろうとしたが、伝統ある東京機関区や田町電車区の職員は、この案をずっと拒否していた。

国鉄時代は縄張り争いがはびこっていたのである。JRになって、そのような縛りはなくなったが、東北新幹線の東京駅乗り入れで、東北本線と東海道本線の連絡線が途切れてしまってスルー運転しようにもできなかった。そして上野・東京ラインの名で東北新幹線の上に連絡線が完成してスルー運転ができるようにした。

すでに機関車牽引のブルートレインは消滅し、唯一残った夜行長距離寝台列車の「サンライズ出雲・瀬戸」も電車になったので東京機関区はなくなった。田町電車区の検修機能も東大宮の車両基地を大宮総合車両センターに統合して、東海道本線の特急も大宮で受け持つことになり、田町電車区改め田町車両センターは廃止された。

規模が大きかった時代には田町の留置線は伝統的に○○群線

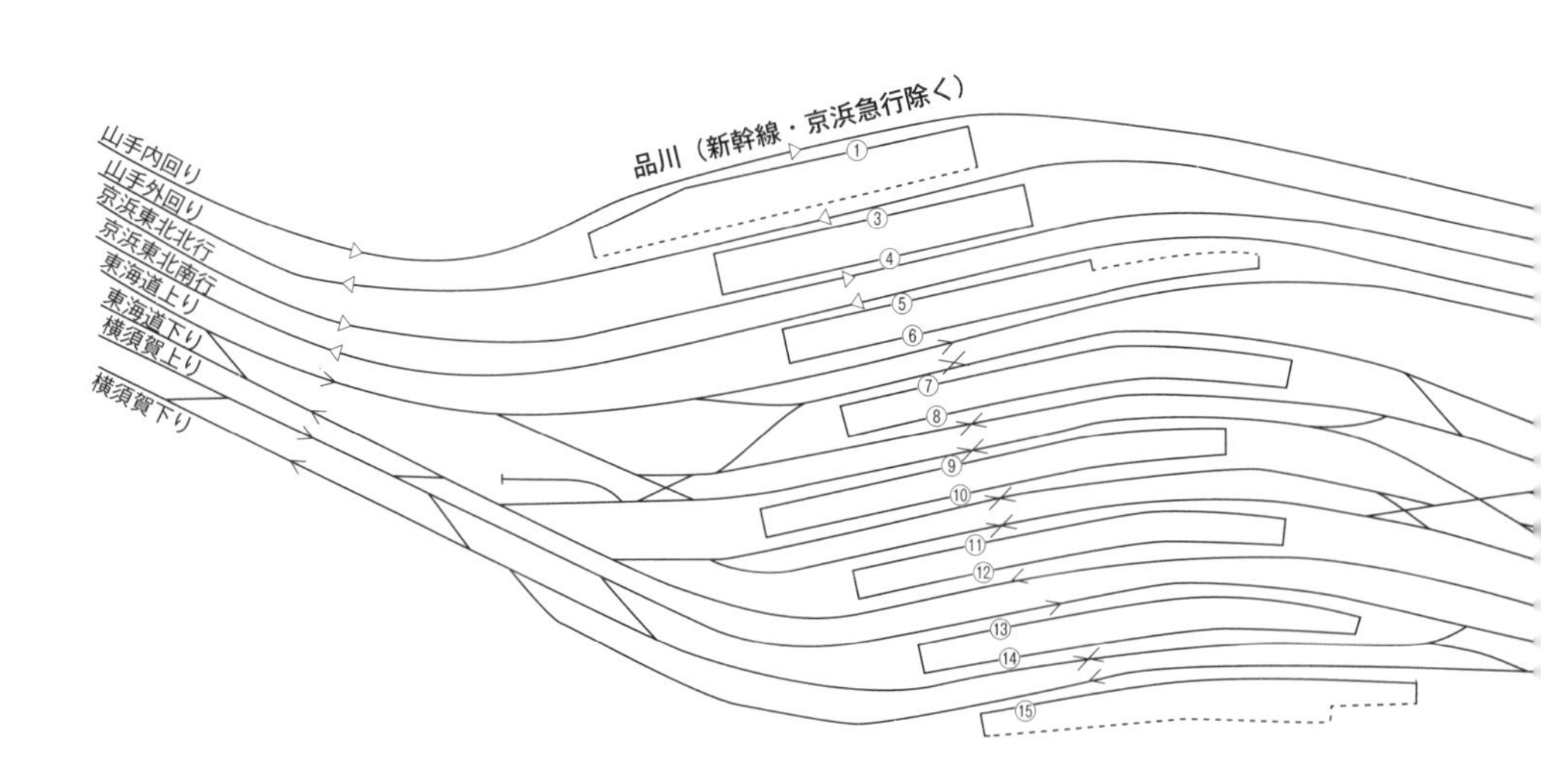

高輪ゲートウェイ—品川間

と呼ばれていた。客車操車場だった時代には、札の辻群線、月見群線、北町群線、南町群線、高輪群線、白金群線等々があった。

規模が縮小されたとはいえ、現在も6線の白金群線、8線の月見群線、8線の札の辻群線が置かれているほかに車体を洗う洗浄線も3線が設置されている。昼間時や夜間に留め置かれる中距離電車のほかにJR西日本とJR東海が保有する「サンライズ出雲・瀬戸」の寝台電車の清掃、セットも行われている。

これら田町電留線群は東海道本線の上下線間に置かれている。これを抱き込み式という。

品川駅も改良された。山手線、京浜東北線はともに島式ホーム1面2線だったのを、2番線をなくして山手線内回りが発着する1番線のホームを拡幅するとともに外回り電車が発着する3番線と京浜東北線北行が発着する4番線を挟んで、拡幅した島式ホームが設置された。

朝ラッシュ時には京浜東北線北行電車から山手線外回り電車の新宿方面への乗り換えが同じホームでできるようになった。そして従来は東海道本線上り電車が発着していた5番線を京浜東北線南行の電車が発着するように変更した。

そして対面の6番線を東海道本線上り発着線にした。7、8番線は臨時列車の発着線とし、通常は閉鎖されている。

9、10、11番線は常磐線直通電車の発着折返線、12番線は東海道本線下り発着線にした。13番線は横須賀線電車上り、14番線は横須賀線電車折返もしくは予備、15番線は横須賀線電車下り発着線と従来と変わりがない。

駅の南側で東海道本線の6~12番線から横須賀線（以下品川—鶴見間は品鶴線とする）の上下線に転線できる配線になっている。

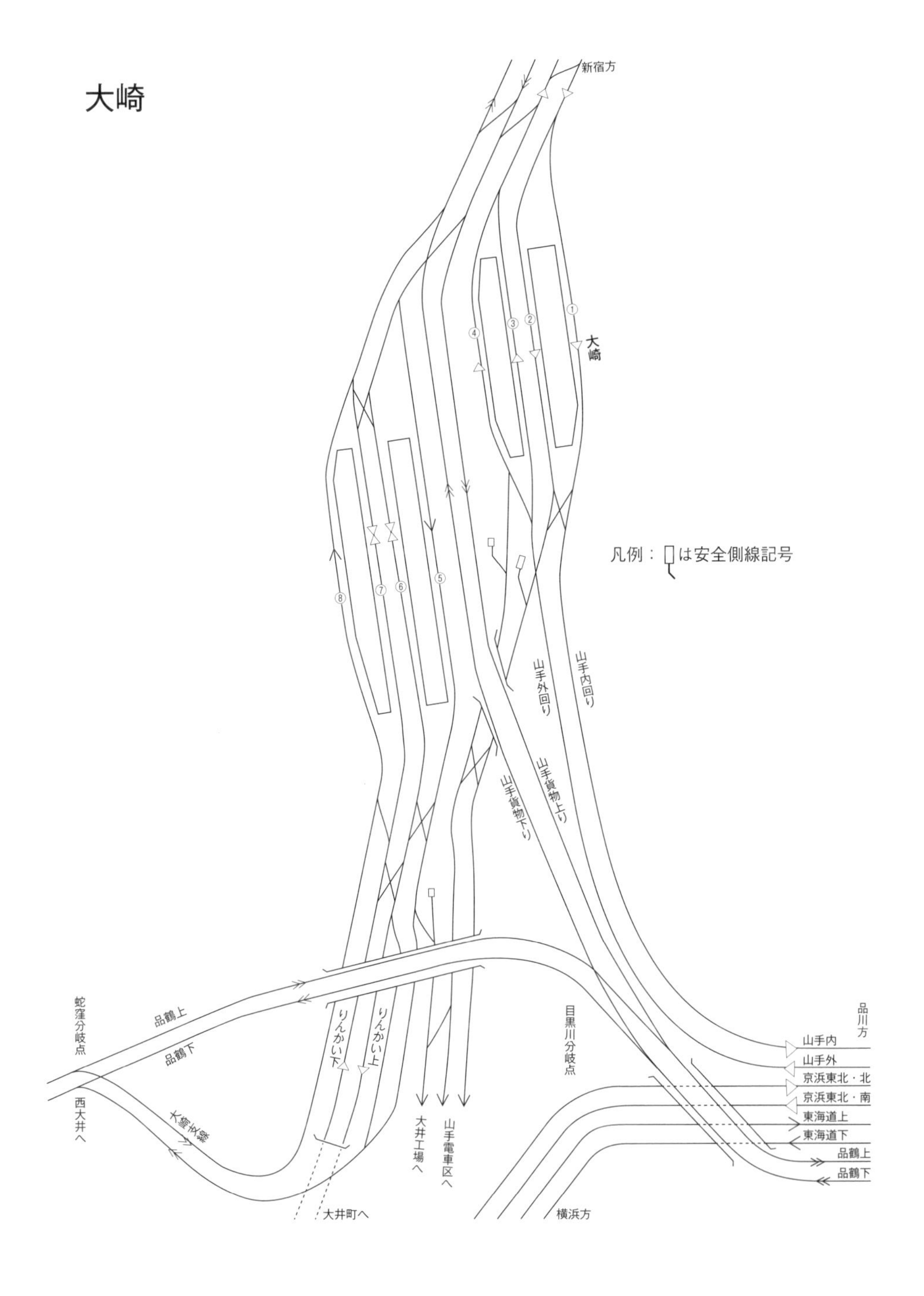
大崎
新宿方
①
②
③
④
大崎
⑤
⑥
⑦
⑧
凡例：は安全側線記号
山手外回り
山手内回り
山手貨物上り
山手貨物下り
蛇窪分岐点
品鶴上
品鶴下
西大井へ
大崎支線
りんかい下
りんかい上
大井町へ
大井工場へ
山手電車区へ
目黒川分岐点
横浜方
品川方
山手内
山手外
京浜東北・北
京浜東北・南
東海道上
東海道下
品鶴上
品鶴下

大崎付近

大崎駅は東海道線の従属線である山手線に所属している駅である。山手線は一般の電車が走る旅客線のほかに貨物線も並行しており、この貨物線のことを山手貨物線という。起点は品川駅、終点は田端駅である。その山手貨物線と東海道本線の支線である品鶴線は途中で分岐合流している。

その分岐合流点を目黒川信号場という独立した停車場だった。同信号場は昭和4（1929）年8月に開設されて、品川—目黒川信号場間は品鶴線と山手貨物線との共用区間とされていた。

しかし、昭和40（1965）年7月に大崎駅構内に含めて、目黒川信号場は廃止された。このために大崎駅の一部を東海道本線品鶴支線も通ることになった。なお、目黒川信号場は大崎駅目黒川分岐点と呼ばれるようになった。

また山手貨物線の田端方面から大崎駅で分岐して品鶴線の鶴見方向にスルーで行ける短絡線も昭和9（1934）年12月に造られ、分岐合流点に蛇窪信号場が置かれた。しかし、これも昭和40年7月に大崎構内に含めて蛇窪分岐点と呼ばれることになった。

さらに平成14（2002）年12月に大崎駅の西側に島式ホーム2面を設置、4線化して臨海高速鉄道りんかい線との接続駅になるとともに、両側（大崎駅5、8番線）に湘南新宿ライン用の発着線が設置されて大崎駅を湘南新宿ラインの停車駅に加えた。

品鶴線には横須賀線電車だけでなく大船発着の特急「成田エクスプレス」が全区間を、新宿発の特急「成田エクスプレス」が目黒川分岐点—品川間を走り、大船発と新宿発は東京駅で連結・解放を行って東京—成田空港間は併結運転をする。湘南新宿ラインと相鉄直通電車は品鶴線の蛇窪分岐点—鶴見間を走る。

蒲田

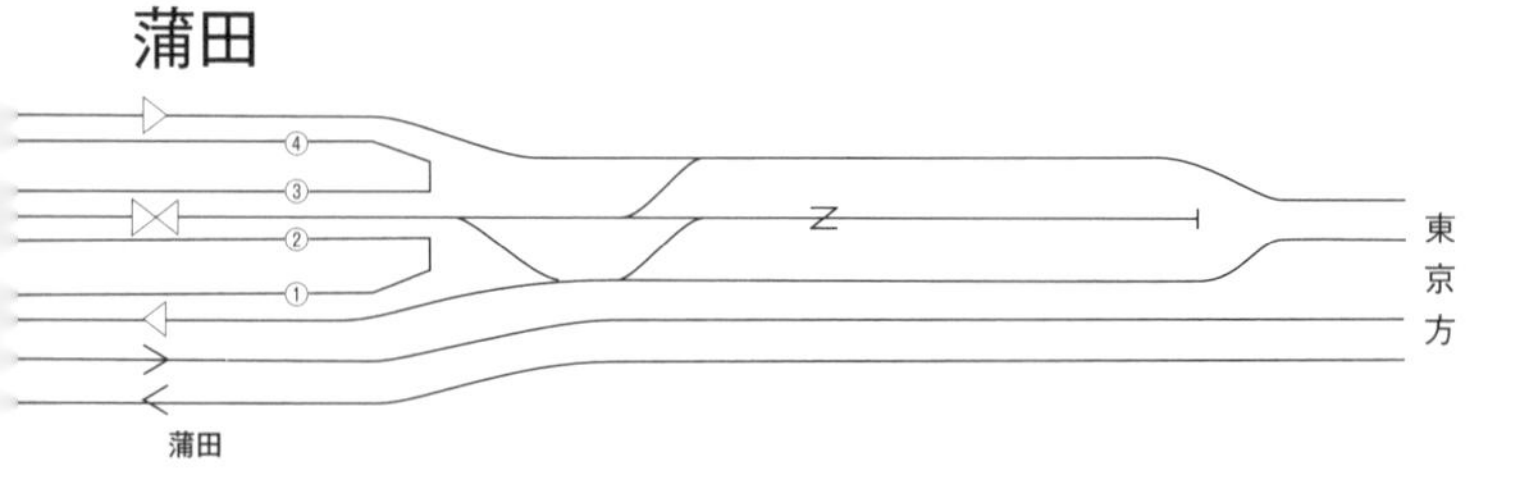

東京総合車両センター（旧山手電車区）を寝ぐらにしている山手線電車の入出区線が大崎駅でつながっているので、山手旅客線も島式ホーム２面４線になっている。入出区線は途中で大崎支線から分岐する大井工場への回送線とも並行している。

大崎駅は明治34（１９０１）年２月に赤羽方面から横浜方面へスルーで行けるための分岐駅として造られた。このときの山手線は単線だったので大崎駅の分岐のための配線も簡単なものだった。それから約１００年経って山手線の駅の中では新宿駅に次ぐ規模になった。

大井町駅は京浜東北線にだけ島式ホームがある。

大森駅もそうだが列車線の上下線間が広がっている。かつては列車線にも島式ホームがあった。

蒲田・川崎

蒲田駅では、現在は太田運輸区電留線である、京浜東北線の旧蒲田電車区の車庫があるため、入出区用に島式ホーム２面３線になっていて中央の線路は両側にホームがある。その前後に引上線が置かれている。電留線には２線の洗浄線と17線の留置線があり、また保守基地につながる０番線もある。

これらの分岐方法は３、４線ずつを梯子形で分岐させた５線群を枝分かれ分岐する複合分岐方式になっている。

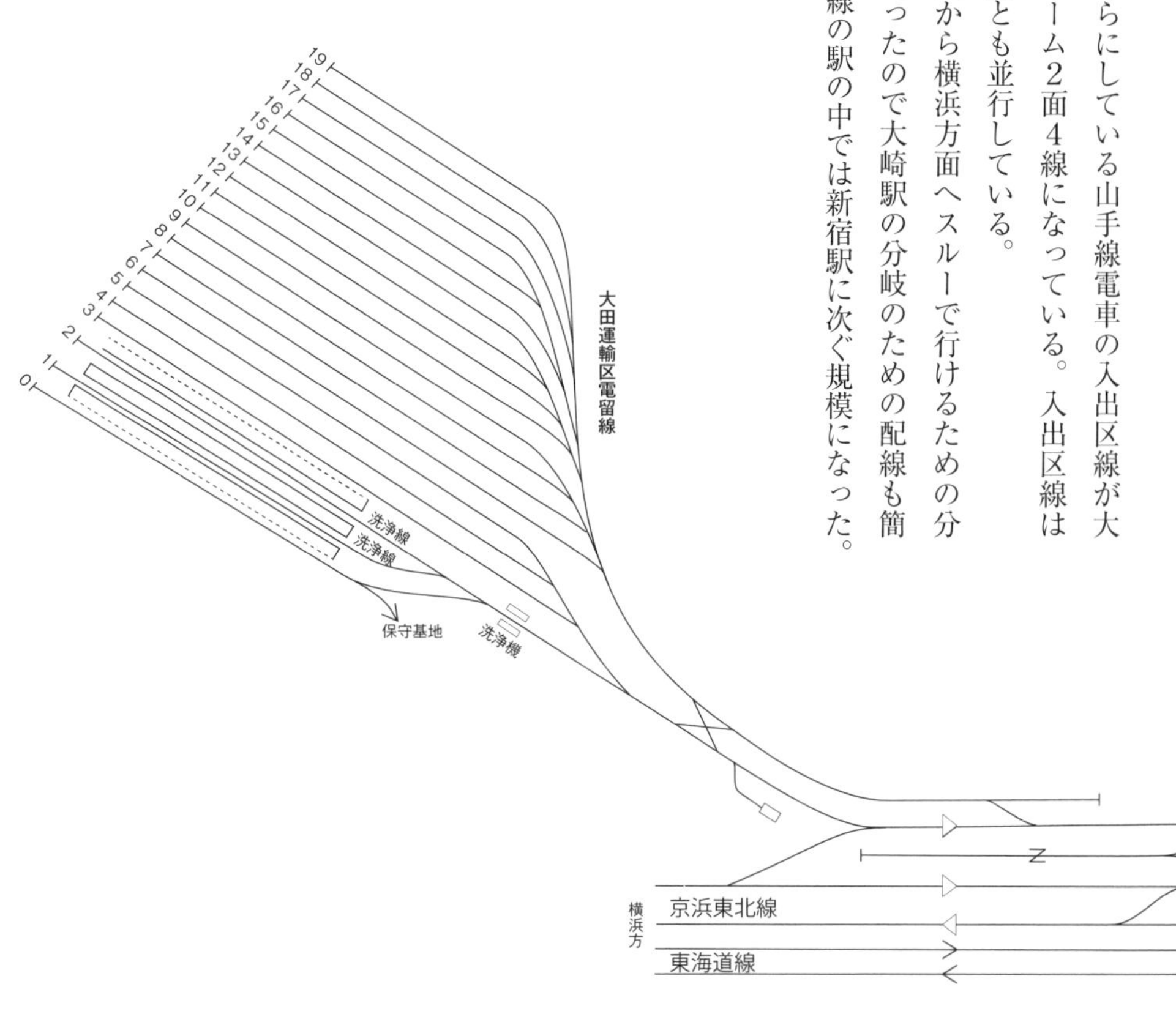

川崎駅は南武線との連絡駅である。南武線発着用の5番線の線路がホーム終端を通り越して京浜東北線の北行に接続しているが、この接続ポイントは乗上式になっていて保守車両しか転線できない。川崎駅で通常の営業車両のためのポイントは南武線の立川寄りにあるシーサスポイントだけである。東海道本線の下り線の外側にも側線が2線並行しているが、これも保守基地の線路なので、本線との接続ポイントと東海道本線の上下渡り線もとともに乗上式になっている。

東海道本線は15両編成、京浜東北線は10両編成、南武線は6両編成に対応した長さの島式ホームである。

新鶴見信号場

新鶴見信号場は単なる分岐合流のための信号場ではない。武蔵野線（通称武蔵野南線という貨物線）と品鶴線との分岐合流はしているが、そのほかに貨物列車の着発線と新鶴見機関区がある。

もともとは新鶴見操車場という貨物列車の分解、最組成を行う大規模な操車場だった。最終的に仕訳線は下りが20線、上りが17線もあって、操車能力は1日5600車にもなり、日本三大操車場の一つだった。残りの二つは愛知の稲沢操車場と大阪の吹田操車場である。いずれも東海道本線に置かれていた。

貨物輸送の仕訳ヤード方式は昭和58（1983）年1月に中止した。全国に多数あった操車場はすべて廃止された。そのため新鶴見操車場も大半の用地は売却された。それでも一部が信号場として残された。

現在、武蔵野南線の上下本線が取り囲む抱き込み式配線になっていて、着発線が9線も

大森駅は京浜東北線（電車線）にだけホームがあるが、昭和59年まで東海道本線（列車線）にもホームがあった。ただし中長距離列車の停車は昭和５年になくなっていた。現在も列車線の上下線間が広がっており、ホームがあった痕跡が残っている

川崎駅の南武線ホームの５番線側から東京寄りを見る。南武線の５番線から京浜東北線の北行４番線へ線路はつながっているが、乗り上げポイントになっており保守用車両用である

ある。１番線から３番線までが下り着発線、４番線から６番線が上下着発線、７番線から９番線が上り着発線である。その次に11、12番線として機回線がある。

これら着発線はコンテナ貨車26両ぶんと機関車１両ぶんを合わせた長さになっている。コンテナ貨車１両の長さは20・７ｍなので26両編成では５３８・２ｍ、これに機関車は20ｍ程度（ＥＦ２１０形は18・２ｍ）なので、着発線は５６０ｍ以上の有効な長さ（有効長）になっている。

コンテナ貨車１両で10ｔ積みコンテナを５個搭載する。１両当たり50ｔ搭載しているから26両編成になると１３００ｔにもなる。１３００ｔもの貨物列車を１両の機関車と一人の機関士が運転するのである。

これを１３００ｔ牽引貨物列車といい、１３００ｔ牽引貨物列車は東京貨物ターミナルから福岡貨物ターミナルまでの東海道・山陽・鹿児島線と武蔵野線越谷貨物ターミナル―新鶴見信号場間や吹田貨物ターミナルから城東貨物線（おおさか東線）経由関西本線百済貨物ターミナルまでなどを走っている。それぞれの貨物駅や貨物ターミナル、それに各路線の貨物待避線などの着発線はほぼすべて１３００ｔ牽引の貨物列車に

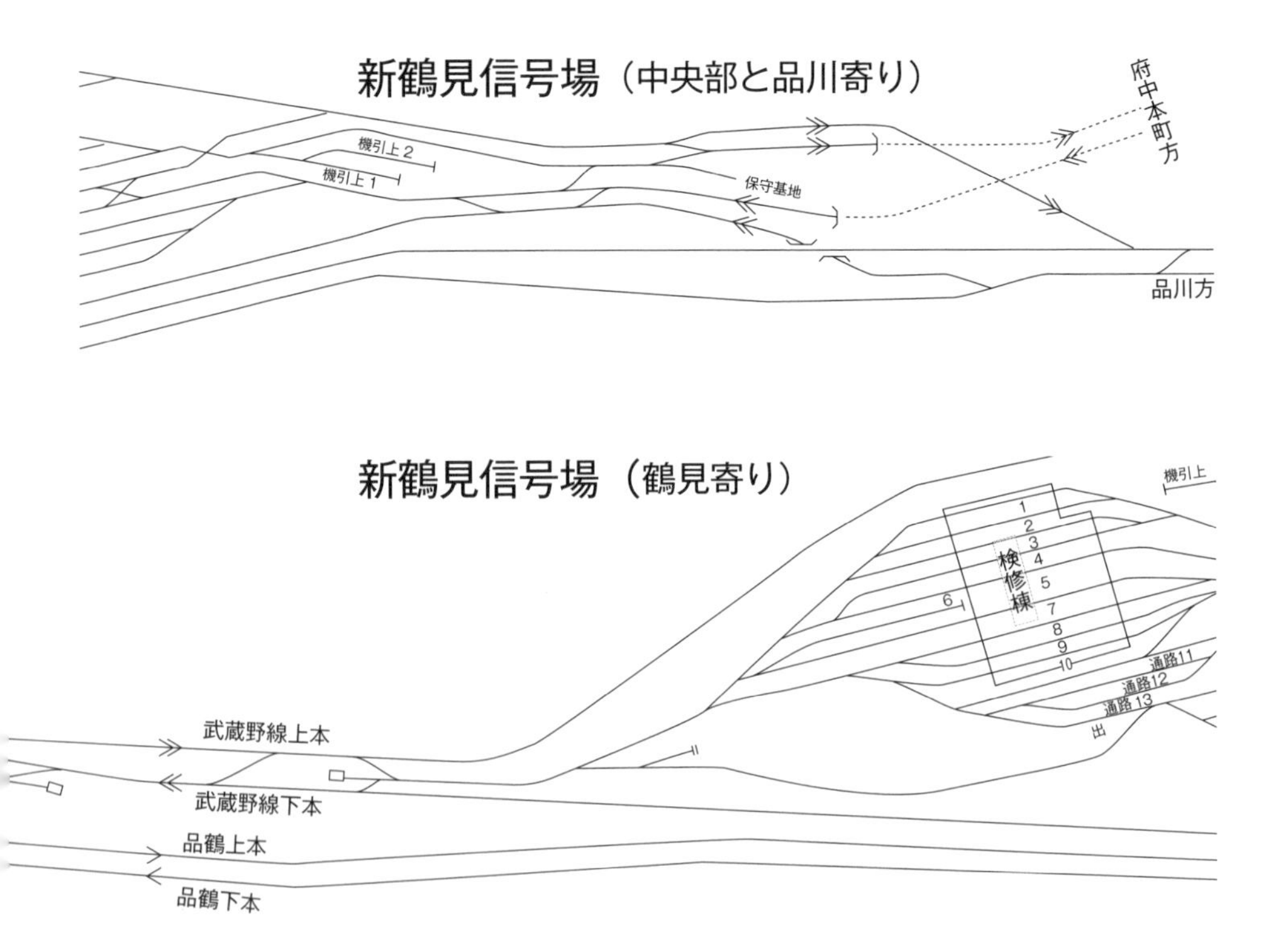

新鶴見信号場の2群の機留線群（写真は機留8～12番線）はゼブラ配線になっている

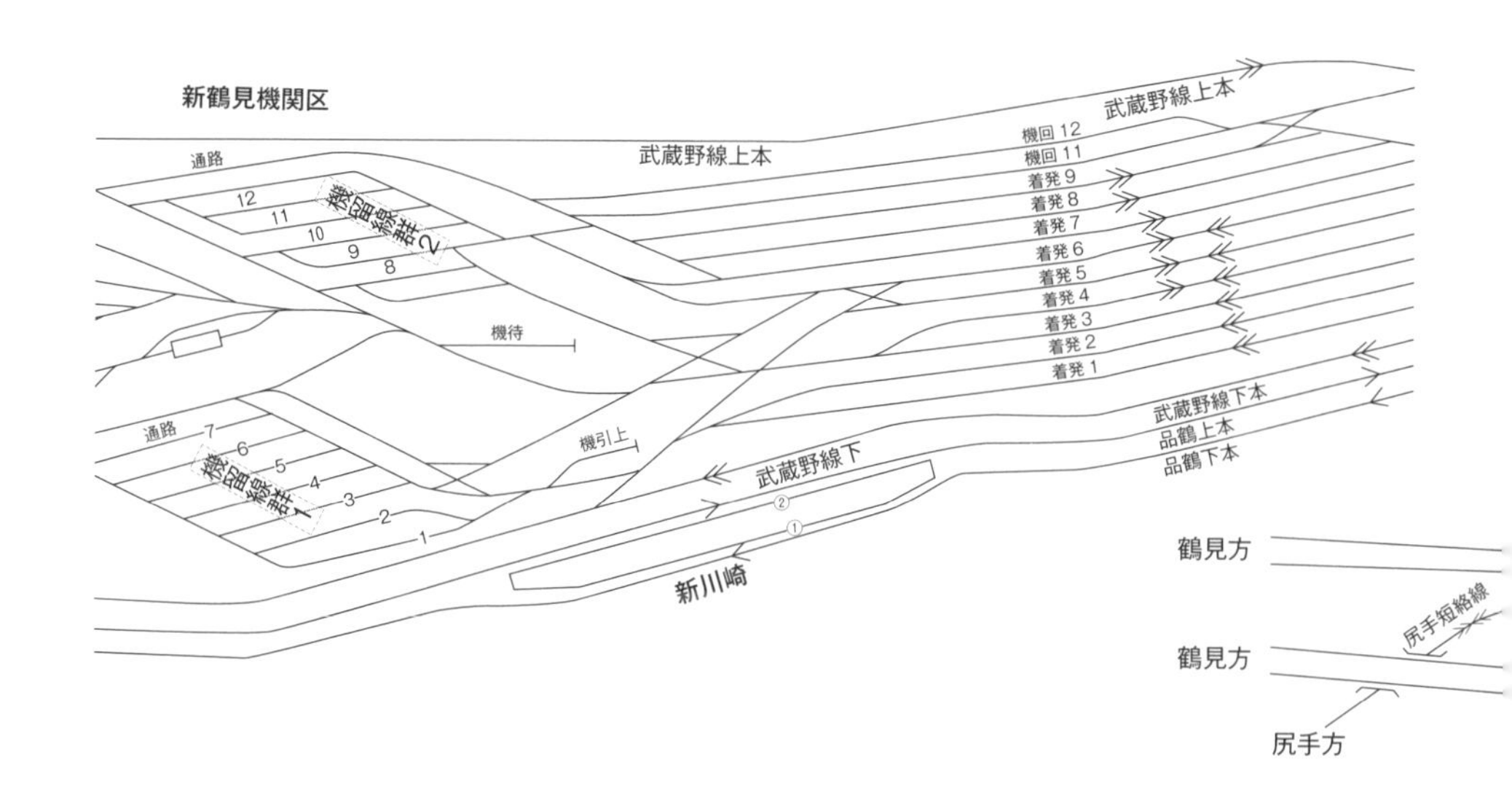

対応した長さになっている。

1300t牽引貨物列車に対応した着発線群の隣には鶴見機関区が置かれている。まず1番線から7番線までと8番線から12番線の二組の機関車留置線（略して機留線）群がある。その配線形状がシマウマの縞柄に見えることからゼブラ配線と呼ばれる。次に1番線から10番線までの検修線（車両検査修理線）がある。そしてそれらに付属する機引上線（機関車引上線）や通路線が何線か置かれている。

北側では品川方面からの品鶴線と府中本町方面からの地下から地上に出てきた武蔵野南線が合流して複々線になる。

これらの接続ポイントはほぼ速度制限がなく行き来できる。そして前述のように武蔵野南線の上下線間に着発線や機留線、機関車検修線が配置されている抱き込み式になっている。なお、着発線と機留線の間には主に機関車が走る通路線が設置されている。

鶴見寄りでは品鶴線と武蔵野南線による複々線になっているとともに、武蔵野南線から南武支線の尻手駅への尻手連絡線が分岐している。

横須賀線電車と「成田エクスプレス」、湘南新宿ラインは品鶴線、相鉄直通電車は新鶴見以南で武蔵野線を走る。行楽期に運転される八王子や立川から鎌倉への臨時列車は立川駅で南武線に乗り入れ、府中本町駅で武蔵野南線に転線する。新鶴見信号場では武蔵野南線から品鶴線への転線ポイントがないためにそのまま武蔵野南線で鶴見駅まで向かう。

東京貨物ターミナル

東京貨物ターミナルを経由する東海道貨物支線は浜松町駅を起点にしている。東海道貨物支線の浜松町駅は東海道新幹線を挟んだ東側にあったために東海道本線とは線路がつながっていなかった。そして汐留貨物駅（これが開業当初の新橋駅）まで線路が伸びていたが、汐留貨物駅が廃止され、わずかに浜松町駅で貨物取扱をしていた。結局これも廃止され、ＪＲ東日本になってからも貨物ヤードからカートレインやモトトレイン（オートバイとライダー客の輸送）が北海道方面に運転されていた時代があった。

これも廃止されて、現在は浜松町駅付近の線路は撤去され路盤だけが残っている。浜松町駅の南側から単線の線路が東海道新幹線の東側で並行し始め（23頁下段写真参照）、東海道新幹線から同線の新幹線車両基地への回送線とともに、東海道貨物支線も他の電車線を含む東海道本線と分かれる。

東海道新幹線よりも先に分かれるために、新幹線との間に空き地があるとともに東海道貨物支線も複線になる。この空間を利用して東海道本線から新幹線を立体交差で斜めに横切って東海道貨物支線への連絡線が設置され、貨物支線は建設予定の羽田アクセス線の一部になる。

新幹線回送線と並行しながら京浜運河を渡り南下、八潮公園付近から東海道貨物支線は複線以上の路盤が

京葉線の東京貨物ターミナルへの乗入線として計画されていた地下線は東京臨海高速鉄道の東臨運輸区車庫への入出庫線に転用したが、京葉線計画時の上り本線側は未完成だったので入出庫線は単線になる。本来、京葉線上り線は東海道貨物支線の上り線に接続する予定だった

広がって、東京貨物ターミナルに達する。同駅の浜松町寄りでは下り本線のほかに長い引上線が3線置かれているが、引上線は機待線として短い区間だけ使われている。上下本線と機待線区間を除いて、他の線路は休止中だが、形態的には片側式貨物駅である。

3線の機待線から1～10番の着発線群と1番から8番線の留置線群が並べられている。このほか東側に通路線があり、中央の東側には貨車区として貨車の検修線や貨車車輪研削線、西側には機関区として始業検査線、機留線がある。そして南側に4面のコンテナホームと17線のコンテナ荷役線がある。

西端のコンテナ21番線の途中から新幹線保守基地へのレール搬入線が分かれていく。保守基地内の標準軌線のレール搬入線と並行しており、その間にレールを積載移動する門型クレーンが置かれている。

また、東側に休止中の下り本線、着発線の隣にも休止中の上り本線がある。しかし、着発線群と留置線群が収束した貨車区と機関区に挟まれたところから上り本線と下り本線は現役の複線線路になる。これら複線線路は、上り本線と下り本線は右側通行して、先に上り本線が地下に入り、下り本線と交差する。下り本線は休止中のも

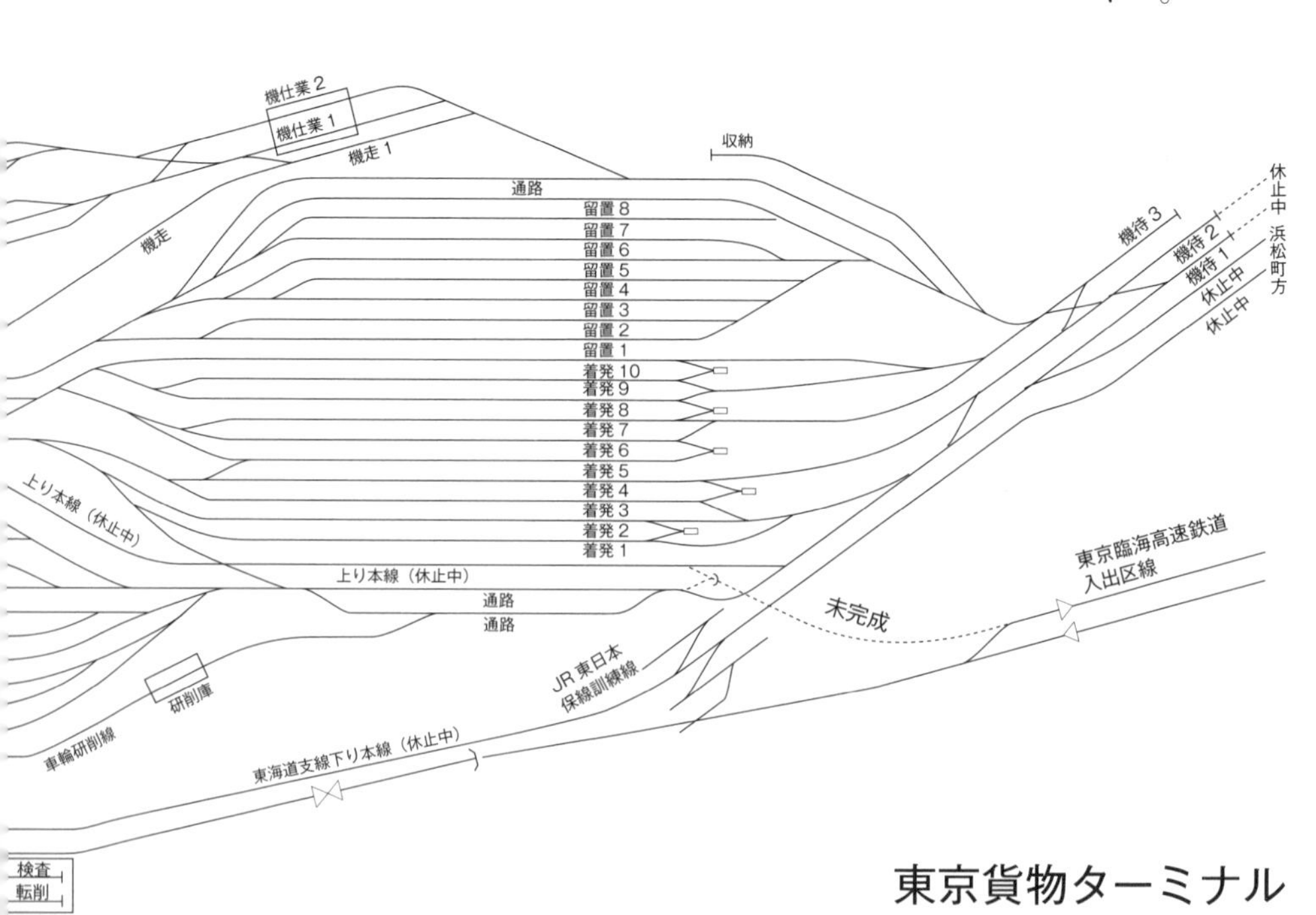

東京貨物ターミナル

う一つの下り本線と合流してから地下に入って、通常の左側通行をする複線となり、京浜運河などを通り抜けて川崎貨物駅に達している。

もう一つの休止中の下り本線は汐留寄りでＪＲ東日本の保守訓練センターに流用されたり、川崎貨物駅寄りで東京資源循環センターの側線などに流用されたりしているが、線路そのものはほとんど撤去されていない。

その東隣に並行して東京臨海高速鉄道りんかい線の車庫と入出庫線がある。入出庫線は単線だが、手前で地下にもぐっている。地下区間で複線から単線になっている。もともとこの線路は京葉線として造られたものだが、京葉線は新木場駅から東京駅まで別の線路で造られたために不要になったものである。

これを旅客化してほしいということを東京都などから要望があったが、国鉄の分割民営化後に発足したＪＲ東日本は、路盤しか完成していない新木場—東京貨物ターミナル間を引き受けて運営することを拒否した。このため東京都が91％の株を持つ第３セクターの東京臨海高速鉄道を設立して引き受けることにした。ただしＪＲ東日本も２％強の株を出資している。また、東京テレポート—大崎間の新線を建設して、東京テレポート—東京貨物

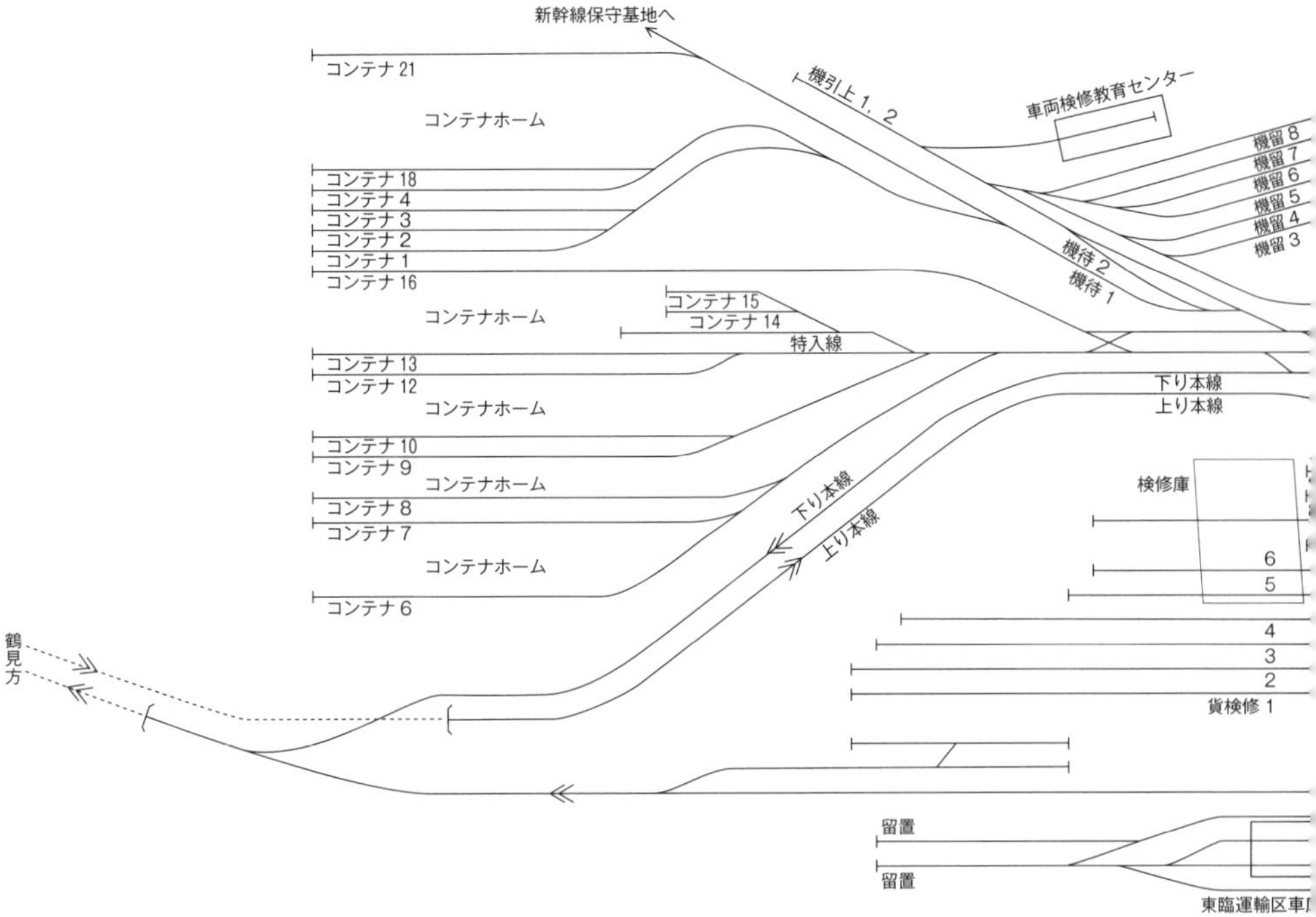

東京臨海高速鉄道東臨運輸区車庫の隣に確保されている旅客駅用地

東京貨物ターミナルの最南端で２線の下り本線が掘割の中で合流して、運河の下にある海底トンネルに入って川崎貨物駅に向かう

ターミナル間は東京貨物ターミナルに隣接して設置した車庫との入出区線にした。

京葉線は武蔵野線とともに東京外郭環状線にすることで鉄道建設公団が建設したものである。東京貨物ターミナルに入ると複線線路は二股に分かれて、一方は東海道支線の下り本線、もう一方は上り本線につなげる予定だった。その下り本線を東京臨海高速鉄道の入出庫線にした。もう一方は未完成のままだったので、途中から単線になる。しかし、単線になる手前にコンクリートで蓋をしている上り線の地下トンネルが見られる。

一方、前述のようにＪＲ東日本は東京貨物ターミナルの南端で海底トンネルに入る。その先の途中で分岐してから羽田空港への羽田アクセス線を建設することになった。このとき東京臨海鉄道の入出庫線を利用することになる。休止中の下り貨物本線とりんかい線の入出庫は並行しており、途中の東臨運輸区車庫の西側に駅用地も確保されている。このために、さほど費用と時間をかけずに新駅と連絡接続線の建設ができる。

川崎貨物

川崎貨物駅は元塩浜操車場だった。今でも神奈川臨海鉄道の水江線（川崎貨物―水江間）、千鳥線（川崎貨物―千鳥町間）、浮島線（川崎貨物―浮島間）と接続して貨物列車を授受する駅である。このため多数の仕訳線や留置線がある。もちろん貨物扱いもしているのでコンテナホームもある。

京浜急行大師線の終点小島新田駅の改札を出ると川崎貨物駅を跨ぐ、い

浜川崎寄りから見た川崎貨物駅。左から上り1～4番線、上り本線、下り本線、下り1、2番線とコンテナホーム。下り本線は掘割になって先に東京貨物ターミナルに向かって地下にもぐる。コンテナホームの右側には機関区の検修棟や仕訳線群が見える。左側の上り４番線から手前に分岐しているのが上り15番線、まっすぐ進むのが西機待線である

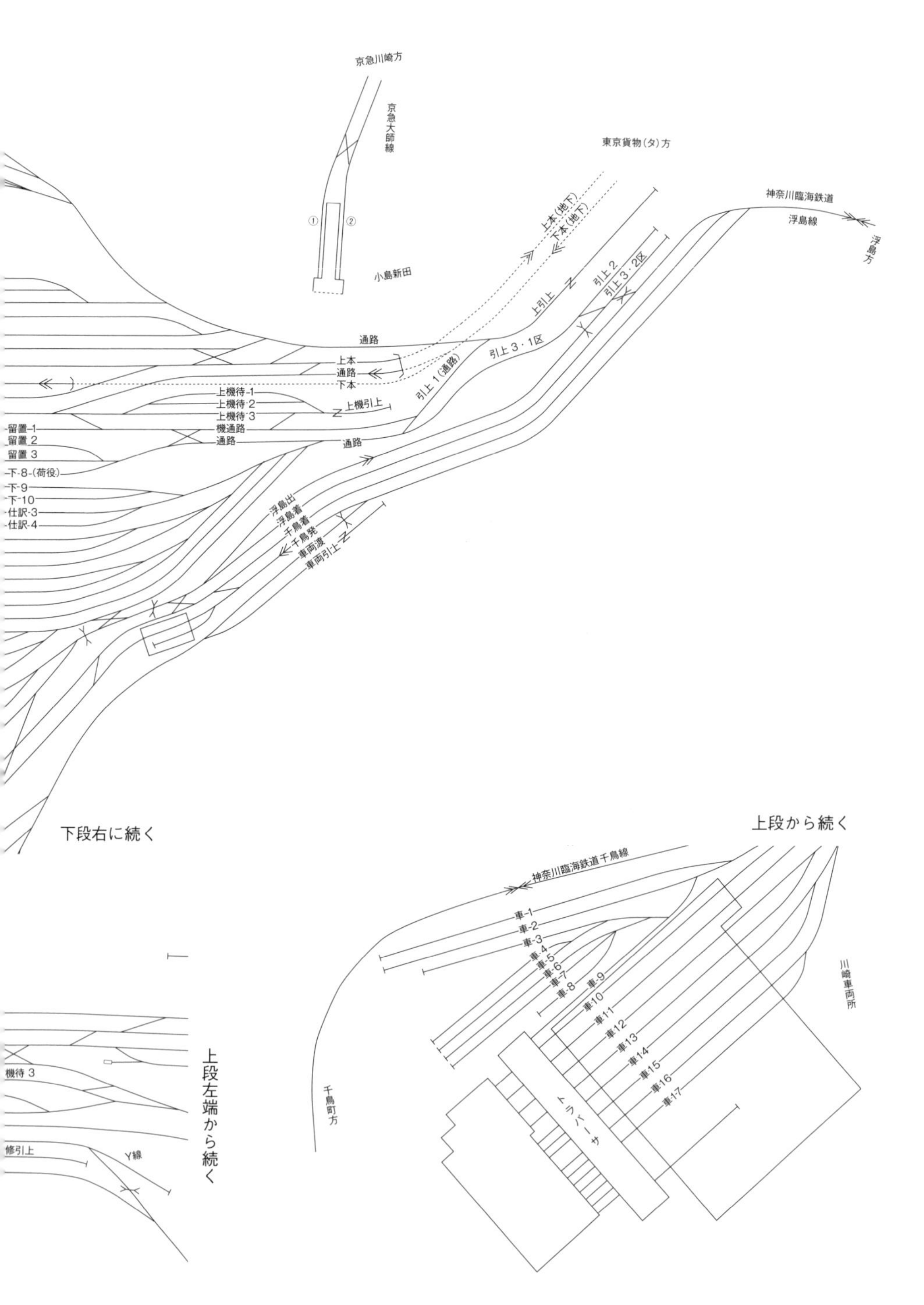

京急川崎方
京急大師線
①
②
小島新田
東京貨物(タ)方
上本(地下)
下本(地下)
神奈川臨海鉄道
浮島線
浮島方
引上2
引上3・2区
上引上
通路
引上3・1区
上本
通路
下本
引上1(通路)
上機待-1
上機待-2
上機待-3
上機引上
留置-1
留置 2
留置 3
機通路
通路
通路
下-8-(荷役)
下-9
下-10
仕訳-3
仕訳-4
浮島出
浮島着
千鳥着
千鳥発
車両渡
車両引上
下段右に続く
上段から続く
神奈川臨海鉄道千鳥線
車-1
車-2
車-3
車-4
車-5
車-6
車-7
車-8
車-9
車-10
車-11
車-12
車-13
車-14
車-15
車-16
車-17
トラバーサ
川崎車両所
千鳥町方
上段左端から続く
機待 3
修引上
Y線

川崎貨物駅

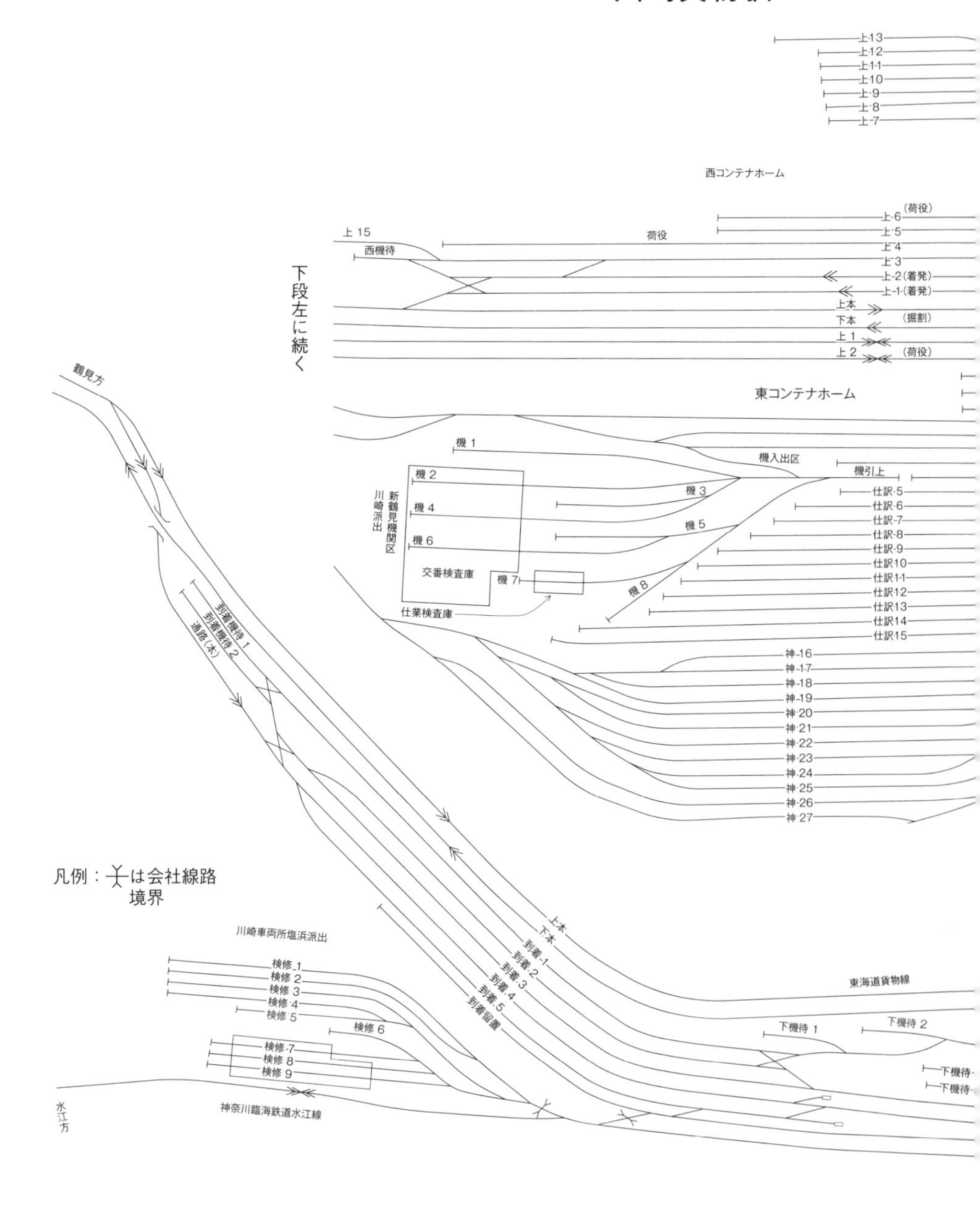
上13
上12
上11
上10
上9
上8
上7
西コンテナホーム
上6（荷役）
上5
荷役
上4
上3
上15
西機待
上2（着発）
上1（着発）
上本
下本
（掘割）
上1
上2
（荷役）
下段左に続く
鶴見方
東コンテナホーム
機1
機入出区
機引上
機2
機3
新鶴見機関区
川崎派出
機4
機5
機6
交番検査庫
機7
機8
仕業検査庫
仕訳5
仕訳6
仕訳7
仕訳8
仕訳9
仕訳10
仕訳11
仕訳12
仕訳13
仕訳14
仕訳15
神16
神17
神18
神19
神20
神21
神22
神23
神24
神25
神26
神27
到着機待1
到着機待2
通路（本）
凡例：は会社線路境界
川崎車両所塩浜派出
上本
下本
到着1
到着2
到着3
到着4
到着5
到着留置
東海道貨物線
検修1
検修2
検修3
検修4
検修5
検修6
検修7
検修8
検修9
下機待1
下機待2
下機待
下機待
水江方
神奈川臨海鉄道水江線

つくしま跨線橋がある。跨線橋から北側を見ると東海道貨物線の上り本線と下り通路線が地下から出ているのが見える。下り本線はこの位置ではまだ地下を通っている。南側を見ると下り本線が地下から出ているのが見える。

上下本線の両側に着発線や荷役線とコンテナホームがある。コンテナホームと荷役線の間に上下本線が通り抜けている貫通式になっている。貫通式は両側の荷役線間を行き来する上下通路線が必要で、その通路線は一般に上下本線の通行を妨げないように地下線にして上下本線を横切っている。西浜松駅がそうである。

東海道貨物支線は東京貨物ターミナルを出ると地下で南下して進み、川崎貨物駅に達しても構内の途中まで地下線になっている。下り本線は同駅の中央あたりまで地下線、その先は掘割になっている。そのため上下通路線のほうが地上を進んで上り引上線に向かっている。

上下本線の海側に下り1番線と下り2番線の着発線、そしてコンテナホームがある。下り2番着発線はコンテナ貨物列車が機関車を連結したまま積み下ろし作業を行い、終了後はそのまま出発させる着発線荷役方式（E＆S方式＝Effective & Speedy Container Handing System）を採用している。

海側の下り1番線と山側の上り1番線と2番線も着発線だが、仕訳線で組成された貨物列車が東京貨物ターミナル寄りの上り引上線を経て入線する。

上り引上線は3線あって、その山側に神奈川臨海鉄道浮島線の出発線と到着線、千鳥線の出発線と到着線がある。その北側で4線は収束して単線の浮島線になり浮島駅に向かう。

下り8～10番線と上り3～6番線は荷役および留置をする側線である。海側に仕訳線が並びその鶴見寄りに新鶴見機関区川崎派出の機関車検修庫と機関庫がある。

さらにその海側に神奈川臨海鉄道の12線の仕訳線があって、その隣に同臨海鉄道の千鳥線が通っている。千鳥線の海側にはＪＲ貨物の貨車の検修を行う川崎車両所がある。

鶴見寄りには５線の下り機待線、さらにその鶴見寄りに到着１〜６番線（本線）があって、鶴見寄りで上り本線から分岐した通路線と接続している。神奈川臨海鉄道からの貨物列車も乗り入れるので端部に到着機待線が２線置かれている。

到着線の山側で神奈川臨海鉄道水江線が分かれるとともに途中で貨車の検修をするＪＲ貨物の川崎車両所塩浜派出がある。

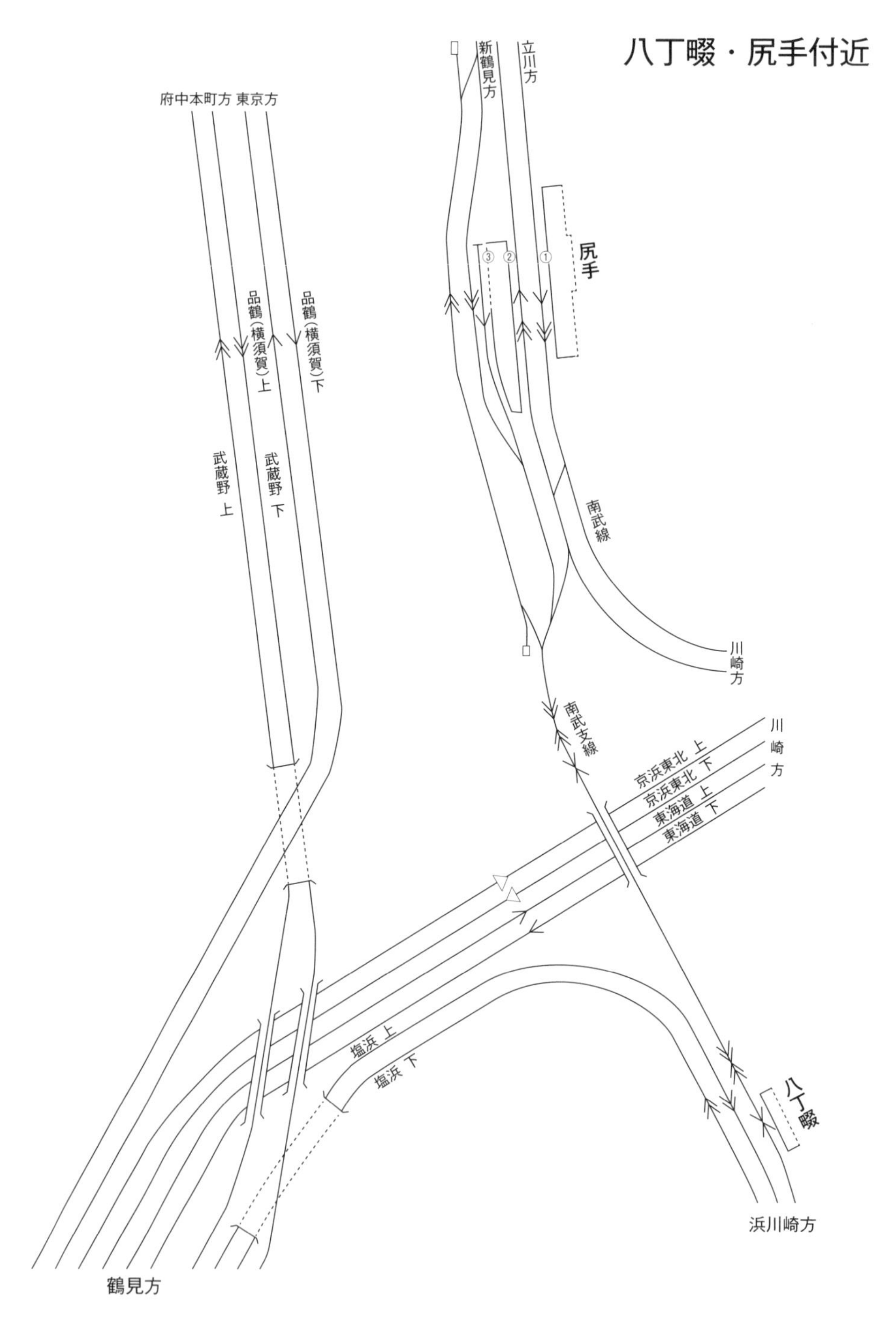

八丁畷・尻手付近
府中本町方 東京方
新鶴見方
立川方
尻手
③
②
①
品鶴(横須賀)上
品鶴(横須賀)下
武蔵野 上
武蔵野 下
南武線
川崎方
南武支線
京浜東北 上
京浜東北 下
東海道 上
東海道 下
川崎方
塩浜 上
塩浜 下
八丁畷
浜川崎方
鶴見方

東海道貨物支線は通称塩浜線として浜川崎駅を経て鶴見駅に向かうが、鶴見駅の東海道貨物支線にはホームがない。

鶴見

鶴見駅には鶴見線と連絡しているが、鶴見線は高架になっていて線路はつながっていない。旅客ホームは京浜東北線に島式ホーム1面しかないが、武蔵野南線というよりも武蔵野線全体の起点は鶴見駅である。また、東京貨物ターミナルからの東海道貨物支線も武蔵野線に接続している。品鶴線とそれにつながる横須賀線も鶴見駅で接続している。さらに東海道貨物支線（新横浜貨物支線ともいう）と高島支線の分岐駅でもある。貨物線としては要の駅なのである。

京浜東北線の鶴見駅の西側には旧横浜貨物支線（以下横須賀線とする）、東側に東海道本線、そして東海道貨物支線と武蔵野線の合流のための貨物着発線が5線並んでいる。貨物着発線は東側から貨物下り本線（貨下本）、貨物中1番線（貨中1）、貨物中2番線（貨中2）、貨物中3番線（貨中3）、そして貨物上り本線（貨上本）が並んでいる。

貨下本線は横浜方面、貨中1番線は新鶴見・東京貨物ターミナル方面と横浜方面の両方向、貨中2番線は新鶴見・東京貨物ターミナル方面に出発できるが、横浜方面からの入線はできないので、新鶴見方面—東京貨物ターミナル方面間の行き来用の線路である。このため横浜寄りに機折線があって、機関車は貨中3番線を機回線にして機回しされる。貨中

立川寄りから見た尻手駅

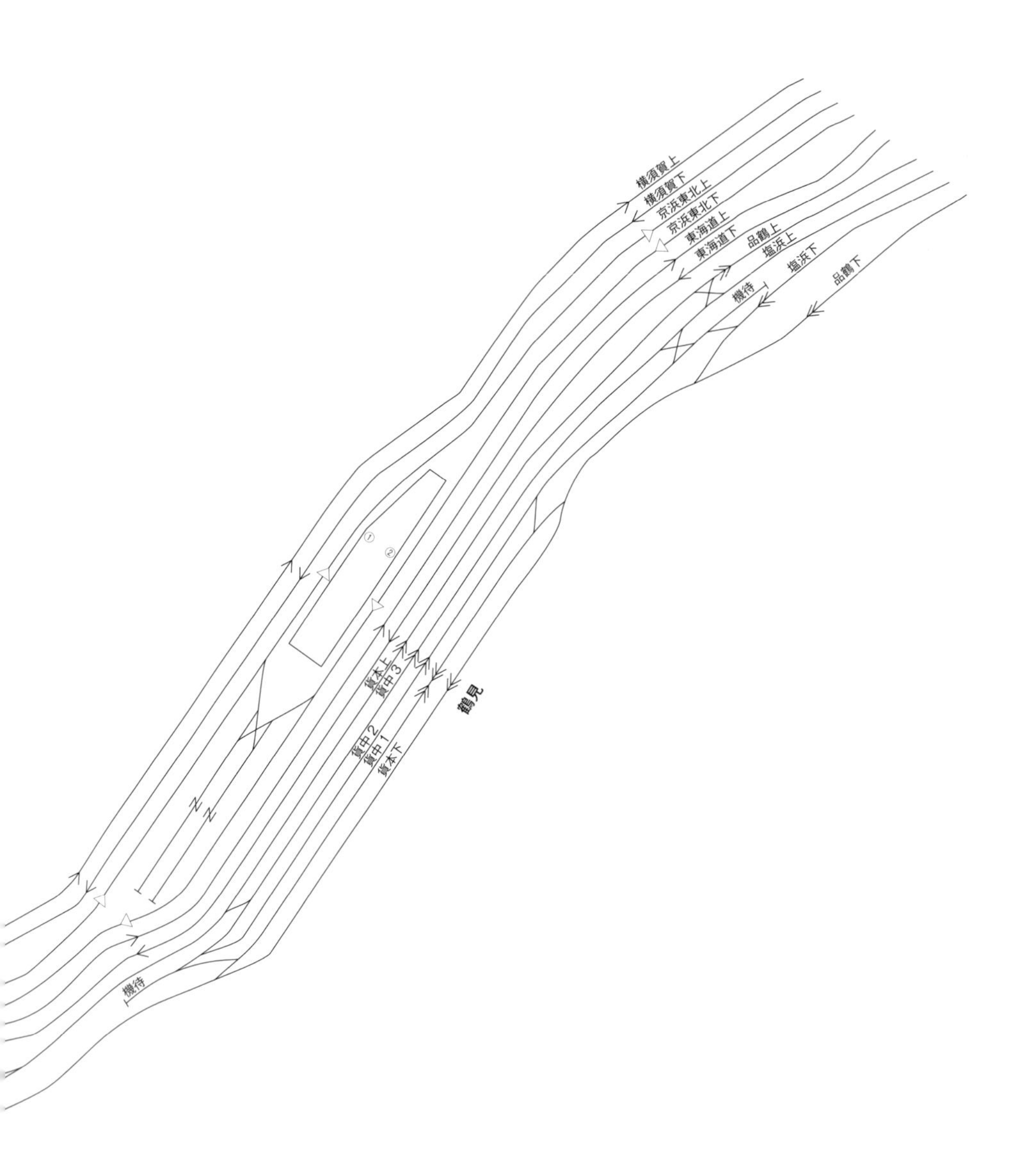
横須賀上
横須賀下
京浜東北上
京浜東北下
東海道上
東海道下
品鶴上
塩浜上
機待
塩浜下
品鶴下
①
②
貨本上
貨中3
鶴見
貨中2
貨中1
貨本下
機待

2番線と貨中3番線は横浜方面から入線が可能である。当然ながら貨上り本線は新鶴見・東京貨物ターミナル方面だけに出発できる。

北側で武蔵野線と品鶴線は立体交差して横須賀線になる品鶴線が西側に移る。次に武蔵野線は京浜東北線と東海道本線を斜めに乗り越し、さらに武蔵野線の上り線は東海道貨物支線（塩浜線）も乗り越して、武蔵野線の上下線の間に東海道貨物支線が割り込む形になる。

東海道貨物支線は鶴見―八丁畷間と浜松町―浜川崎間に分かれており、途中の浜川崎―八丁畷間は南武支線の線路となっている。実際には、浜川崎―川崎新町間は複線、川崎新町―八丁畷間の南武支線と東海道貨物支線の複線がある複単線になっている。

南武支線は八丁畷駅で東海道支線と合流し川崎新町駅の手前で貨物支線に転線する。川崎新町駅で東海道貨物支線の両側に相対式ホームが置かれている。下りホームの裏側に2線の下り貨物着発線が置かれ、その先は複線になる。

小田栄駅を過ぎると下り線側に引上線が並行するようになる。浜川崎駅の手前で南武支線の電車は引上線から伸びてきた線路に転線、さらに分岐して南武支線の浜川崎駅のホームに進入する。転線せずにまっすぐ進むと浜川崎駅のヤードと鶴見線の扇町方面への貨物線に分かれる。浜川崎駅の手前で複線の東海道貨物支線が分岐して川崎貨物駅に向かう（45・46頁図参照）。

南側でも両側に高島支線の上下線があり、その間に新横浜貨物支線が配置されている。そして東新横浜貨物支線は地下に入って横浜羽沢駅に向かう。

その手前では東海道支線貨物から東海道本線への転線用の渡り線群が置か

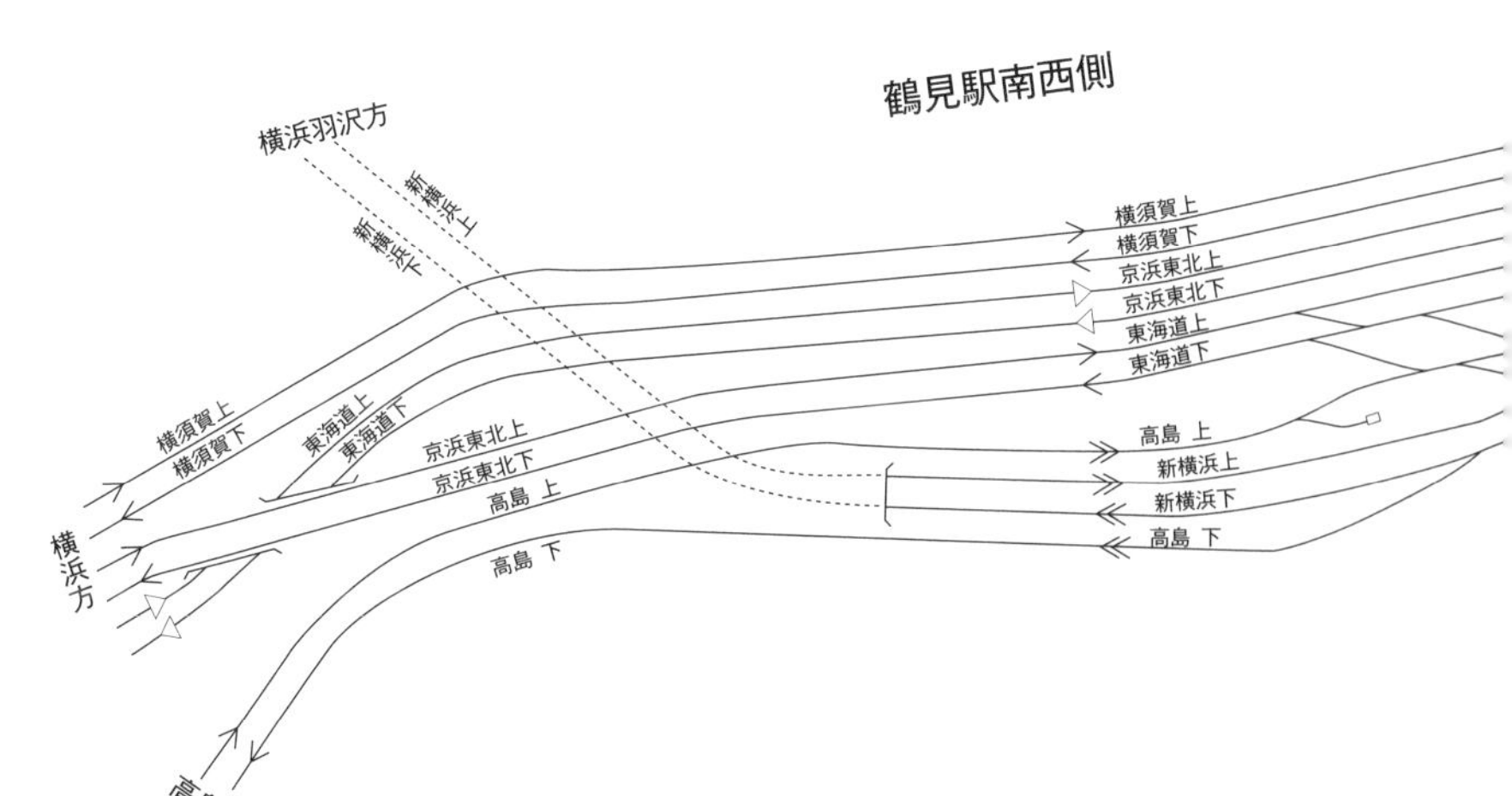

れている。相鉄直通電車はそのまま新横浜貨物支線と接続してノンストップで横浜羽沢方面に向かっていく。八王子方面から鎌倉方面や熱海方面に向かう臨時電車は、ここで東海道本線に転線する。しかし、平面交差で転線するために鶴見駅の貨中1番線で一時停止して、東海道本線への渡り線が開通するのを待ってから発車する。逆方向も東海道本線上り線で一時停止して東海道貨物支線に転線していく。

新横浜貨物支線が地下に入った先で、京浜東北線と東海道本線は立体交差して、京浜東北線が東側に移っていく。

高島貨物線

鶴見駅で分岐した高島貨物線は東高島駅を経て根岸線の桜木町駅に向かう。鶴見—東高島間が複線、東高島—桜木町間が単線である。

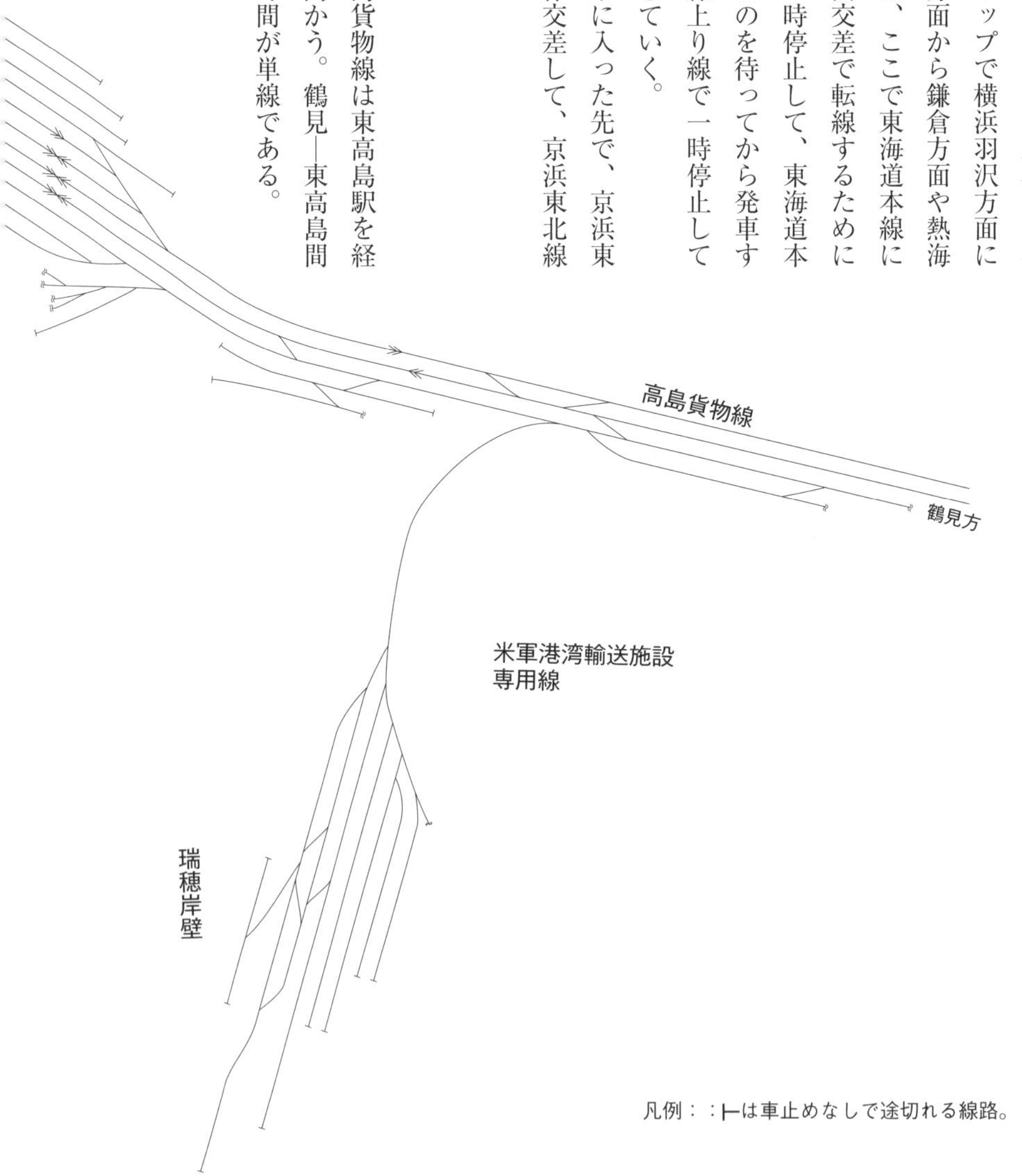

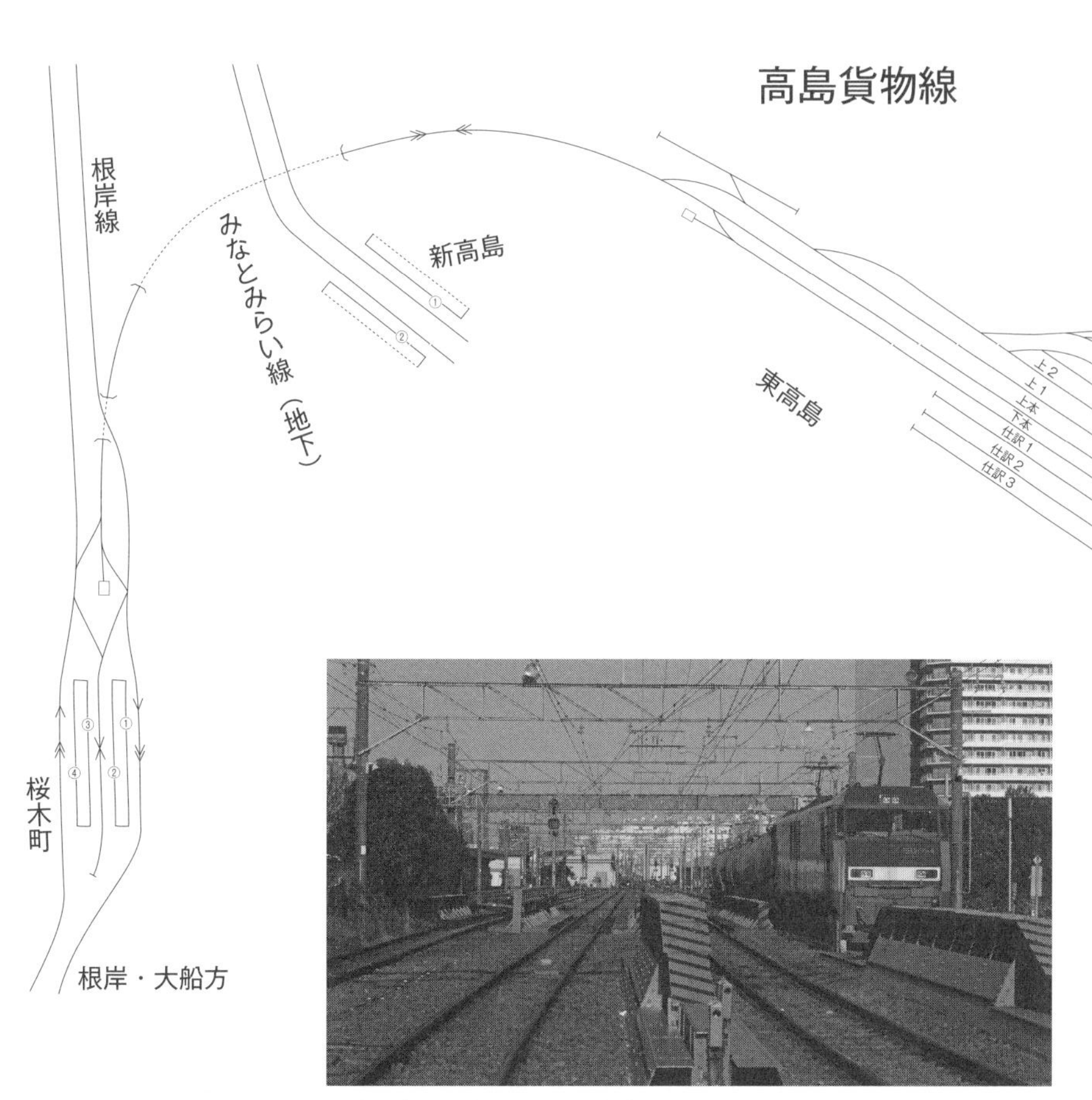

桜木町寄りの踏切から見た高島貨物駅

桜木町駅から横浜寄りを見る。下り線が高くなって、その下を高島貨物線が通っている

かつて、各所で分かれる専用線があったが、ほとんど廃止され、残っているのは千若信号場跡から分岐している米軍港湾輸送施設専用線だけである。有事になったときに鉄道輸送も必要だということで残している。

東高島駅も臨時車扱貨物駅として有事のときには米軍貨物列車の取り扱いをするが、通常は貨物の取り扱いをしない。現在は東高島―桜木町間が単線のために行き違い待ちをするのと朝夕ラッシュ時に過密運転になる根岸線への入線待ちのための着発線がある信号場の役目をしている。

東高島駅を出ると単線になって地下にもぐり、途中で横浜高速鉄道みなとみらい線と地下で交差し、桜木町駅手前で地上に出てすぐに高架になって根岸線の上下線の間に割り込んで同線に接続する。そして貨物駅でもある根岸駅を経て大船駅に達する。大船駅では東海道貨物線と

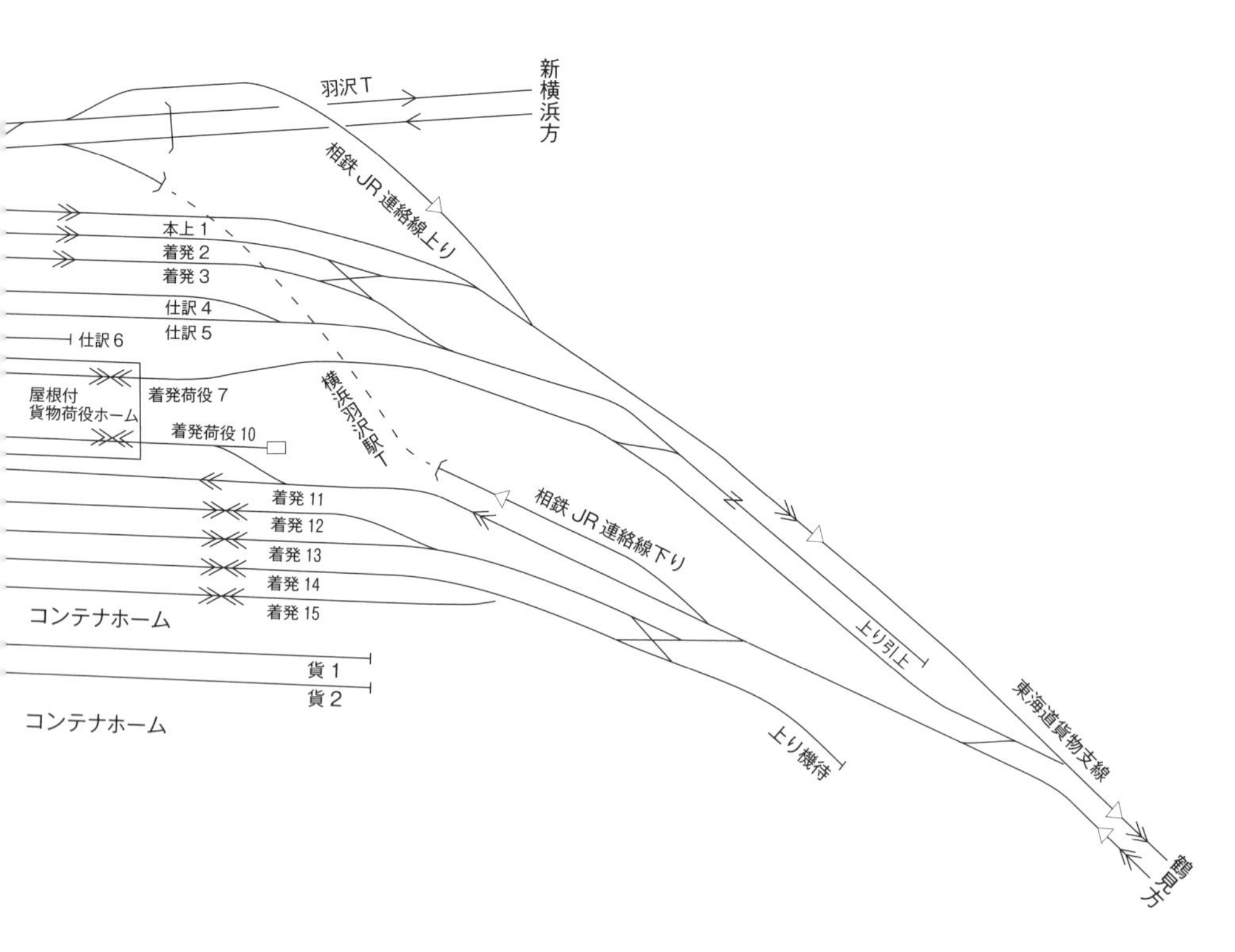

も接続して貨物列車は同貨物線に直通する。

横浜羽沢

新横浜貨物支線にある横浜羽沢駅は貨物駅である。朝ラッシュ時に走っていた通勤ライナーは特急「湘南」に変更されて、多くが新横浜貨物支線を通る。このため横浜羽沢駅の上下本線を駆け抜けていく。

さらに相鉄直通電車は横浜羽沢駅で分岐して隣接する相鉄新横浜線羽沢横浜国大駅に乗り入れている。

横浜羽沢駅は抱き込み式と下り本線外側にも着発線と荷役線がある複合型の貨物駅の配線になっている。上下本線を含む各線路の大半は連番になっている。1番線が上り本線、2、3番線が上り着発線、4～6番線が仕訳線、7、10番線が上下着発荷役線である（8、9番線は欠番）。11番線が下り本線、12～15番線が上下着発線となっている。その隣にコン

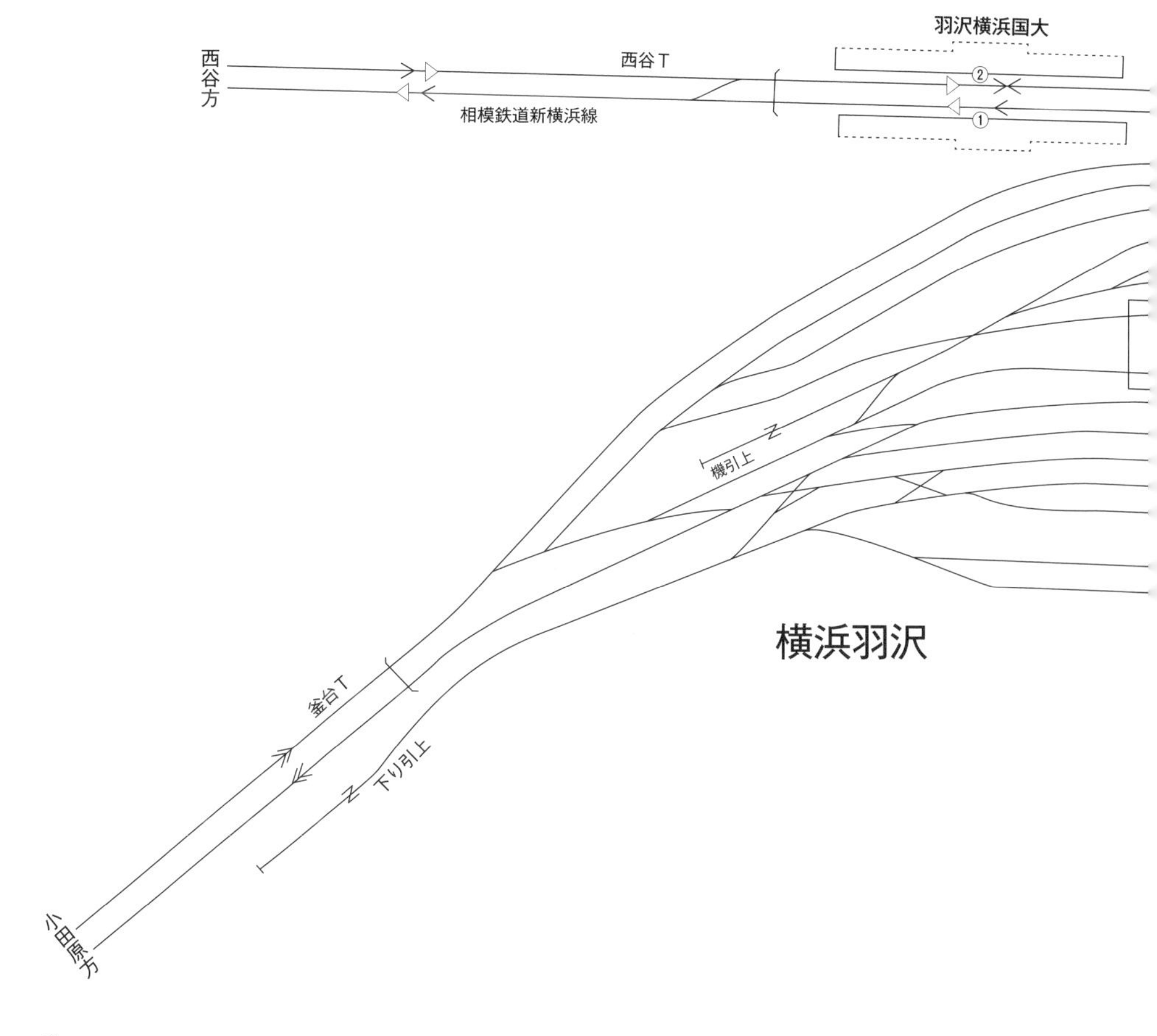

テナホームに囲まれた荷役線の貨物1、2番線がある。

鶴見寄りに上り引上線と上り機待線、その先で下り本線から下り相鉄接続線が分岐する。同接続線は掘割になって横浜羽沢トンネルに入る。トンネル内で横浜羽沢駅の各線を横切り相鉄新横浜線の下り本線に接続する。

相鉄新横浜線の上り線から上り相鉄接続線が分かれて、新横浜貨物支線の上り線に接続する。相鉄新横浜線そのものはほぼまっすぐに進んで新横浜駅に向かう。

羽沢横浜国大駅は相対式ホーム2面2線の簡素な駅である。そこで2方向への電車が分岐している。通常の分岐駅は島式ホーム2面4線にしてホームも2方向に分かれているのに、用地の制約でそれができなかった。

平時でもダイヤを組むのに苦労する構造になっているのに、新横浜方向と鶴見方向のいずれかのダイヤが乱れたときには収集が付かなくなってしまう。下り線側だけでも発着線を1線追加したいところである。

新子安駅は京浜東北線にだけ島式ホームがある。

東神奈川

東神奈川駅では京浜東北線に横浜線が接続している。また、鎌倉車両センター東神奈川派出所が隣接している。

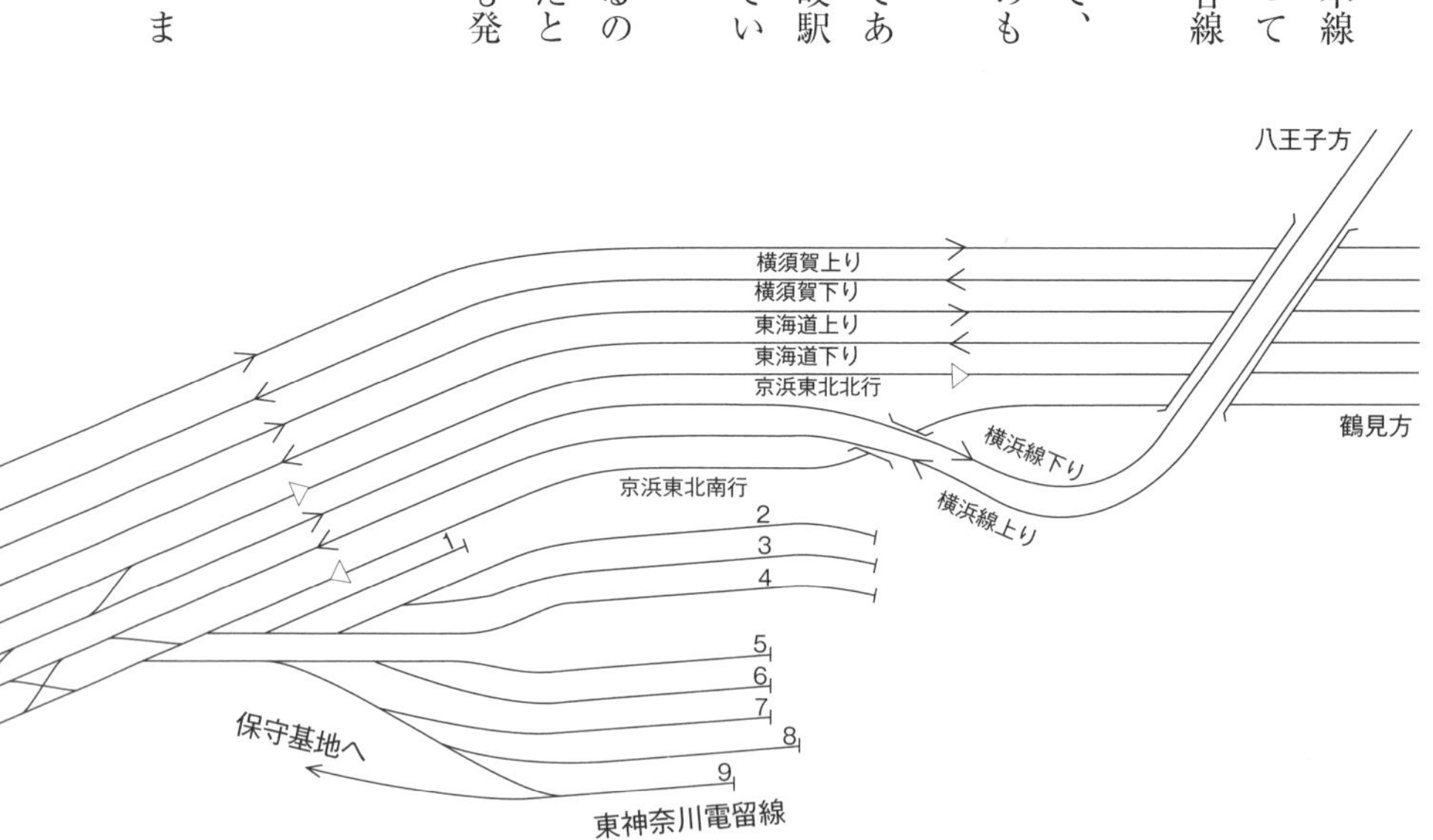

横浜線は鶴見寄りで横須賀線、東海道本線、京浜東北線を斜めに乗り越してから回り込んで、京浜東北線の南行を再度斜めに乗り越して北行の線路との間に割り込む。内側が横浜線、外側が京浜東北線の島式ホーム2面4線だが、電留線の入出区線も絡むために鶴見寄りの配線は少々複雑になっている。

横浜線電車は京浜東北線直通だけでなく同駅折り返しもある。八王子方面から横浜方面に向かう客だけでなく鶴見方面に向かう客も多い。

折返電車が3番線に到着すれば鶴見方面へは同じホームで乗り換えができて便利だが、横浜方面に向かう客は跨線橋を昇り降りしなくてはならない。2番線に到着すれば横浜方面に向かう客は便利でも鶴見方面へ向かう客は面倒になる。

蒲田駅のように横浜線の発着線を1線にして両側にホームを設置するといずれの方向からの乗り換えも跨線橋を通らずにすむが、横浜線の運転本数も多いためにこれもできない。結局、いずれかの乗換客を犠牲にするしかない。

このため大口駅の手前で「2番線に到着するので鶴見方面に行かれる方は、次の電車が3番線に到着するので大口駅で乗り換えて下さい」というように案内する。ただし、

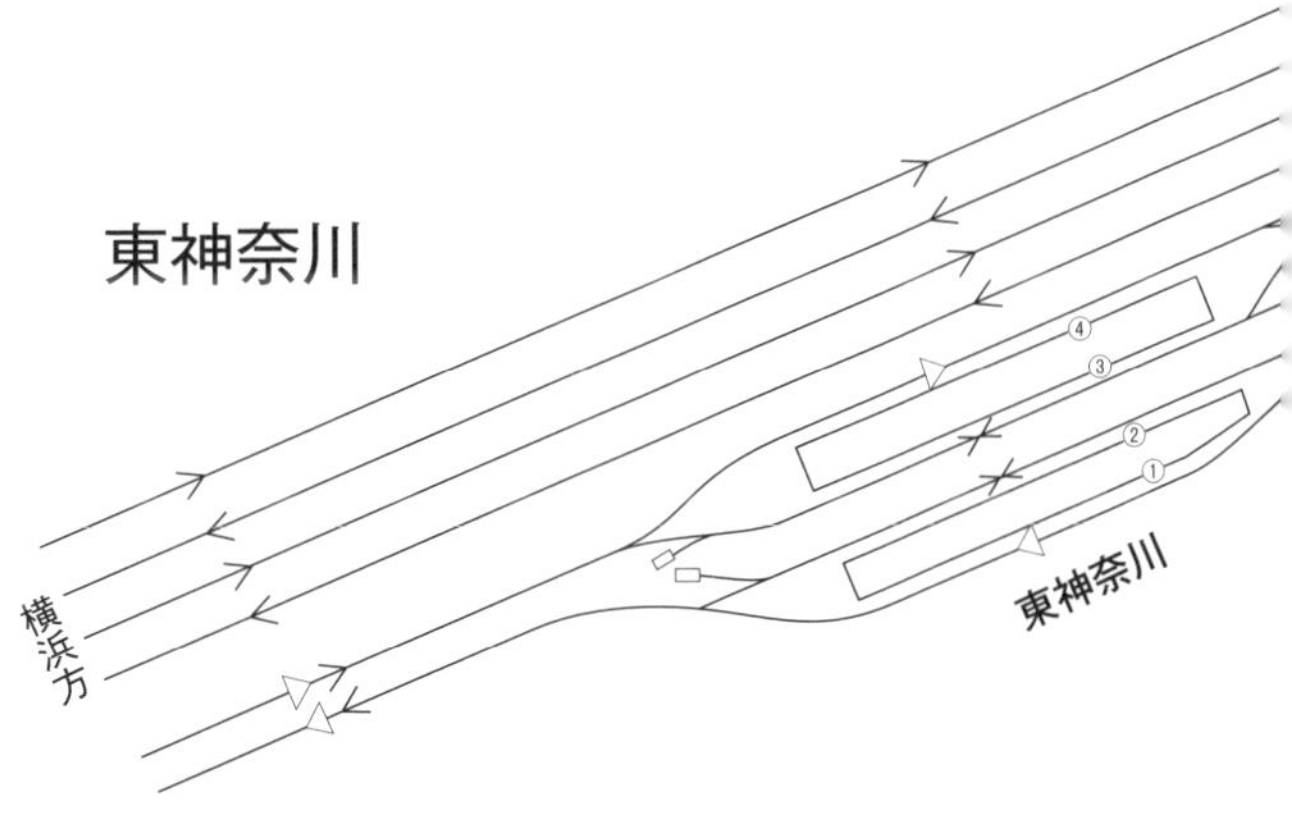

東神奈川

横浜方

東神奈川

これは運転本数が多い朝ラッシュ時上りだけの案内である。
横浜線の2、3番線の横浜寄りには冒進して京浜東北線の電車に接触しないように安全側線が置かれている。

横浜

横浜駅は横須賀線と京浜東北線が島式ホーム1面2線、この両線に挟まれた東海道本線が島式ホーム2面4線になっている。鶴見寄りで横須賀線の上下線間に逆渡り線、横須賀線下り線から東海道本線上り線への渡り線、そして東海道本線の上下線間に逆渡り線がある。4線になった東海道本線の外側が副本線、内側が本線になっている。

小田原寄りの東海道本線の内方に逆渡り線があり、複線になった個所に順渡り線がある。その順渡り線と同じ位置の横須賀線には逆渡り線があって、その先には横須賀線の下り線と東海道本線の上り線の間にシーサスポイントがある。さらにその先で横須賀線の上下線間に順渡り線がある。

配線上では横須賀線と東海道線は互いに転線できる構造になっている。しかし、互いの本線を横断することになって交差支障を起こすから通常は転線を行わない。

また、東海道本線の下り本線の小田原寄り、上り本線の鶴見寄りに出発信号機があって折り返すことができるとともに、東海道本線上り本線から横須賀線上り線への転線用の出発信号機が

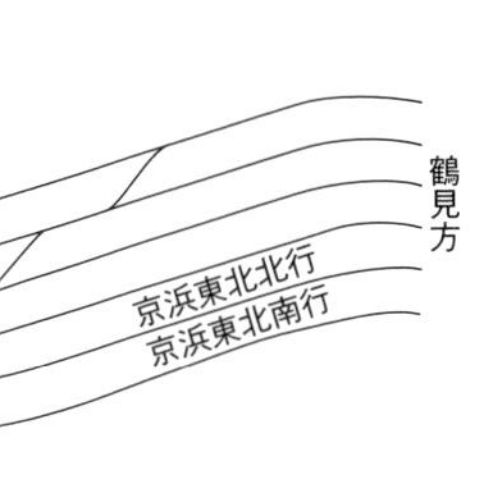

東海道本線上り線の鶴見寄りにある。

東海道本線と横須賀線の両上り線は互いの上り線へ転線できるように小田原寄りの場内信号機が置かれている。さらに朝ラッシュ時の上り東海道本線は乗降に時間がかかるために、7番線と8番線を交互に発着をして運転間隔が延びないようにしている。

京浜急行本線と東海道本線の間にある京浜東北線のホームは途中で左カーブする。京急本線のホームは品川寄りにずれているので、京浜東北線のホームよ

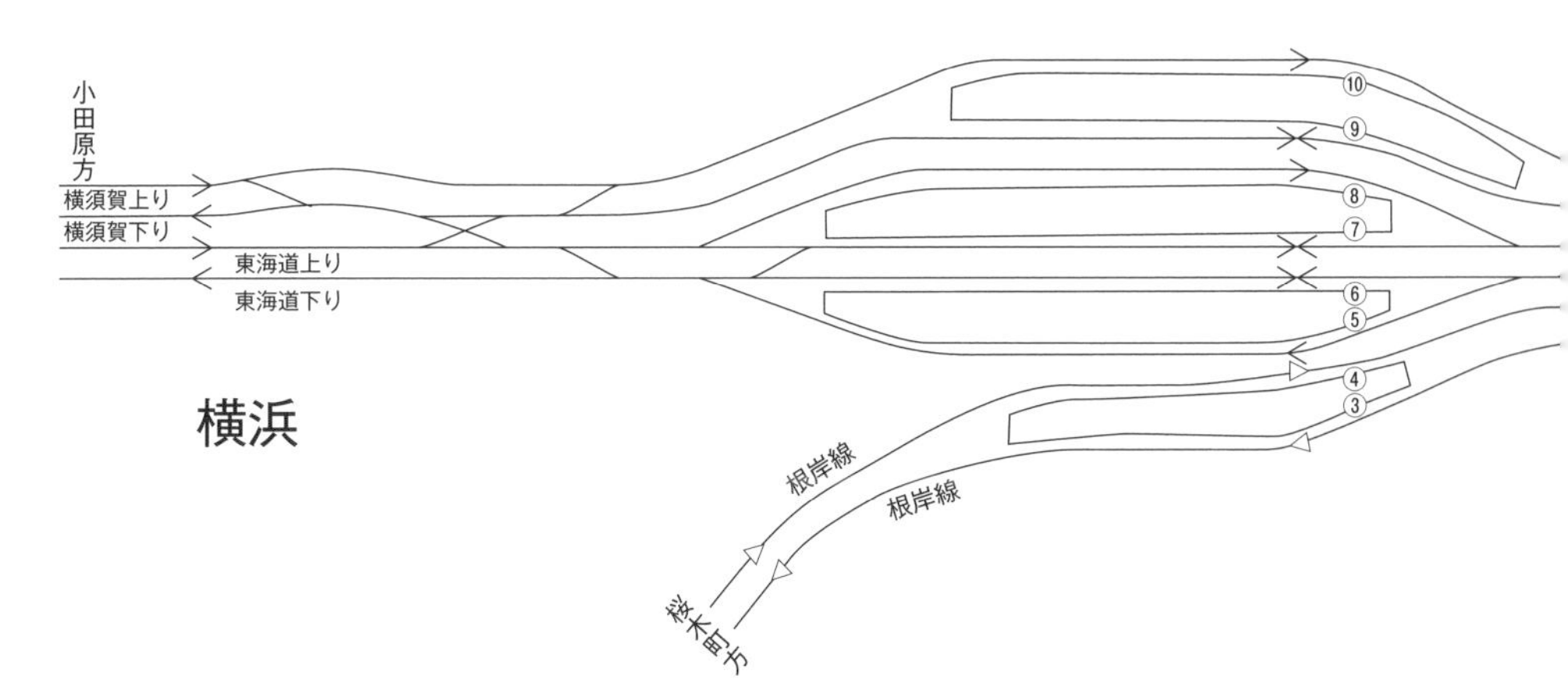

保土ケ谷寄りから見た横浜駅。県道13号の跨線橋の橋脚を避けるために横須賀線は山側に線路を少し振っている。左側に相鉄の横浜駅と西横浜駅のホーム端が見える

りも先にホームがなくなって線路だけが京浜東北線よりも大きくカーブしていく。その先で京急本線は右カーブして京浜東北線を斜めにくぐって分かれる。

東戸塚―戸塚間

横須賀線と東海道本線は方向別複々線で進むが、横須賀線にだけ島式ホームがある保土ケ谷駅を過ぎると丘陵地帯を抜ける地点で横須賀・東海道の両線は少し離れる。開業当初は東海道本線だった線路を使っている横須賀線（元横浜貨物線）は西側によって半径1600m程度の緩いカーブで大きく曲がりながら長さ978mの品濃トンネルを抜ける。その前後の勾配は3・3‰から7‰になっている。

現在の東海道本線のほうは先に左に半径550mで曲がって直線になり、横須賀線と合流する手前で505～550m曲がって短絡していく。途中に71mの清水谷戸トンネルをくぐるが前後の勾配は10・0～10・5‰になっている。このため東海道本線のほうが10mほど高くなる。

線形からすると旧線である横須賀線のほうがいいが、蒸気機関車の時代では勾配もカーブもスピード

東戸塚駅で東海道貨物支線が合流してくる。左から東海道貨物支線、横須賀線、東海道本線のそれぞれ複線が並ぶ

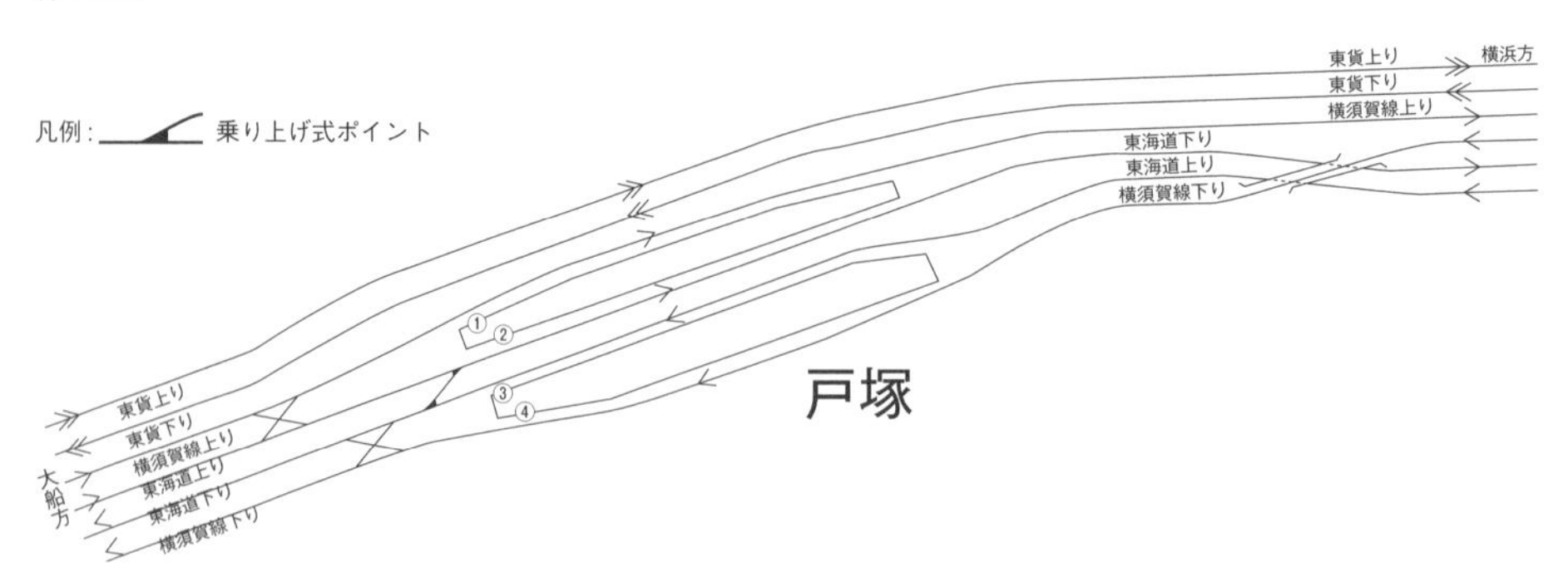

ダウンにつながるようなものではなかった。それよりも短絡したほうが所要時間が短縮するメリットがあるということである。

同様に横須賀線にだけ島式ホームがある東戸塚駅で横須賀線の横に新横浜貨物支線が合流して、ここから3複線で進むようになる。3複線になってから新横浜貨物支線とは呼ばなくなり、単に貨物線、あるいは東海道貨物線と呼ぶ。保土ケ谷、東戸塚駅のホームは横須賀線にだけあって島式である。

戸塚駅の手前で横須賀線の下り線が東海道本線を斜めに乗り越してから戸塚駅のホームに入る。戸塚駅では山側から線路別の貨物線の複線、方向別の島式ホームで横須賀線と東海道本線の上り線、東海道本線と横須賀線の下り線が並ぶ。小田原寄りで東海道本線の上下線間に逆渡り線があるが、これは乗上式ポイントになっているので保線車両用である。その次に東海道・横須賀両線間の上下線それぞれにシーサスポイントがある。これによって横須賀線を走っている湘南新宿ラインと新宿方面からの特急「踊り子」などの小田原方面への電車が転線して東海道本線に出入する。

大船

大船駅まで東海道本線と横須賀線は方向別複々線、貨物線は線路別複線で進み、大船駅の手前で横須賀線の上り線は東海道本線上下線を斜めに乗り越して横須賀線下り線と合流する。その先で左手から根岸線が合流するが、同線から分岐した根岸貨物連絡線が横須賀線、東海道本線を斜めに乗り越して東海道貨物線の上下線の間に割り込んでから同貨物線と合流する。

その先で山側から貨物線、東海道本線、横須賀線、根岸線の各複線が並ぶ4複線になる。

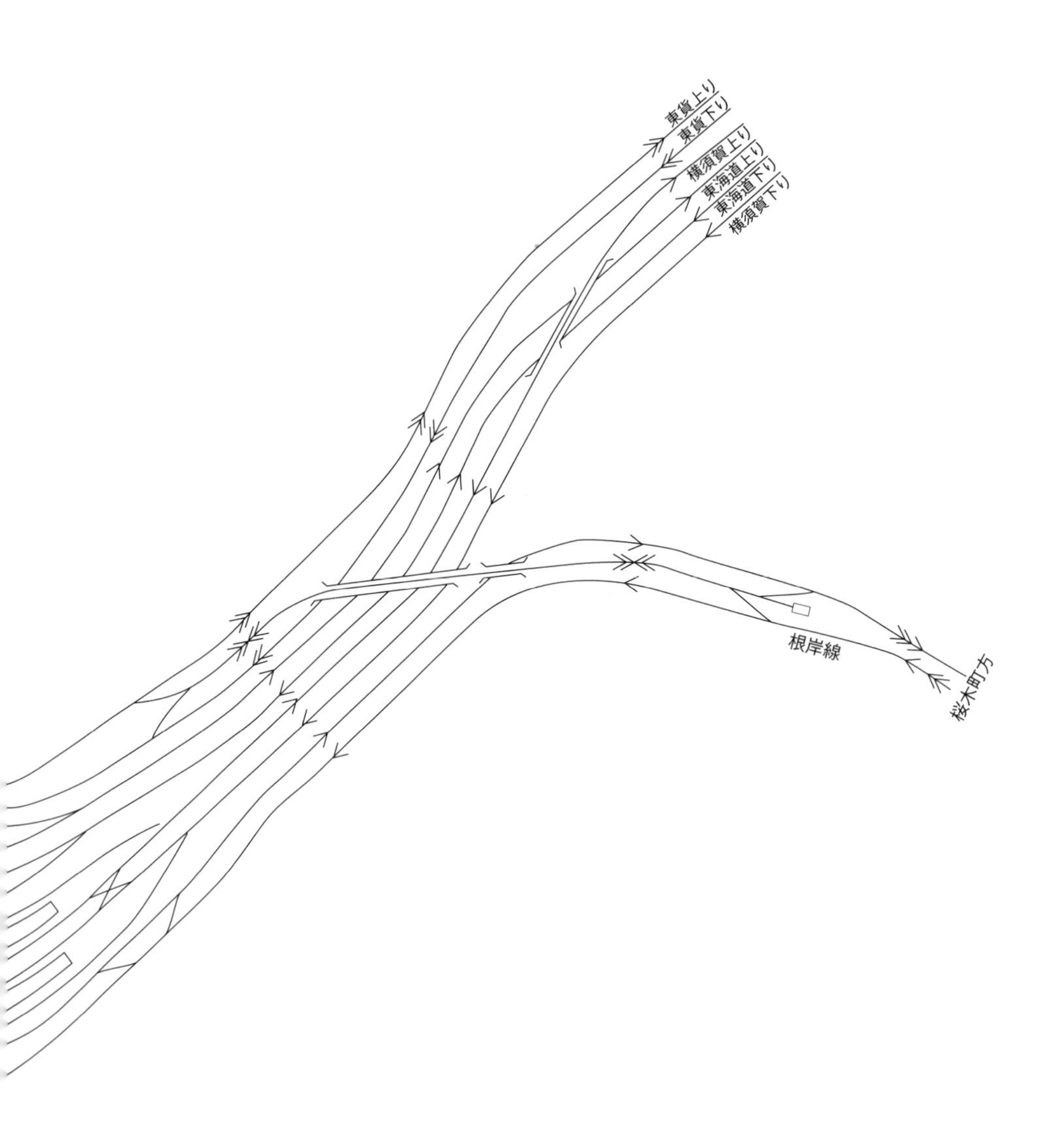
東貨上り
東貨下り
横須賀上り
東海道上り
東海道下り
横須賀下り
根岸線
桜木町方

貨物線にはホームがないが、東海道本線と横須賀線はそれぞれに島式ホーム2面4線がある。根岸線は島式ホーム1面2線になっている。

東海道本線のホームの内側の2番線が上り本線、3番線が下り本線、外側の1番線が上り副本線、4番線が下り副本線だが、横須賀線のほうは外側の5番線が上り本線、8番線が下り本線で、内側の6、7番線が横浜、鎌倉の両方向から折り返しが可能な上下副本線になっている。

そのため横浜寄りの内方にシーサスポイントがある。鎌倉寄りではやや複雑な形で転線可能な配線になっている。根岸線とともに鎌倉車両センターへの入出区線や根岸線からの横須賀線鎌倉方面に行き来できるようにしているのでさらに複雑になっている。なお、根岸線の桜木町寄りの転線ポイントはシーサスではなく順逆それぞれの片渡り線になっている。

大船駅で正式路線としての横須賀線が分岐して、東海道本線は貨客分離の線路別複々線になる。以下、小田原駅まで山側の複線を貨物線、海側の複線を旅客線と呼ぶことにする。

鎌倉車両センター付近の貨物線の上下線間に貨物本線と接続していなくて使われていない複線線路がある。これは昭和60（1985）年12月に機能停止した湘南貨物駅の山崎上下着発1、2番線だった。湘南貨物駅の本体は小田原寄りにあった。貨物ヤードの中の7、8番線は自動車積卸線で東京寄りにモータープールが置かれていた。

1、2番線は上り着発線、3～5番線は解結収容線、6番線は機回

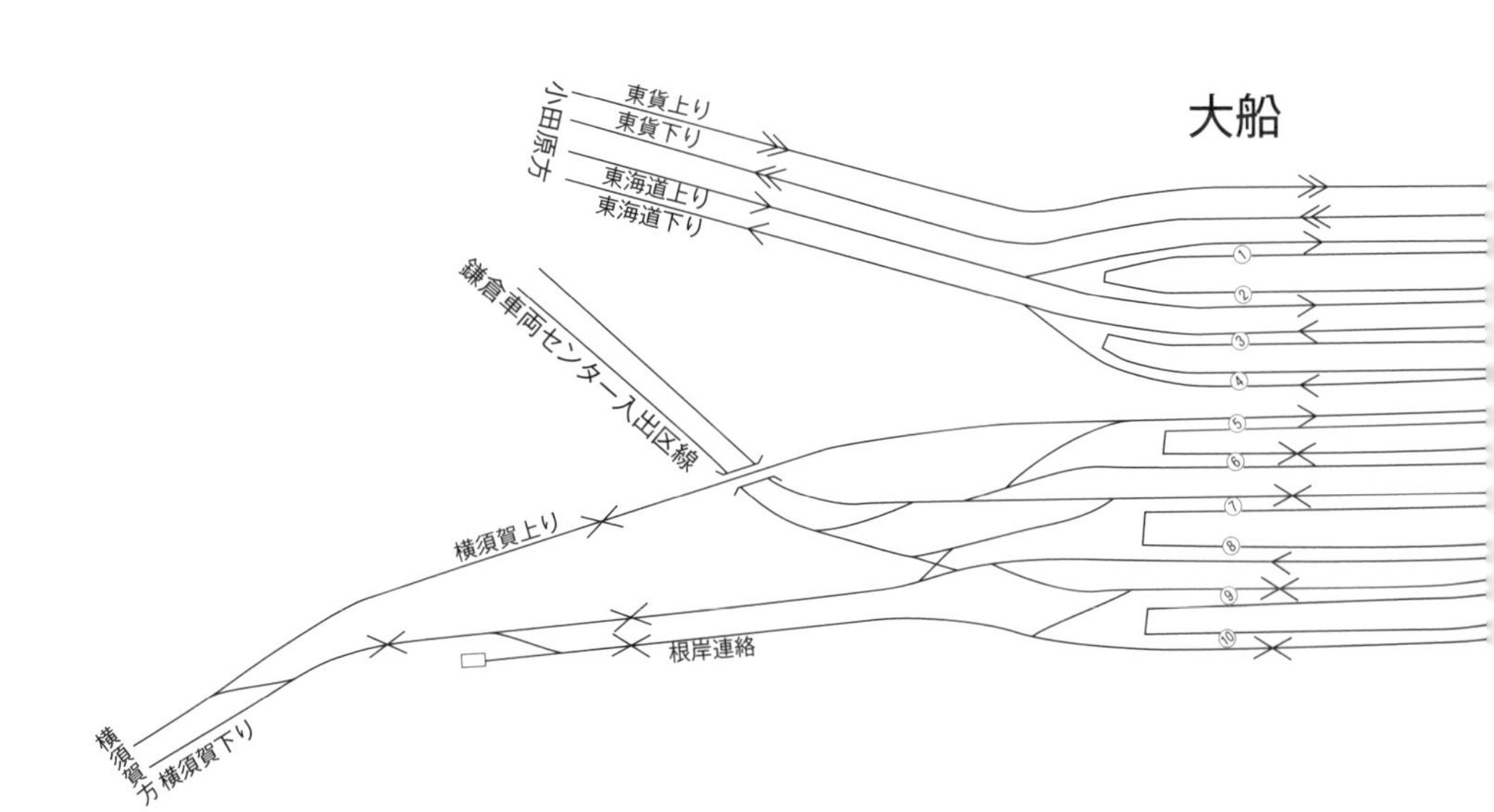

村岡新駅は湘南貨物駅跡地付近の東海道旅客線に島式ホーム1面を設置して開設する予定

鎌倉車両センター

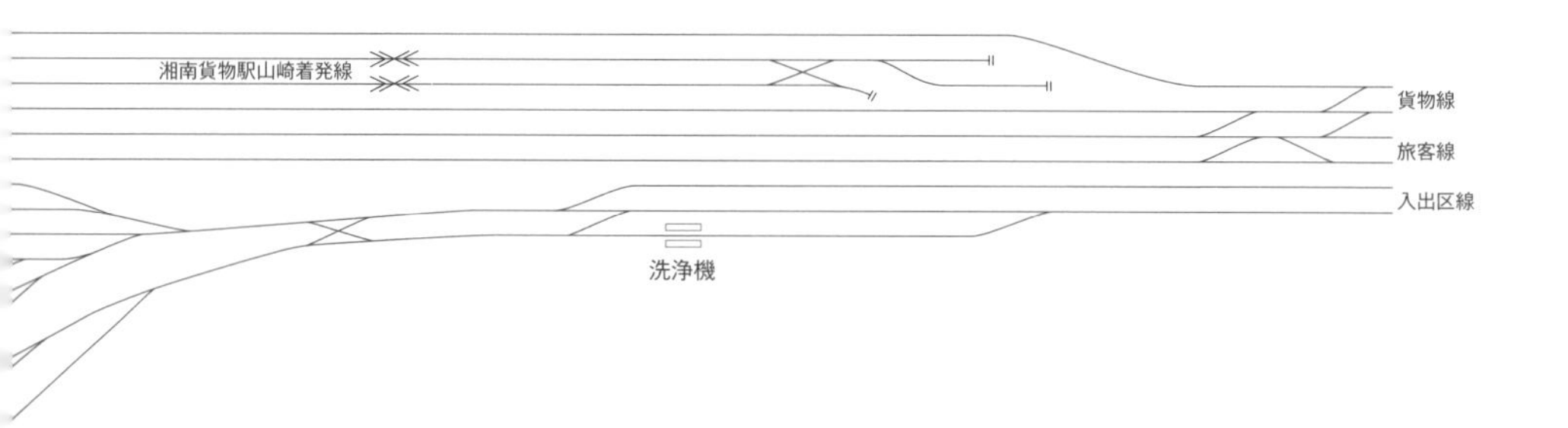

藤沢駅の小田原寄りにＹ形引上線があるが、現在この引上線で折り返す電車はない

小田原寄りから見た藤沢駅の貨物線側の上下線の間に貨物着発線があったが、１３００ｔ牽引の貨物列車が入線できるように延ばすには小田急江ノ島線の橋脚などがあってできなかったので保守用側線に転用した。そのため乗り上げポイントになっている。レールの横にある白く塗ったものが乗上レールである。また、右奥の旅客線のＹ形引上線の端部には乗務員用ホームが見える

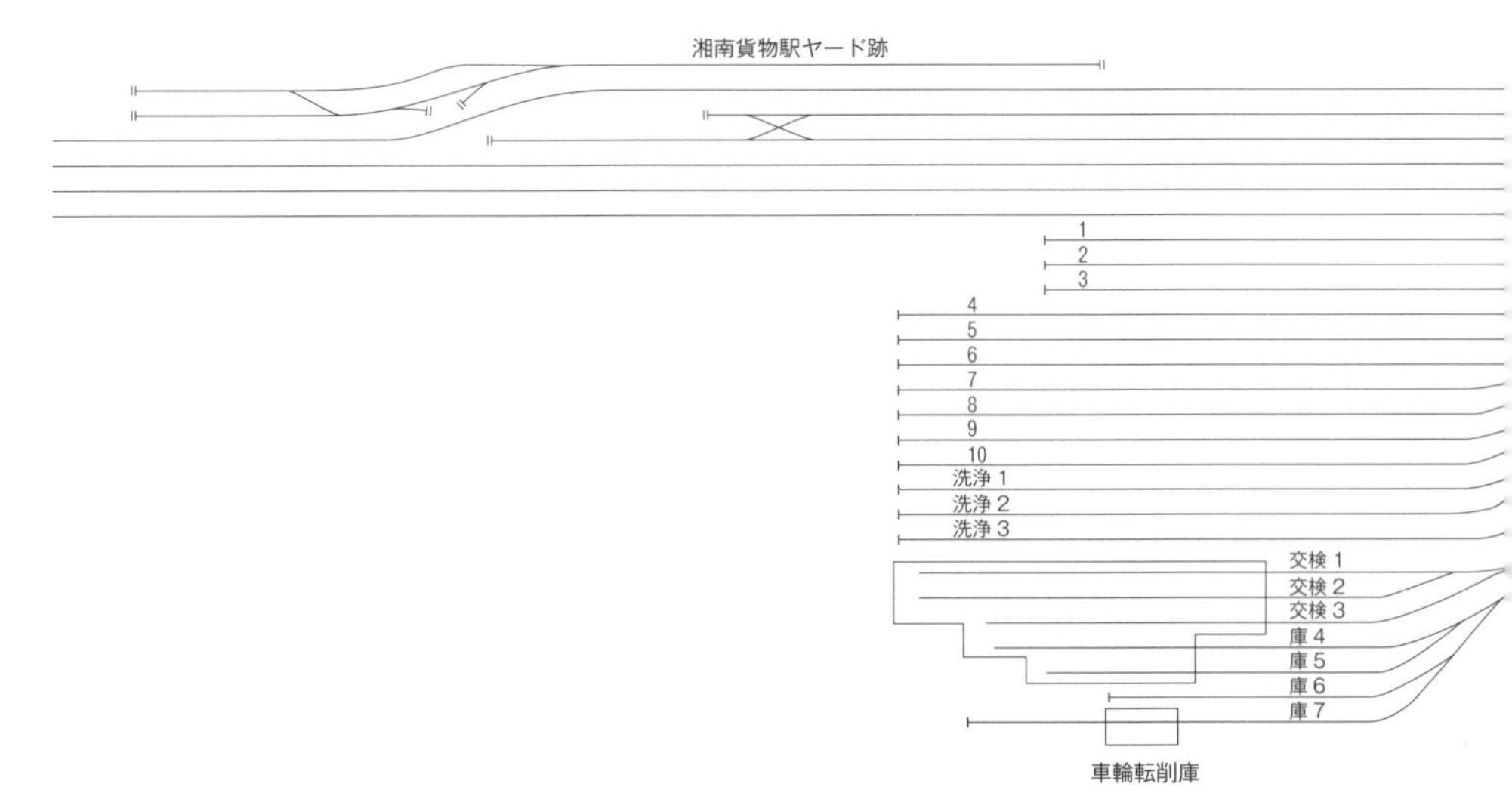

線、9番線は到着留置線、10～14番線は仕訳線（うち11、14番線は横須賀線行）、15～20番線は貨物積卸線だった。湘南貨物駅本体で残っているのは上下着発中線と下り引上1、2番線である。

湘南貨物駅跡地等を再開発して、その小田原寄りの旅客線上下線の間に島式ホームを設置して村岡新駅を令和14（2032）年開設する予定である。

次の藤沢駅では貨物線にも10両編成対応の島式ホームがあって貨物線を走る特急「湘南」が停車する。旅客線の小田原寄りにY形引上線があるが、現在は藤沢駅で折り返す定期列車はない。

小田急江ノ島線が乗り入れているが、東海道本線と線路はつながっておらず連絡するだけである。

辻堂駅は旅客線にだけ島式ホームがある。

茅ヶ崎

茅ヶ崎駅には相模線が乗り入れていると

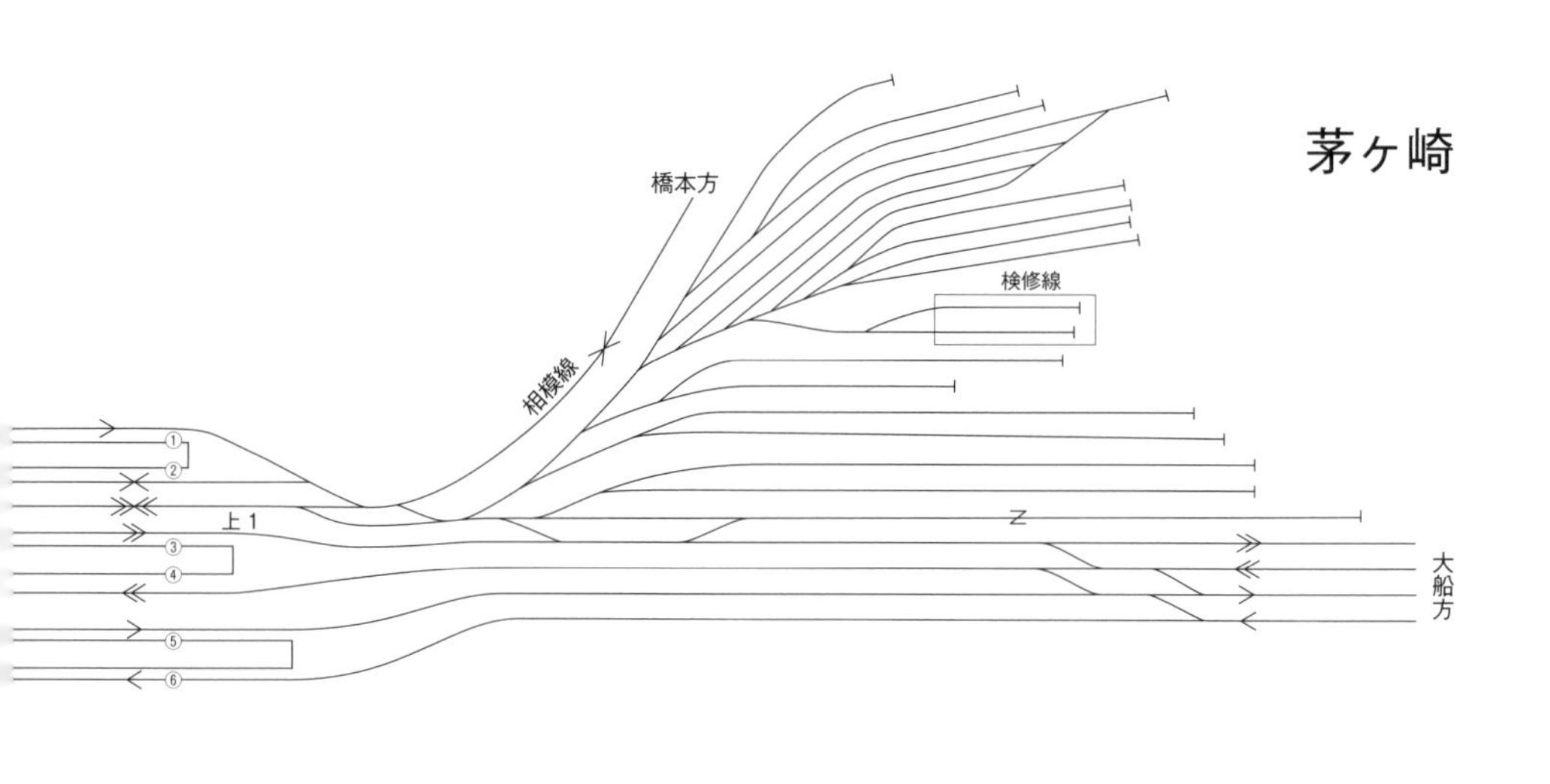

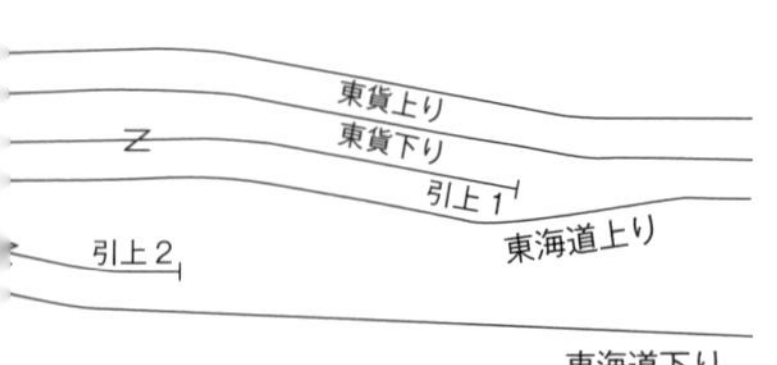

ともに大船寄りに電留線が置かれている。１、２番線が相模線用で４両編成ぶんしかない。貨物線の３、４番線には10両編成対応の、旅客線の５、６番線は15両編成対応の島式ホームになっている。

２番線と３番線の間に貨物着発線の上り１番副本線（上１）がある。大船・小田原両方向に出発信号機があって上下貨物列車が着発できる。また、大船・小田原の両方向に貨物線と旅客線の転線用の渡り線があって、朝ラッシュ時上りでは小田原方面の旅客線から貨物線へ転線する特急「湘南」があるとともに、東京行の「サンライズ出雲・瀬戸」は同駅まで貨物線を走り、大船方にある渡り線で旅客線に転線する。

電留線群は山側の２線の検修線と南側の２線の電留線は相模線用だが、残る４線は東海道本線の電車も留置される。とくに特急「踊り子」や「湘南」用の２５７系の１編成が昼間時に留置されている。検修線の北側の留置線群は使われておらず雑草が生えている。

相模線は国鉄時代に貨物列車が走っていたが現在は行われていない。それでも東海道貨物線の上下着発線の上り１番線から相模線への貨物列車が直通できる配線になっている。

平塚

平塚駅の貨物線にはホームがない。旅客線は島式ホーム２面４線で中央の２線が折り返し待避用の副本線（発着線番号３番線が中１

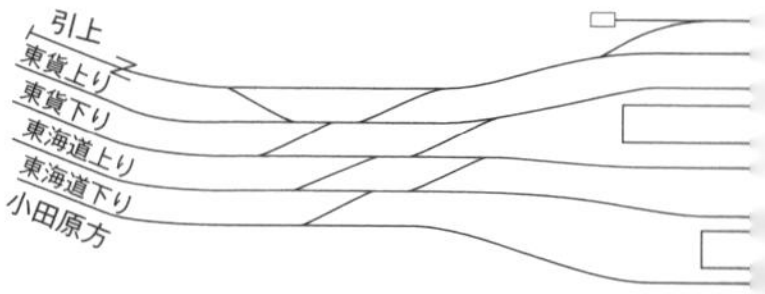

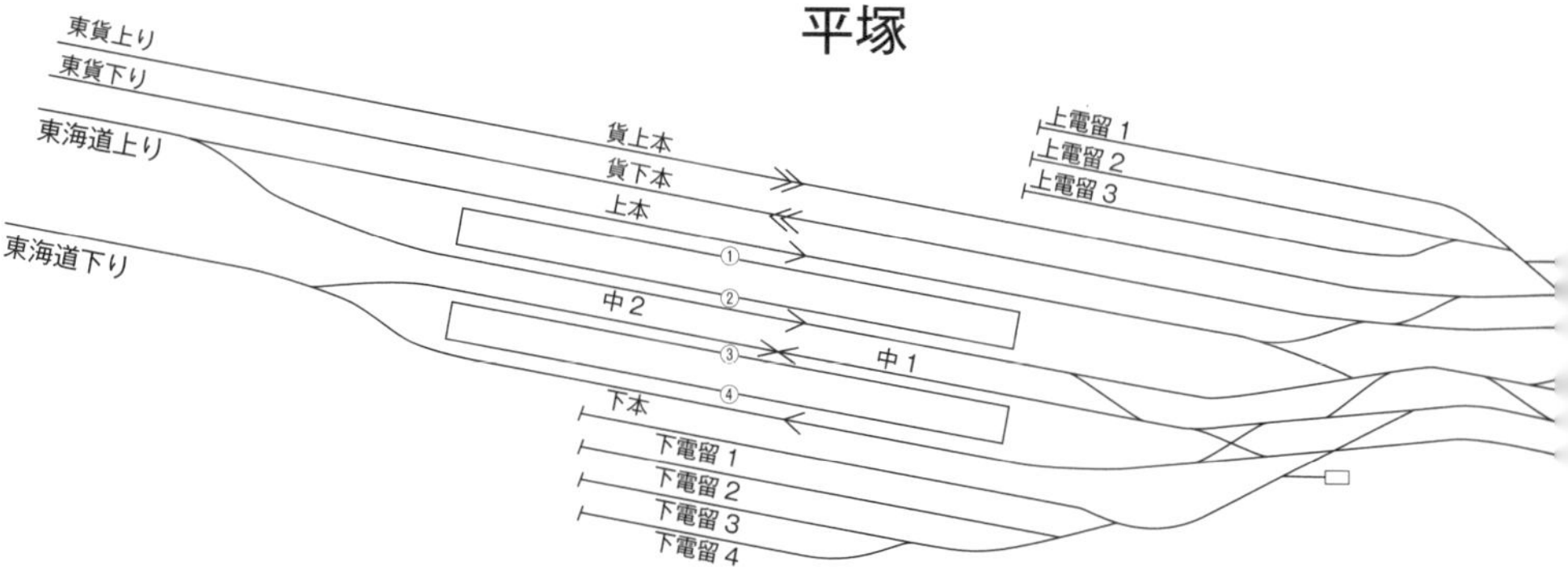

番線、2番線が中2番線）になっている。

山側に3線、海側に4線の電留線がある。山側の電留線は15両編成対応、海側は付属編成の5両対応の長さになっている。

山側の電留線は貨物線を斜めに平面交差して大船寄りにあるY形引上1番線に入線、海側の電留線は旅客線下り線を斜めに平面交差して上下線間にY形引上2番線に入線する。両方の引上線に停車している電車は、ともに全発着線と行き来できる配線になっている。

基本編成の10両と付属編成の5両を連結した15両編成の平塚駅始発電車があるとともに、基本編成だけで走ってきた電車を平塚駅で付属編成を連結して15両編成になって東京・新宿方面に向かう電車もある。

相模貨物

相模貨物駅は平塚駅の小田原寄りに隣接して置かれている。着発線群は上下貨物本線の間、荷役仕訳線は上り貨物本線の山側に置かれている片側式貨物駅である。

海側の貨物本線側から各副本線、側線の線路番号が付番されているが、1番線は欠番になっている。2番線が下り本線、3番線が下り着発線、4番線は2区に

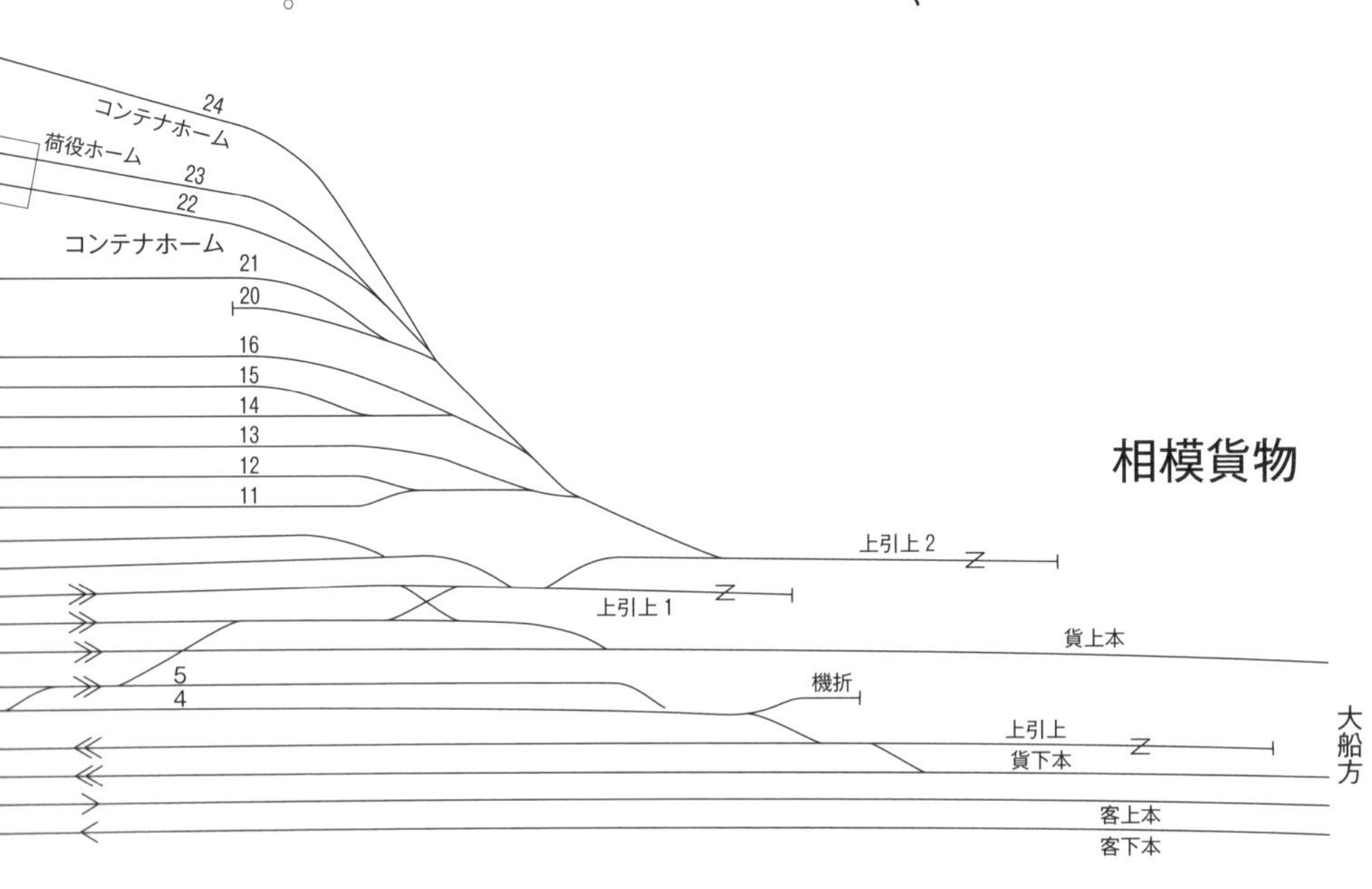

分かれた入換線、５番線も２区に分かれ小田原寄りの１区は上り着発線を兼ねている。上り着発線は一度上り本線を横切って７番線を通ってから上り本線に入るので、入換線としての使用が多い。３～５番線は東京寄りの上り引上線と小田原寄りの下り引上線とつながっている。また、４、５番線は東京寄りにある機折線ともつながっている。

６番線は上り本線、７、８番線は上り着発線、９、10番線は仕訳線で、これらは東京寄りにある２線の上り引上１、２番線につながっている。上り引上２番線は11～16番仕訳線と20番突込線（一時的に車両を留置する行止線）、21～24番のコンテナ荷役線ともつながっていて、これらの行き来はすべて上り引上２番線を介して行う。

旅客線の平塚寄りの上下線の間から貨物線の上下線の間に入る立体交差線があるが、相模貨物駅構内で機折線として短い線路だけ残して、旅客線とも貨物線とも接続が切断されている。立体交差線内の線路はそのまま残っている。

大磯と二宮の両駅は旅客線にだけ島式ホームがある。

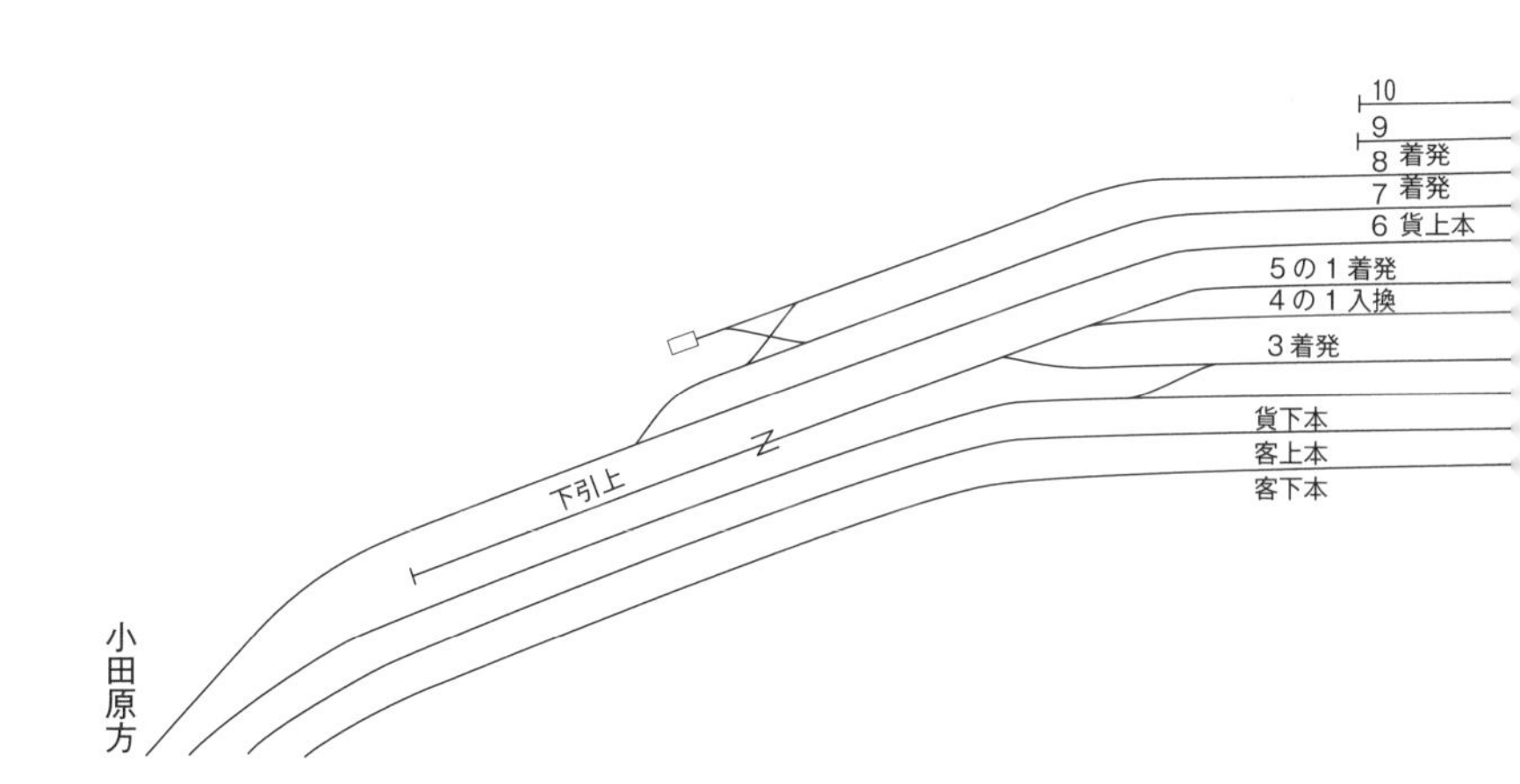

国府津

国府津駅はJR東海所属の御殿場線が分岐している。駅自体はJR東日本に所属している。また、JR東日本の国府津車両センターの入出区線ともつながっているとともに貨物線側には着発線の上り1番線（副本線）と機回線（上り2番線=側線）が置かれ、小田原寄りで御殿場線と接続している。相模線と同様に御殿場線も貨物列車の運転をしていないが、東海道本線国府津—沼津間で運転支障が起こったときに、貨物列車の迂回線として御殿場線が使えるようにしているために転線機能を残している。

旅客線は海側が片面ホームの1番線、次に2～5番線からなる島式ホーム2面4線がある。貨物線は下り本線が6番線、上り本線が7番線、上り1番線が8番線、機回線が9番線になっている。

御殿場線の電車は3番線から発着しており、2番線にほとんどの東海道線電車が発着するので東京方面から御殿場線に向かうには同じホームで乗り換えができる。1番線は特急などの通過列車が通る。下り東海道線電車では5番線で発着し、通過電車の待避のときだけ4番線で発着する。

貨物線の上り1番線は小田原方面にも出発信号機があるが、御殿場線発車用でもある。御殿場線と国府津車両センターへの入出区線と線路別複線になっている。貨物線からの連絡線が御殿場線に接続しているが、その先で入出区線への渡り線は設置されていない。御殿場線には貨物列車は走っていないが、東海道本線の国府津—沼津間で運転支障が起こったときに御殿場線に迂回運転できるようにしている。

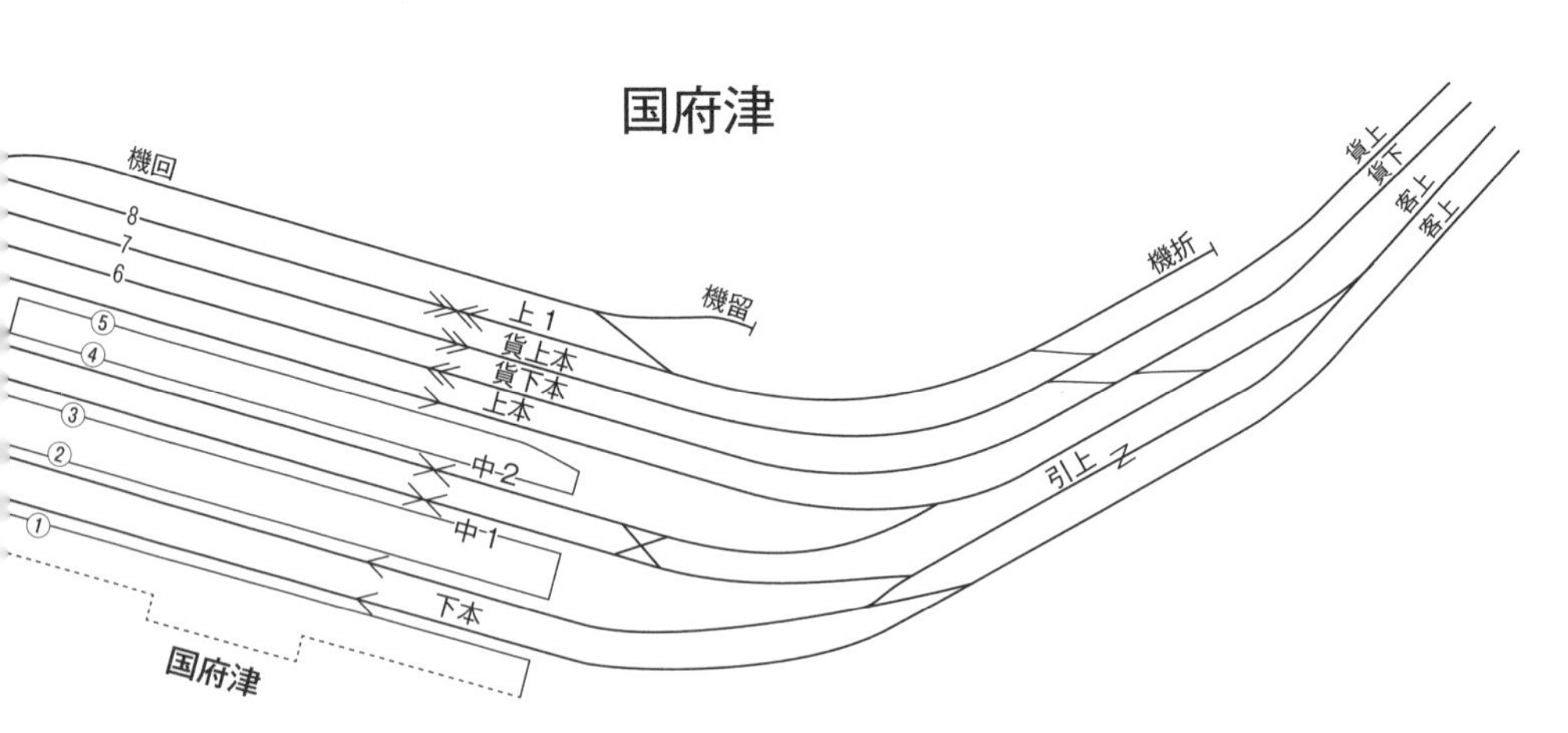

鴨宮駅は旅客線にだけ島式ホームがある。

小田原

旅客線と貨物線との複々線は小田原駅までである。小田原駅の東京寄りで貨物線の下り線は高架になって旅客線を斜めに横断して旅客線の海側に移って並行する。このため方向別複々線になる。

伊豆箱根鉄道大雄山線が東海道本線の下を斜めに交差して海側に同線の小田原駅が設置されている。頭端島式ホーム2面に線で海側が1番線、東海道本線寄りが2番線になっている。

東海道本線の旅客線は島式ホーム2面4線で、海側に下り貨物線がある。下り貨物線と大雄山線との間に渡り線がある。東海道本線の旅客線の発着番線は大雄山線との連番で海側から3番となっている。3番線は下り本線、4番線は中1番線で両方向に出発ができる。5番線は中2番線で下り線から入線して折り返しができる。

その山側に6番上り本線、上り貨物本線、続いて上り1番待避着発線がある。上り1番線は東京方面へしか出発できない。さらに小田急小田原線が並ぶ。かつては上り1番線と小田急線はつながっていて貨車の授受が行われていたが、接続線は撤去されている。さらに北側に東海道新幹線のホームが並んでいる。

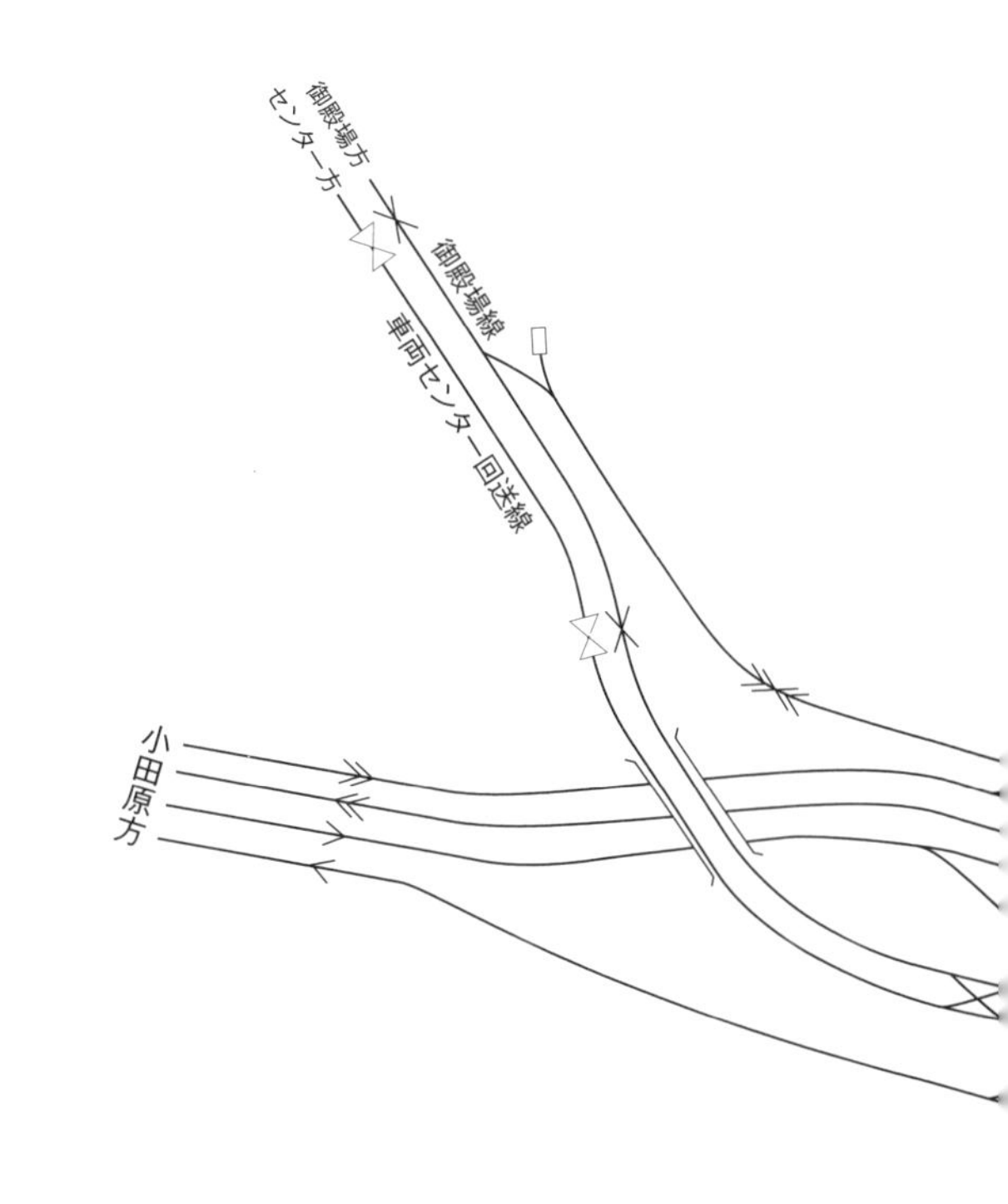

東京寄りに引上線が2線あったが、1線は使用停止になっている。熱海寄りにも引上線が2線ある。貨物線は熱海寄りで旅客線と接続する。この先は貨客混合の複線になる。

伊豆箱根鉄道大雄山線と線路がつながっているのは、大雄山線に検査工場がないので、同社の駿豆線大場工場で行うために大雄山線電車を東海道本線経由で三島駅との間で甲種鉄道車両輸送するためである。甲種鉄道車両輸送はそれほど多く行われない。

通常、授受線という側線を介して甲種鉄道車両輸送列車を授受しているが、大雄山線とは東海道本線貨物線の下り線に直接渡り線でつながっている。しかし電力管理を分けるために渡り線には架線がない。

大雄山線から三島駅に向かうとき、JR貨物の機関車にコンテナ貨車3両を連結、下り貨物本線で折り返してコンテナ貨車を推進してコンテナ貨車だけが渡り線を通って駿豆線に入線、駿豆線の電車を連結して下り貨物本線に引っ張り出す。そして三島駅に向かう。

入線のときは上り貨物本線で折り返しても旅客線しか入れないので、上り甲種鉄道車両輸送列車は一度相模貨物駅まで行って方向を変えて小田原駅まで戻る。そして下り貨物本線で推進して大雄山線に電車だけを入線して切り離している。

早川―湯河原間

小田原駅からは貨客混合の複線になる。かつ貨物列車は遅いから、優等

小田原

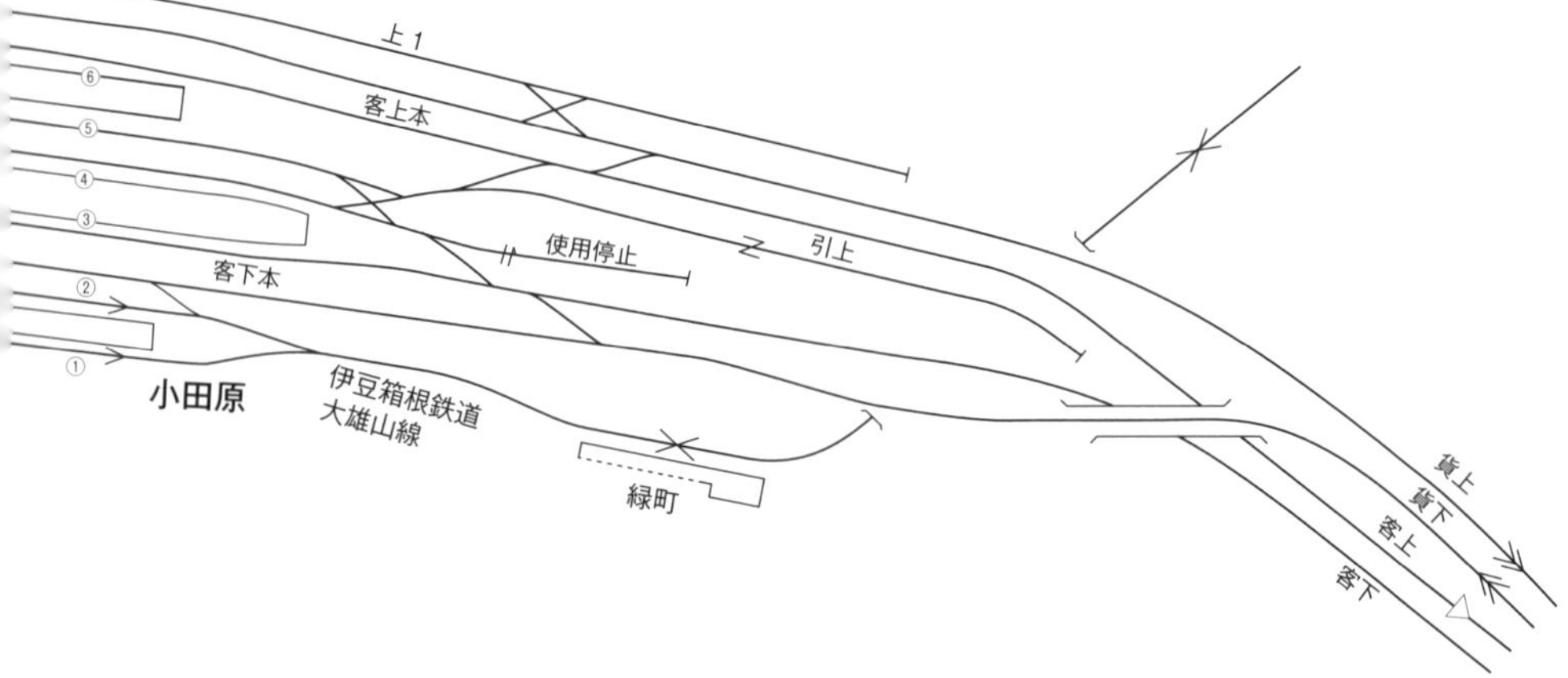

列車などは追いついてしまう。このため適宜、途中の駅に貨物列車待避用の着発線が置かれている。

早川駅は島式ホーム1面4線になっている。両側に貨物待避用の着発線があったが、海側の下り1番線は熱海寄りの接続ポイントが撤去されて電留線として使われている。小田原駅などに収容できなかった電車を留め置くためである。東京寄りに出発信号機と逆渡り線があって折り返しができる。上り1番線は貨物着発待避線になっている。１３００ｔ牽引の長大貨物列車が入線できるように熱海寄りに着発線を伸ばしている。

根府川駅は元来、海側の下り本線に面して片面ホームがあり、山側では外側に上り本線、内側に中線を配置した島式ホームになっていた。

典型的な国鉄時代の中間駅の配線で、中線は優等列車の待避と折り返しができ、片面ホーム側では上下の重要列車を停めて、階段や構内踏切を通らないでホームに行けることで重宝され、ＪＲになった現在でも、新駅でこの配線を採用している駅がある。たとえば武蔵野線の吉川美南駅がそうである。

この配線は国鉄形配線と呼ばれていたが、国鉄がなくなってＪＲになったために、現在はＪＲ形配線と呼ばれるようになった。

だが、根府川駅は東海道新幹線ができる前に頻繁に高速で運転されていた特急、急行などがスムーズに走れるように下り線側にも待避線が設置され、一時的に島式ホーム２面４線化された。東海道新幹線の開業で不要となり、下り待避線は保守用側線に転用されている。

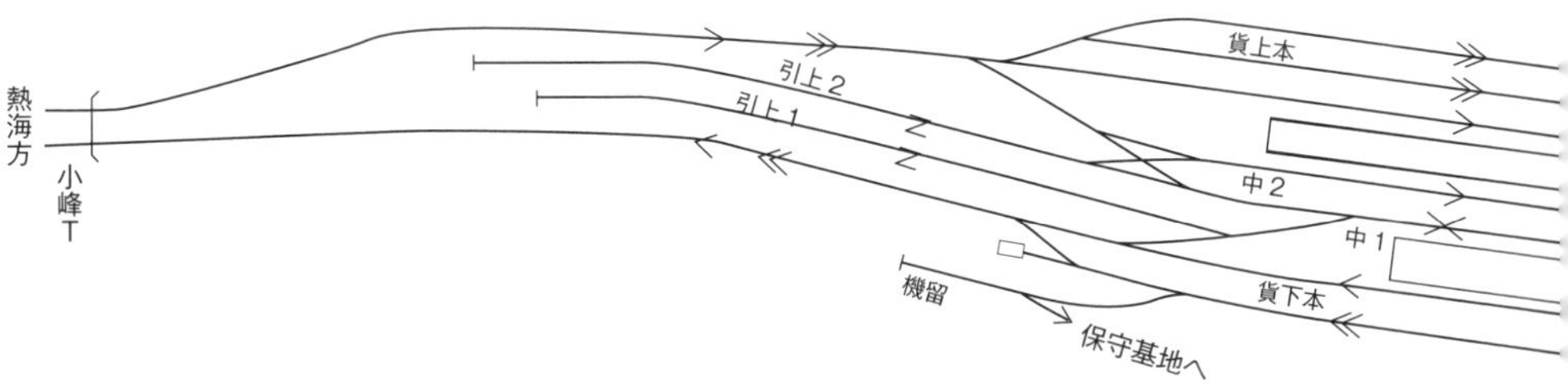

また、通常は片面ホーム側が1番線になっているが、根府川駅では海側に駅本屋（駅長室）と改札口がある。国鉄、JRの発着番線は駅本屋側から1番線にするという原則があるため、島式ホームの外側が1番線になっている。

同駅の中線も1300t貨物列車が待避できるように小田原寄りを長く伸ばされている。

次の真鶴駅と湯河原駅は島式ホーム1面4線で、貨物着発線の下り1番線と上り1番線が配置されている。

熱海

熱海駅は伊東線が分岐している。このため1番線は伊東線電車の発着線になっている。東海道本線の下り線から1番線に入線が可能である。

東海道本線側は島式ホーム2面5線で、2番線が下り本線、3番線が中1番線、4番線が中2番線、5番線が上り本線、その外側に上り貨物着発線の上り1番線がある。中1、2番線は両方向に発着でき、伊東線とも発着が可能である。上り1番線は1300t牽引が入線できるように沼津寄りを長くしている。

伊東線は野中山トンネルに入る。当初はこちらが東海道本線の線路だった。これを伊東線用にして、新しく新野中山トンネルを掘削、こちらを東海道本線用にした。

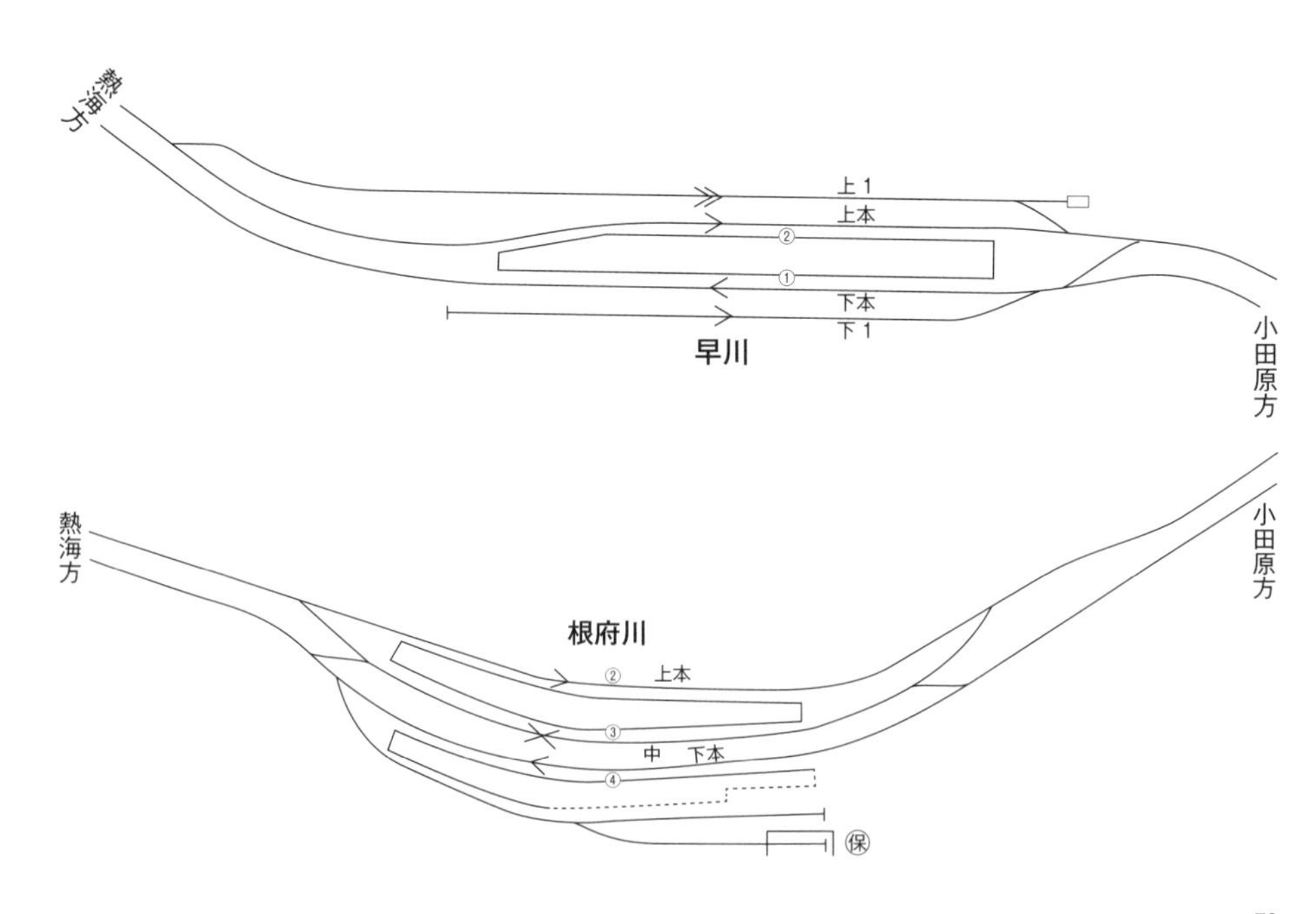

東京寄りから見た真鶴駅。上下本線の間に島式ホームがあり、その両側に貨物待避線の下り１番線と上り１番線がある

湯河原駅を東京寄りから見る。真鶴駅と同様に上下本線の両側に貨物待避線の副本線がある

来宮駅は伊東線にだけ島式ホームがある。伊東線はこの先から単線になる。東海道本線にはホームはないが電留線として下り1番線、上り1番線と短い上り2番線がある。下り1番線と上り1番線には熱海に向けて出発信号機、熱海寄りにはシーサスポイントがあって入出庫できるが、上り2番線には入換信号機しかない。伊東線との間に渡り線があり、伊東線の電車も上り2番線に収容できる。

ここがＪＲ東日本とＪＲ東海の境界駅で、この先はＪＲ東海の路線となる。

来宮駅から熱海方を見る。左上のトンネルが新幹線、その隣の地上線の左端から東海道本線の上2、上本、下1の各線、右端が伊東線ホーム

熱海

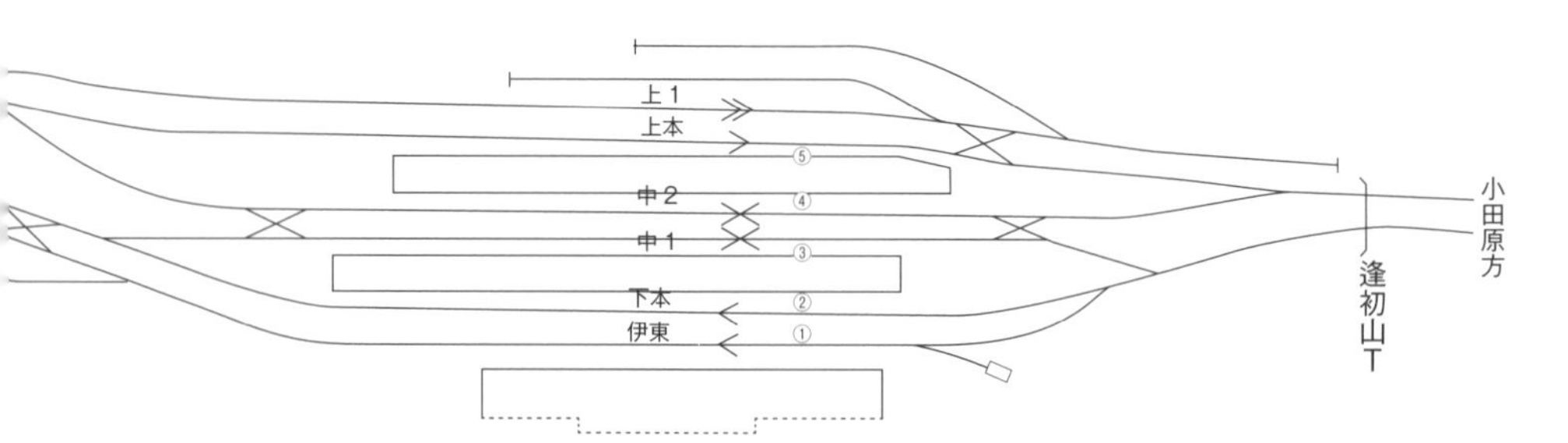

東京寄りから見た熱海駅。右は新幹線ホーム

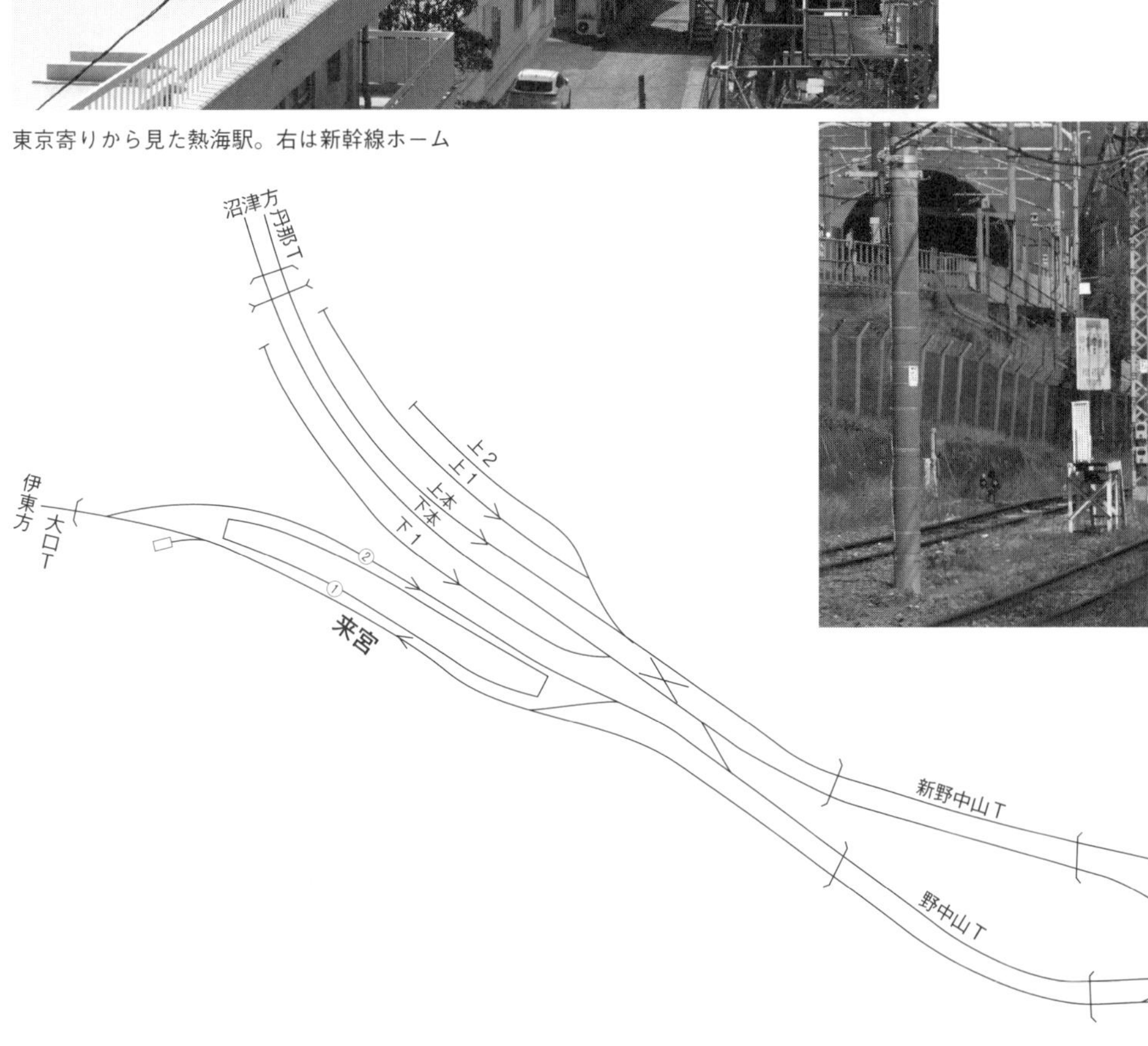

第2章　静岡地区

来宮西方—豊橋東方間はＪＲ東海の路線である。夜行寝台特急「サンライズ出雲・瀬戸」以外の優等列車は東京—修善寺間の特急「踊り子」が三島駅まで、甲府—静岡間の特急「ふじかわ」が富士—静岡間を走るほかに、定員乗車制のホームライナー「静岡」が下りは沼津—浜松間、上りは浜松—静岡間、ホームライナー「沼津」が静岡—沼津間を走る。今やそれだけになって寂しい限りである。

普通電車が頻繁に運転され、本数は少なくなったが、東京方面直通の普通電車も沼津まで乗り入れている。

多くの駅は旅客列車待避のために貨物列車着発待避線があるとともに、コンテナ貨物取扱駅として沼津、富士、静岡貨物、西浜松駅がある。これら貨物着発線は１３００ｔ牽引貨物列車対応の５５０ｍ以上の長さがある。

函南

函南駅は丹那トンネルの西側坑口に駅がある。旅客ホームとしては島式ホーム１面２線だが、上り本線の２番乗り場は静岡方面への折り返しができる。このため静岡寄りに逆渡り線がある。

上下線とも外側に貨物着発線の下り１番副本線と上り１番副本線があ

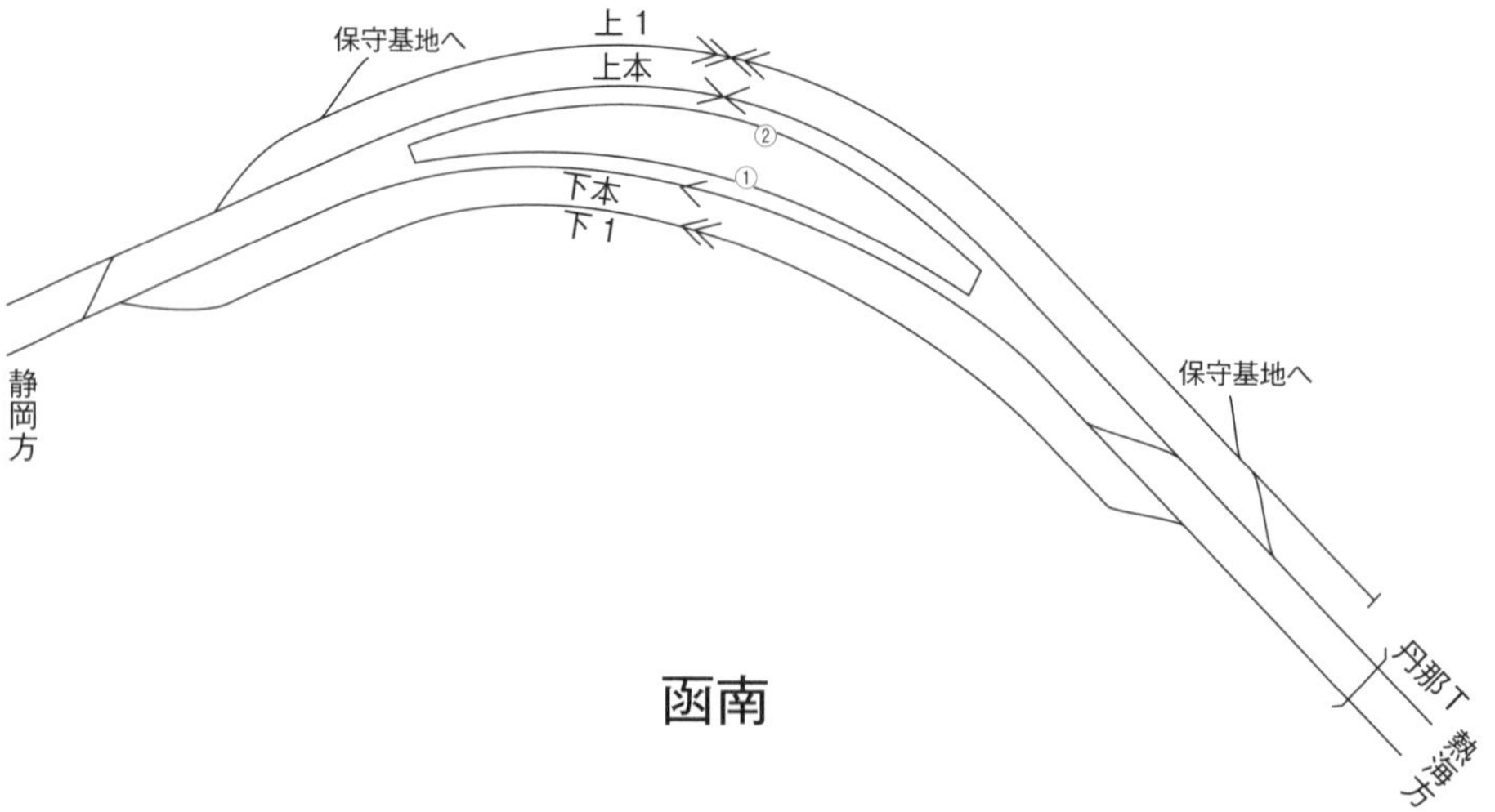

る。上り1番線は静岡方面へも出発可能だが、熱海側からの進入はできない。
貨物取扱駅だったので上下線とも貨物側線があったが、すべて保守基地の線路に転用されている。

三島

三島駅では伊豆箱根鉄道駿豆線と接続して特急「踊り子」号が駿豆線に乗り入れている。また、東海道新幹線の保守基地があり、在来線からのレール搬入用に保守基地内の端部に狭軌併用の3線軌と門型クレーンが置かれ、東海道本線から側線が乗り入れていたが、三島の新幹線保守基地へのレール搬入中止となり、東海道本線からの乗り入れ側線は撤去された。ただし新幹線保守基地内の3線軌は残っている。

新幹線三島駅の下を斜めに横切って北側にある東レの工場などへの専用線があった。新幹線を横切る区間は新幹線の第1三島乗越橋と呼ばれ、線路はなくなっても路盤はそのまま残っている。また、東レ専用線の終端側はJR東海の研修センターとして狭軌線路などが置かれて保線訓練などがなされている。そこには東海道本線開業時に多摩川にかかっていた六郷川橋梁の一部が保存展示されている。

さて三島駅の在来線は島式ホーム2面4線に上り貨物着発線の上り2番線がある。海側には2線の線路の先に伊豆箱根鉄道駿豆線の櫛形ホーム2面3線がある。

JR三島駅のホームに面した下り1線待避線（1番乗り場）の途中から下り2番留置線（側線）を平面横断して下り3番留置線に接続する渡り線があり、この渡り線が合流した地点から下り3番線は本線となって伊豆箱根鉄道の3番線とつ

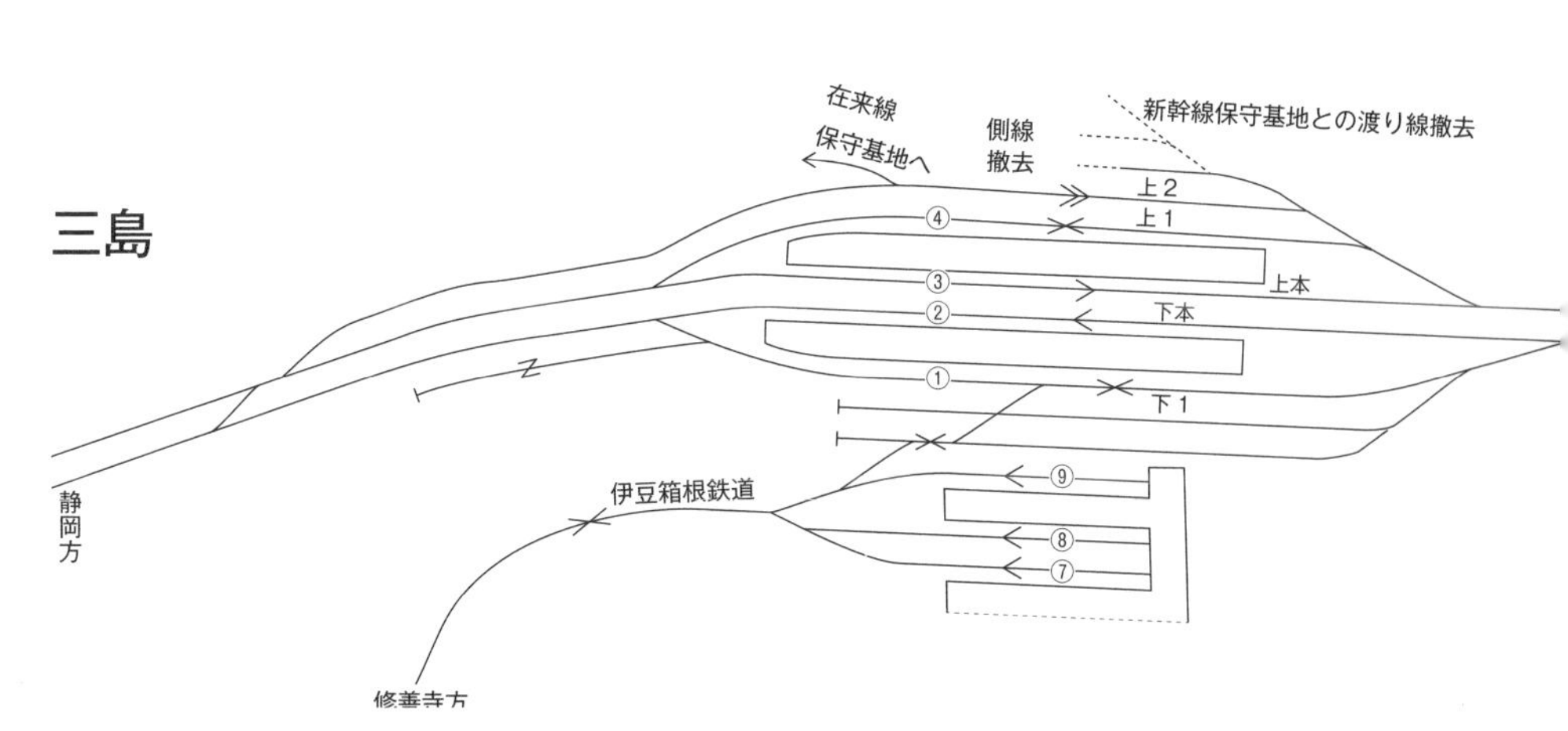

ながる渡り線がある。この渡り線の静岡寄りは再び側線になる。この渡り線の手前に駿豆線入線用の出発信号機が置かれている。下り2番線と下り3番線は静岡寄りで下り1番線とつながっていたが、現在は撤去され留置線になっている。

乗り場番号は下り1番線が1番、下り本線が2番、上り本線が3番、上り1番線が4番になっており、続いて新幹線の下り停車線が5番、上り停車線が6番である。駿豆線はこの番号に続くものの南側から7~9番となっている。

伊豆箱根駿豆線直通の特急「踊り子」は上下とも1番線の熱海寄りで発着する。そのために1番線の熱海寄りに出発信号機、その向こうに逆渡り線がある。また、4番線の静岡寄りにも出発信号機があって静岡方面への折返電車が発着する。

駿豆線との連絡渡り線にはデッドセクションがある。これは電力系統を分けるためである。

大雄山線との甲種鉄道車両輸送列車は1番線で授受する。小田原駅から来た場合、連絡渡り線の手前でJRの機関車とコンテナ貨車から伊豆箱根鉄道の機関車に付け替えて、駿豆線に入線する。駿豆線から小田原駅へは、1番線に入線後、静岡寄りにある引上線に押し込んで機関車だけが駿豆線に戻り、JRの機関車が相模貨物駅からやってきて連結する。小田原駅で述べたように小田原駅には停まらず相模貨物駅まで行って折り返して小田原駅の下り貨物本線に停車する。

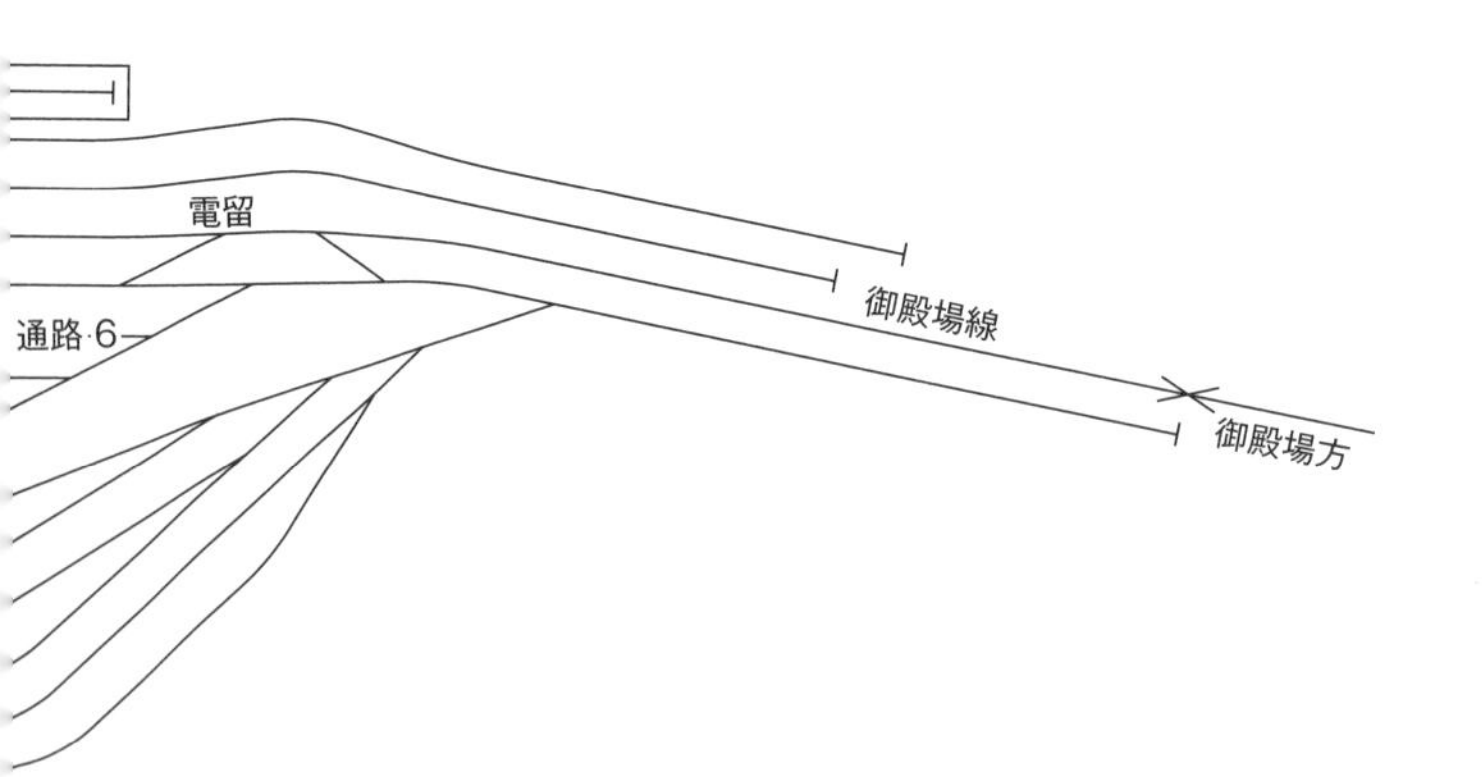

沼津

沼津駅には御殿場線が分岐合流しているほかに静岡寄りにコンテナホームがあって貨物取扱駅でもある。御殿場線に沿って沼津運輸区の電留線もある。また貨車操車場もあった。それに付随して貨車荷役ホームも置かれていて、この荷役ホームは現在でも残っている。

　さらに明電舎の工場があり、専用線がつながっている。同社が造った大型発電機など特大貨物をＪＲ貨物が輸送する特大貨物の車扱取扱駅でもある。

　専用線は藤原電線、二葉建設、岡田製材、日東精麦、沼津倉庫、東急エビスなどがあったが、トラック輸送に切り替えるか、工場そのものがなくなって、残っているのはトラックで輸送できない大型製品を輸送できる鉄道貨物による明電舎専用線だけになっている。

　旅客ホームは島式ホーム3面6線で、1番乗り場が東海道線下り1番線、2番乗り場が同下り本線、3番乗り場が東海道線中線で、同駅始発の東京方面の上野・東京ラインの電車や三島駅から御殿場線直通の電車も発車する。4番乗り場は東海道線上本線、5番乗り場は御殿場線本線、6番乗り場は上り1番線、続いてホームに面していない貨物用の上り2番線と上り3番線が

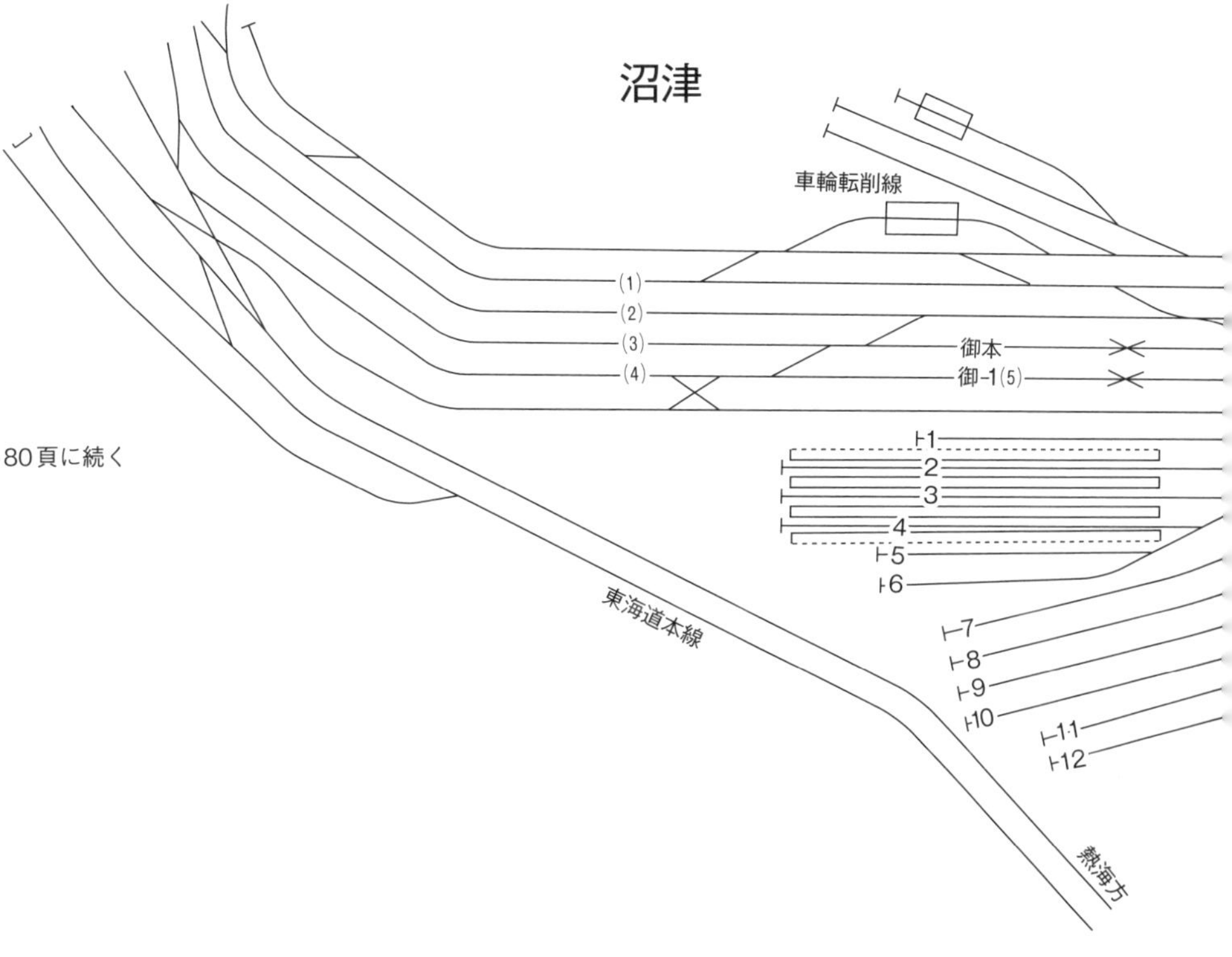

80頁に続く

79頁から

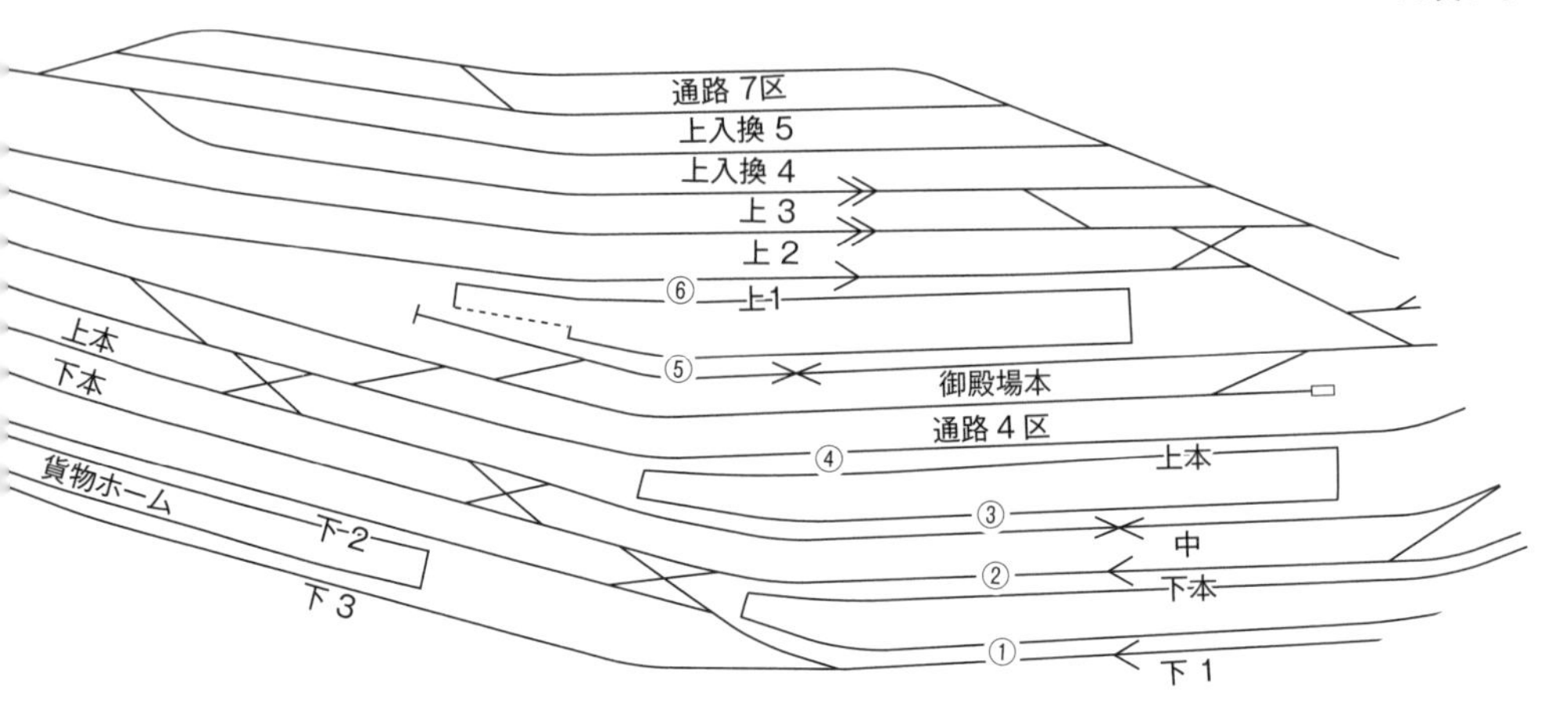

沼津

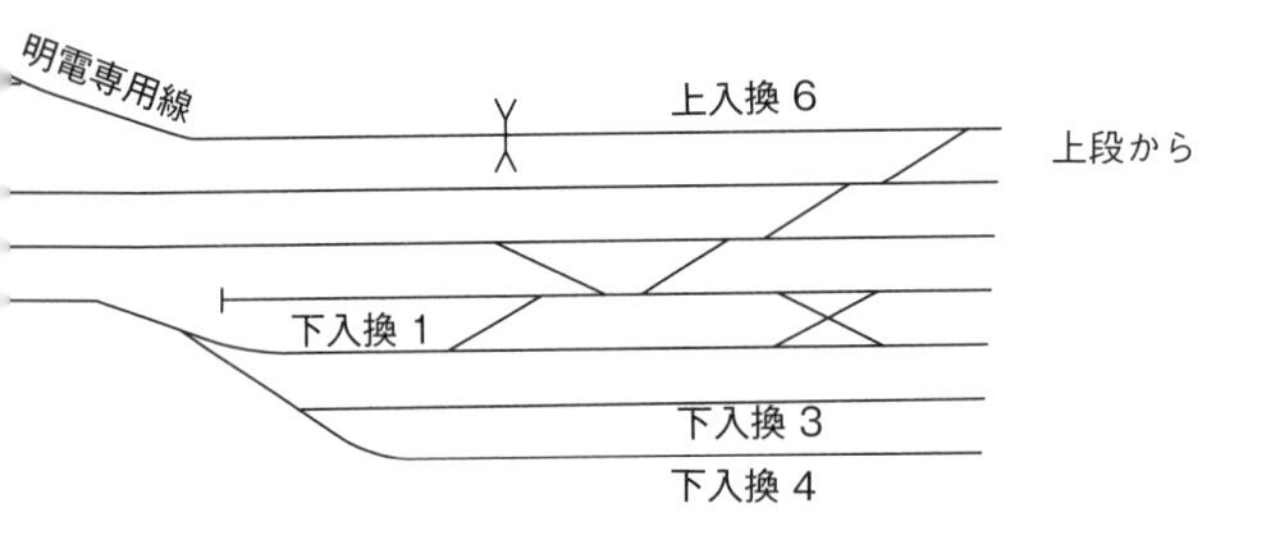

上段から

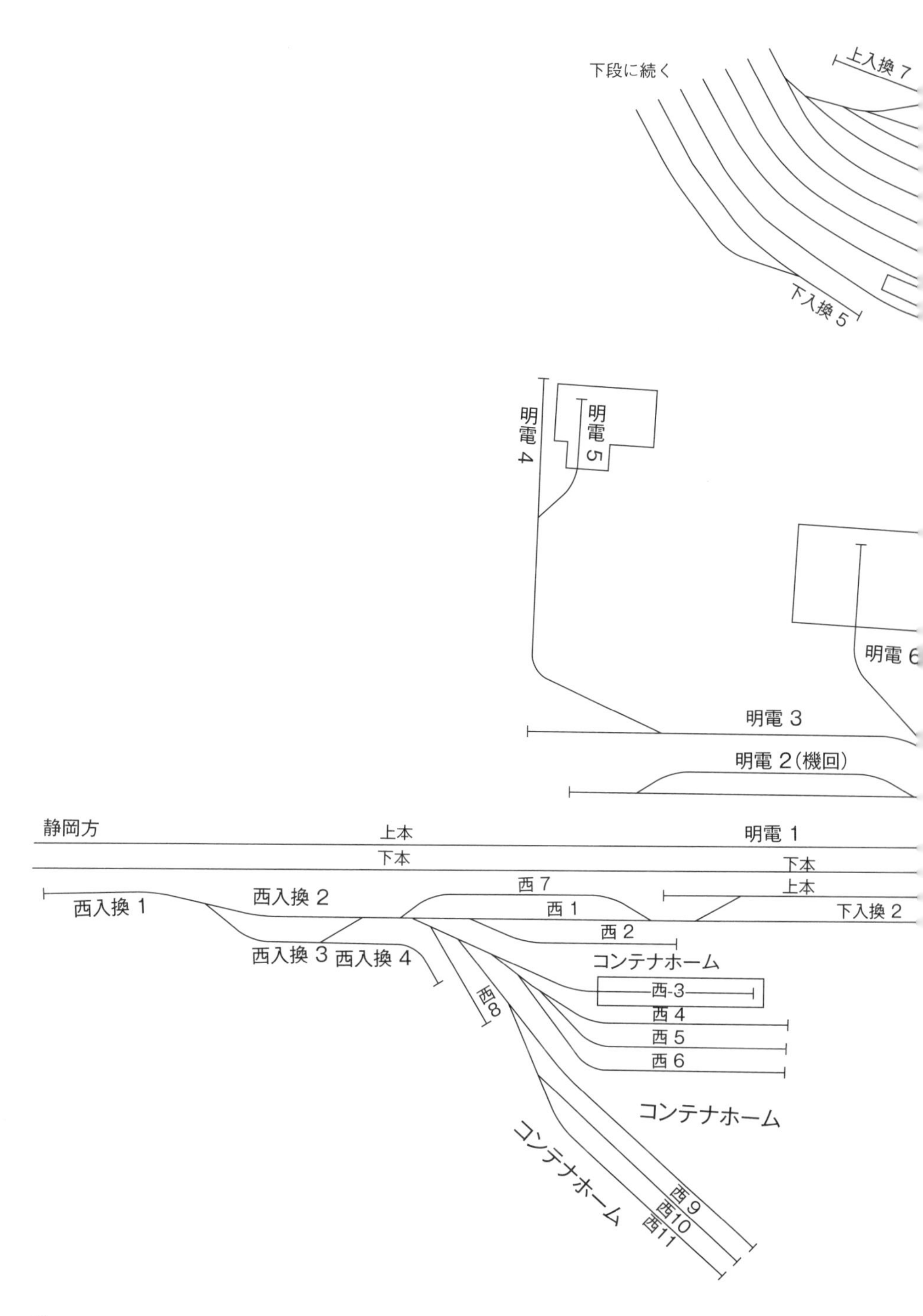
下段に続く
上入換 7
下入換 5
明電 4
明電 5
明電 6
明電 3
明電 2(機回)
静岡方
上本
明電 1
下本
下本
西入換 1
西入換 2
西 7
上本
西 1
下入換 2
西 2
西入換 3
西入換 4
コンテナホーム
西 8
西-3
西 4
西 5
西 6
コンテナホーム
コンテナホーム
西 9
西10
西11

ある。

1番乗り場から静岡寄りで下り3番線、1、2番乗り場から同下3番線が分岐している。下り貨物列車は下2番線を通る。下り2番と下り3番線の間には中床の貨物ホームがあるが使われていない。下り3番線は静岡寄りで西1~6、9~11番線のコンテナ荷役線につながっている。西2番線と西3番線の間、西6番線と西9番線の間、西11番線の海側にそれぞれコンテナホームがある。

御殿場線に沿って沼津運輸区の電留線がある。東海道本線との間に1~12番の電留線があり、このうち2~4番線は洗浄線である。反対側には車輪転削線と電留線、通路線がある。電留線群の間に本線と1番副本線の2線の御殿場線の本線が通っており、各営業列車は適宜、この2線を通ることによって交差支障なくして、すれ違うことができる。

原・東田子の浦

いずれも当初はJR形配線だったのを、昭和

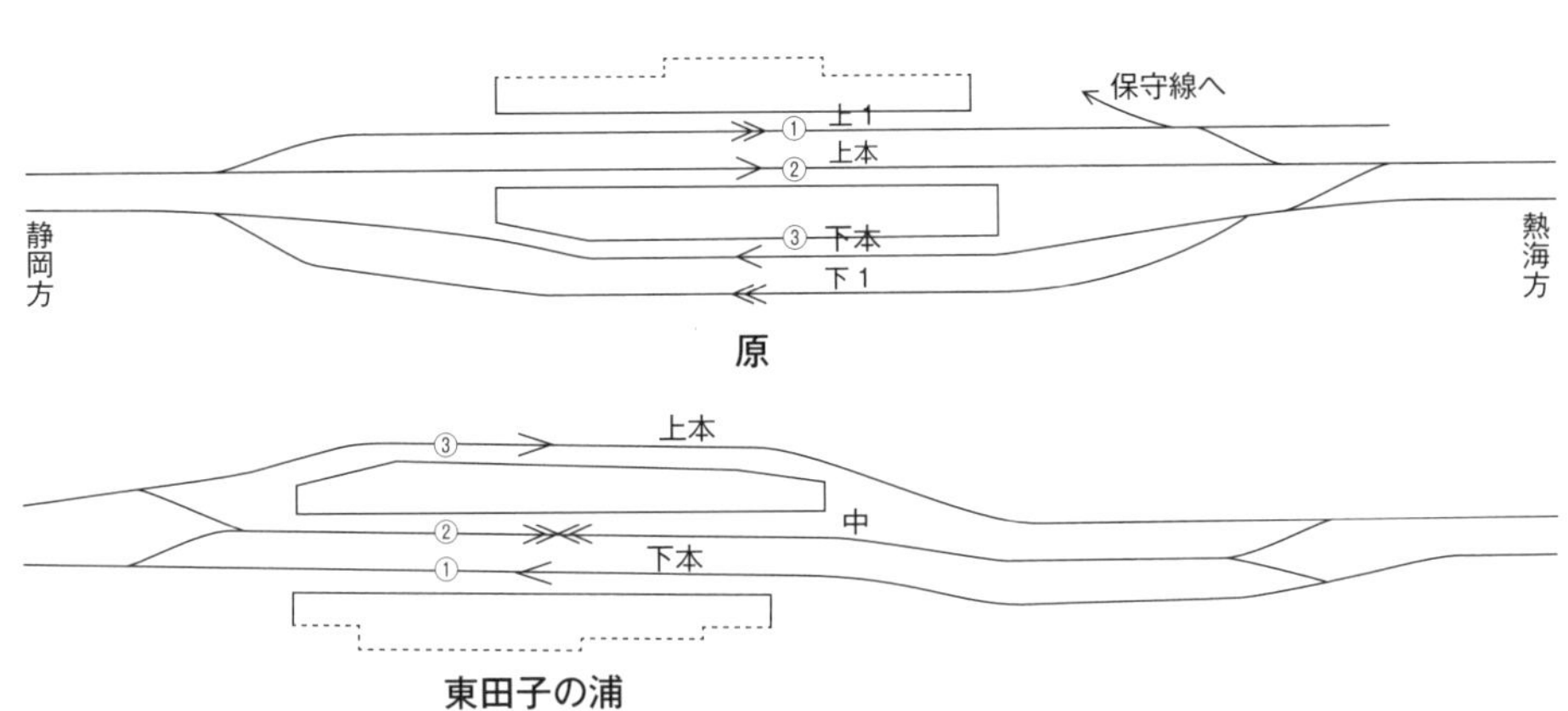

原

東田子の浦

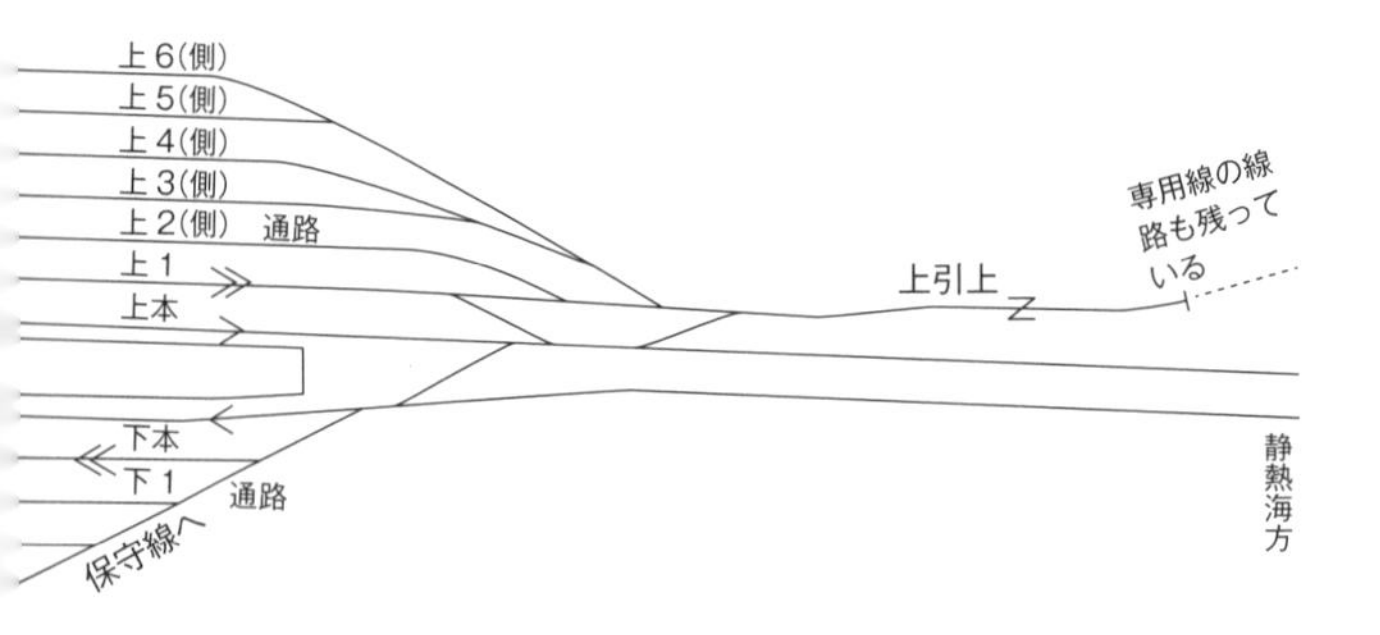

30年代の特急「こだま」や急行「東海」等の昼行特急がスムーズに走らせることができるように配線変更したりした。これを平成になって貨物列車の1300t牽引の貨物列車のために待避線を伸ばしたものである。

原駅は本来、待避線の中線だった2番線を直線にして上り本線にするとともに、下り1番線だった3番乗り場を下り本線にして海側に新たに下り1番線を設置、上り本線だった1番線を上り1番乗り場に変更した。

そして1300t牽引の貨物列車のために下り1番線と上り1番線の待避有効長を静岡寄りに延伸した。また、貨物側線は3線あったが、2線だけ保守用に残している。片面ホームに面した1番線には上り普通列車は停車せず、すべて2番線に停車する。1番線は貨物列車待避用である。下り1番線も貨物列車待避用で、通過する上下の貨物列車は上下本線を通る。

東田子の浦駅はJR形配線のままだが、1300t貨物列車が待避できるように中線を熱海寄りに伸ばした。このために上下本線は熱海寄りでうねっている。

吉原

吉原駅では岳南鉄道と接続して貨車の授受を行っていただけでなく、大昭和製紙（現日本製紙）鈴川工場、日本食品、鈴与の各専用線と仕訳線が両側にあったが、専用線は日本製紙を除いてすべて撤去された。仕訳線は車扱貨物（コンテナ積載でないバラ積み貨物列車）用として多数が残っているものの、吉原駅での貨物の取り扱いは現実には行っておらず、臨時で車扱貨物列車が走るかもしれないとして残されているだけである。

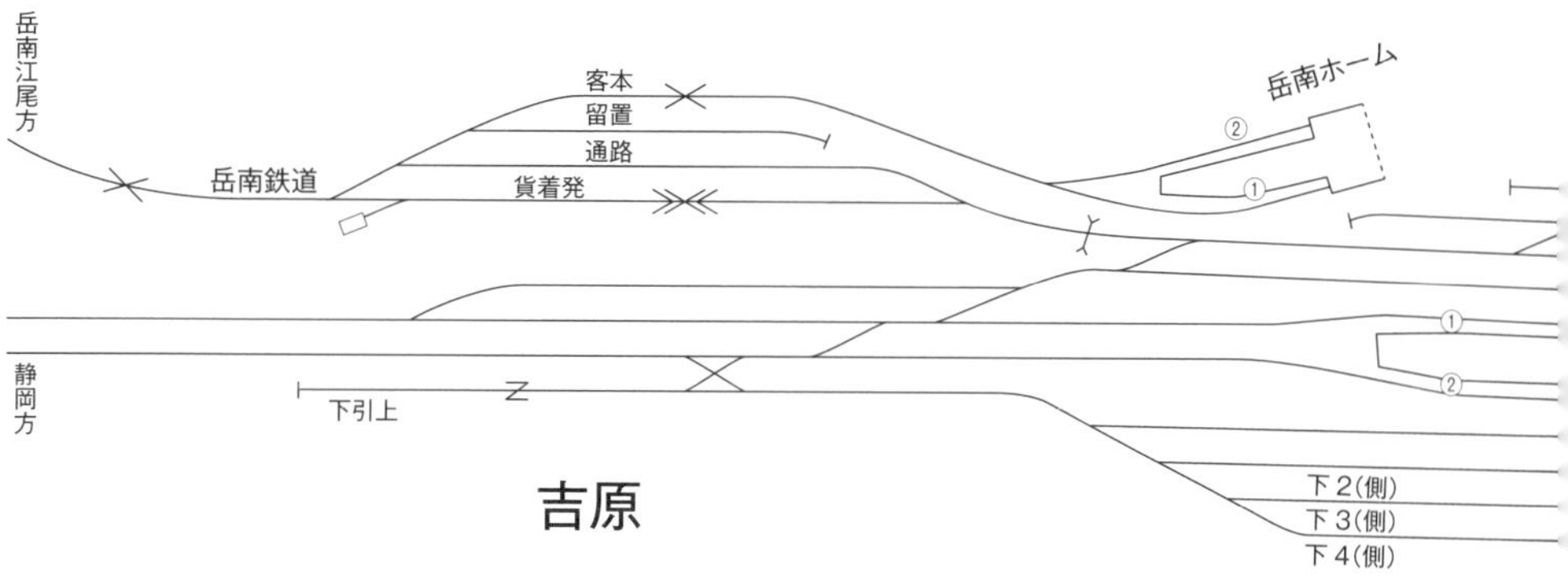

岳南鉄道が貨物運輸を廃止したため岳南鉄道との貨車の授受も廃止になった。しかし、授受線などはそのまま残されている。これも臨時の車扱貨物列車があるために残されている。

島式ホーム1面2線で1番乗り場が上り本線、その山側に着発待避線の上り1番線、そして通路線（側線）の上り2番乗り場、上り3〜6番線の仕訳線があり、通路線の上り2番線は岳南鉄道の貨物着発線につながっている。

また、上り1番乗り場は上り本線に合流するが、まっすぐに進む上り引上線が延びている。この引上線の終端の先は日本製紙の工場の専用線とつながっていたが、専用線出入線の門扉の手前で線路は途切れている。とはいえ門扉の工場内の専用線線路はそのまま残っている。

2番乗り場は下り本線で、その南側に着発待避線の下り1番線、続いて側線の下り2、3番仕訳線と下り4番通路線がある。下り4番線から保守基地への線路が分岐している。下り1番線は静岡寄りのシーサスポイントで下り本線と下り引上線につながっている。

富士

富士駅はコンテナ貨物取扱駅である。また身延線との分岐接続駅でもある。静岡寄りに富士運輸区の電留線がある。

富士駅も多くの専用線があった。東芝、大昭和製紙、旭化成の専用線は海側熱海寄り、大興、本州製紙の専用線は山側熱海寄り、岩山油、相模、住友の専用線は海側静岡寄りにあった。

残っているのは東芝専用線と日本製紙になった元大昭和製紙の専用線だが、東芝専用線はJRの保守線になり、それにつながる日本製紙専用線は使われずに放置され、線路に草木が生えている。本州製紙専用線は富士製紙専用線になったものの上り引上2番線との分

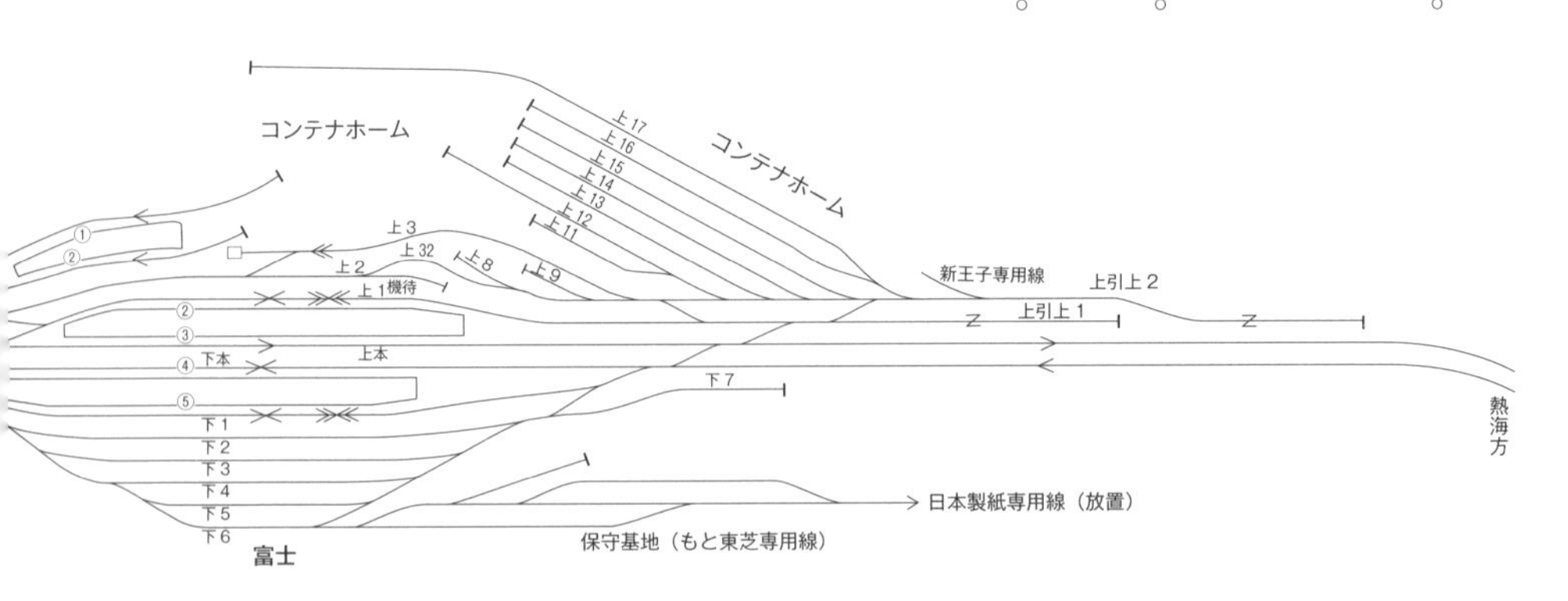

岐ポイント部分だけ残っている。

乗り場番号1、2番は身延線の島式ホームである。1番乗り場が身延本線、2番乗り場が身延1番線で両線ともホームがなくなっても熱海寄りに延びている。とくに1番線は長い。

3～6番線が東海道本線のホームで3番乗り場が上り1番線、4番乗り場が上り本線、5番乗り場が下り本線、6番乗り場が下り1番線である。

甲府—静岡間の特急「ふじかわ」は上下ともすべて身延線の2番線から発車し、身延線からの熱海行と静岡行の直通普通は3番乗り場で発着、下りホームライナーを待避する普通は6番線で発着する。それ以外の東海道本線普通は上下とも本線の4、5番乗り場で発着している。

副本線の3、5番乗り場は貨物列車の着発に使われる。山側にコンテナホームがあり、上下とも仕訳線があって、編成を組むと副本線の下り1番線か上り1番線に入線してから発車する。

富士川—草薙間

富士川駅は海側が片面ホームの上り本線の1番乗り場になったJR形配線に加えて下り本線の外側に下り1番線がある。中線は上り貨物着発線を兼ねている。新蒲原駅は相対式ホーム2面2線でポイントはない。蒲原駅も富士川駅とほぼ同じ構造である。

由比駅は上下本線間に島式ホームがあり、その海側に下り1番線、山側に上り1番線がある。これら副本線に面して片面ホームがあり普通電車が優等列車を待避できるとともに貨物着発線でもある。

興津駅は下り本線の1番乗り場に片面ホームがあるJR形配線だが、島式ホームの内側

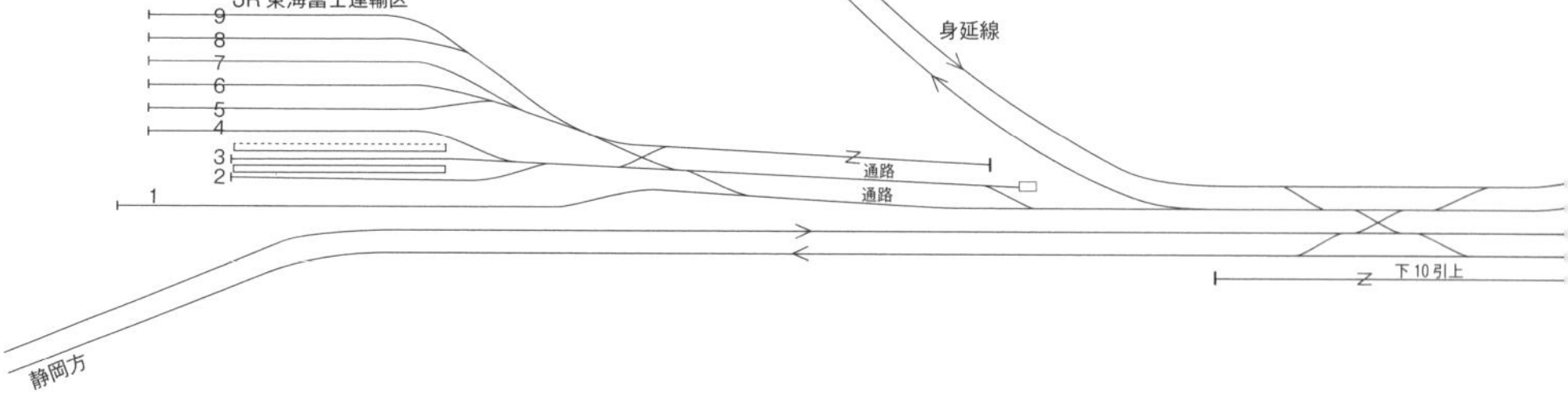

豊橋寄りから見た富士川駅

同・蒲原駅

由比駅の豊橋寄りは土砂覆いがある

興津駅は上り線側に貨物待避兼用の上り1番副本線がある

清水駅の海側の保守用側線は元清水港線の線路などを流用

草薙駅の下り1番副本線(右)と中線は貨物着発用なので550m以上の長さがある

が上り本線の2番乗り場、外側が上り1番線の3番乗り場になっている。上り1番線は貨物着発線を兼ねているとともに静岡方面からの折り返しができるように静岡寄りにも出発信号機、その先に逆渡り線がある。

清水駅は東海道本線支線の清水港線が分岐していた。廃止後に線路を整理して由比駅と同様な配線になったが、下り線側に保守用側線が残っている。これが元の清水港線の線路の跡である。

草薙駅は山側が上り本線の1番乗り場で片面ホームに面している。次に上下貨物着発線の中線がある。この中線はホームに面していない。そして海側に下り本線の2番乗り場に面した片面ホームがある。さらのその海側に下り1番貨物着発線がある。

静岡貨物

静岡貨物駅は草薙駅の静岡寄りから東静岡駅の三島寄りの間にあり、抱き込み式貨物駅である。コンテナ貨物の取り扱いをするとともに、機関区と貨車区があって、機関車と貨車の検修を行っている。さらに新幹線保守基地へのレール、バラスト搬入用連絡線がある。

新幹線保守基地は東海道新幹線上下本線の山側にあり、海側に抱き込み式の静岡貨物駅があるため、連絡線は地下にもぐって東海道上り本線と新幹線上下本線を横切って新幹線基地内に入る。

昭和37（1962）年10月に静岡操車場として開設された。以後拡張されて昭和42年に操車場機能を持つ東静岡駅として駅に格上げされた。上下本線抱き

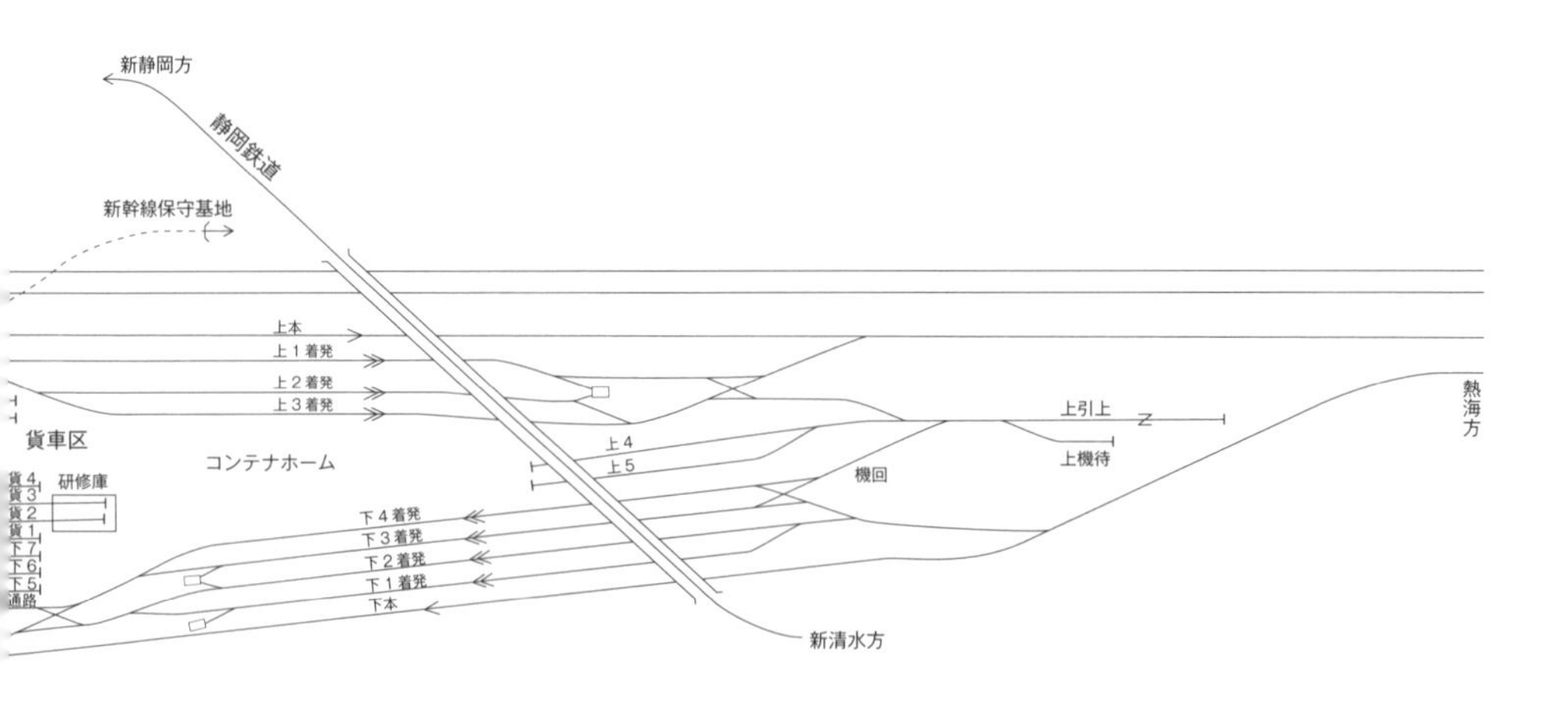

込み式の操車場で26線の方向別仕訳線、5線の下り出発線、6線の上り出発線、静岡寄りに各3線の到着線、到着線と仕訳線群の間にハンプ線（貨車1両ずつ切り離して坂を転がし各仕訳線に走らせる丘状になった線路）と山側に静岡運転所機関車派出所、静岡寄りに静岡運転所貨車派出所があった。また、東海道新幹線開業時に新幹線保守基地への貨物通路線の地下線を設置した。

昭和59年にヤード仕訳方式を廃止して、コンテナ荷役機能だけを取り扱っていたが、平成5（1993）年に着発荷役方式（E&S）を採用、機関区と貨車区も静岡駅から移転、西浜松駅とともに静岡地区の貨物拠点駅となった。

熱海寄りの上下本線間に下り1番線から下り4番線までの4線、上り1番線から上り3番線までの3線、計7線の着発線があり、上下着発線の間にコンテナホームがある。コンテナホームに面して下り4番線と上り3番線の着発荷役線がある。着発線で荷役をするために到着してすぐに荷役を行い終了するとすぐに発車できる。

熱海寄り端部に引上線と機待線、続いて上り4、上り5番の2線の仕訳線、静岡寄りに下り5～7の3線の仕訳線がある。これら着発線や引上線、それに新幹線上下本線と保守基地の各線を複線の静岡鉄道静清線が斜めに乗り越していく。

下り5番線～下り7番線に並んで海側に貨車区の貨車1～9番の貨車留置検修線がある。うち貨車2、3番線は検修棟に入って貨車の検修を行う。

さらに静岡寄りに機関区がある。海側から機留1番線、機回線、機留2～6番線の7線がゼブラ配線で置かれている。さらに山寄りに機1～5番の機関車検修線があり、うち機7、8番線は検修棟に入って機関車の検修を行う。

上り本線寄りには新幹線通路線と2線の通路線がある。新幹線通路線は地下に

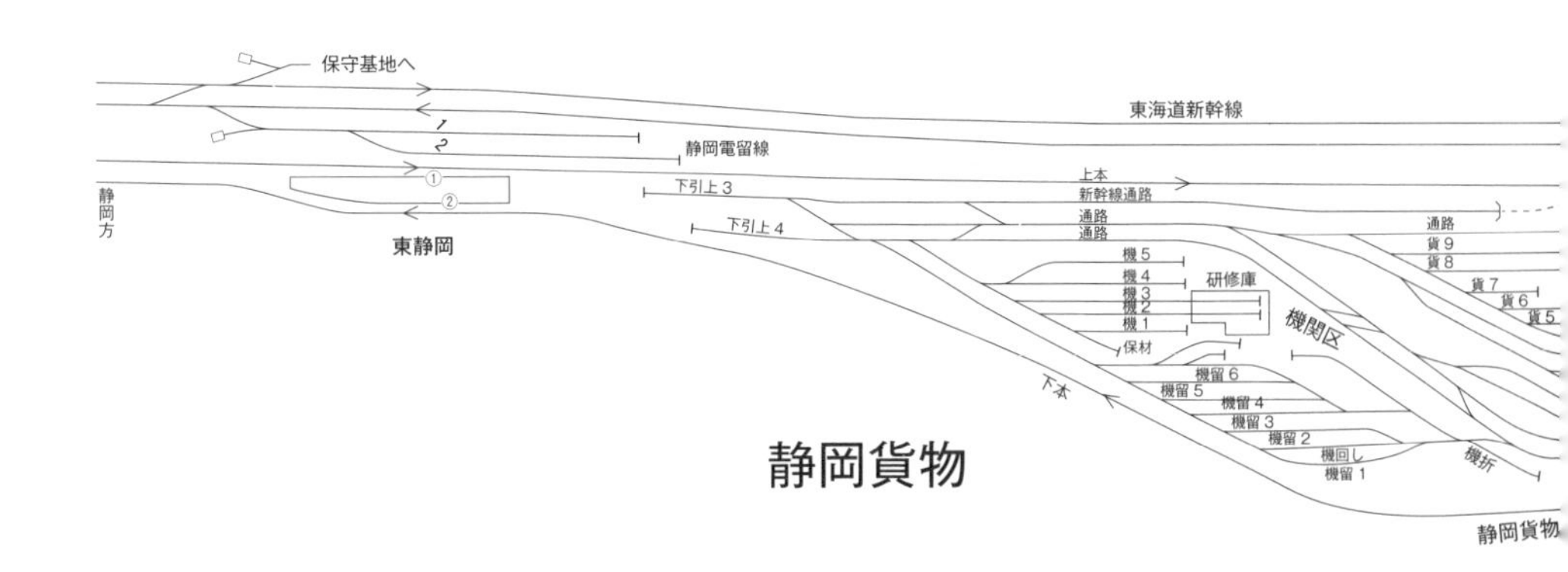

静岡貨物

もぐって上り本線と新幹線上下本線を斜めに横断して新幹線保守基地に入る。保守基地内では標準軌との3線軌になってレール搬入線に入り門型クレーンが併設されている。

通路線のほうは引上線も兼ねていて貨車や機関車の入換のための折り返しもできるようになっている。静岡寄り端部には下り引上線と貨車引上線が延びていて、その先に島式ホームで旅客駅の東静岡駅がある。

新幹線上下線との間に2線の新幹線静岡電留線が延びている。電留線は新幹線下り本線と静岡寄りでつながっているだけなので、夜間入庫電車は静岡駅から電留線までは逆線運転を行う。

静岡

東静岡駅を過ぎると上下線の間隔が広がって、保守用側線などが置かれている。新幹線越しの山側に電車基地の静岡車両区がある。1~5番と8番の留置線、6、7番の洗浄留置線、9~11番の検修線、14番の試運転線、15番の車輪転削線、16番の臨修線がある。

東海道本線が新幹線をくぐって山側に出て高架になる。静岡車両区の入出庫線と洗浄引上線が地平を並行するが、入出庫線も高架になって上り本線と接続する。その先は静岡駅構内になる。

東海道本線の静岡駅は島式ホーム2面5線となっている。山側に貨物着発の上り1番線、そして2面の島式ホームに面して1~4番発着線がある。1番乗

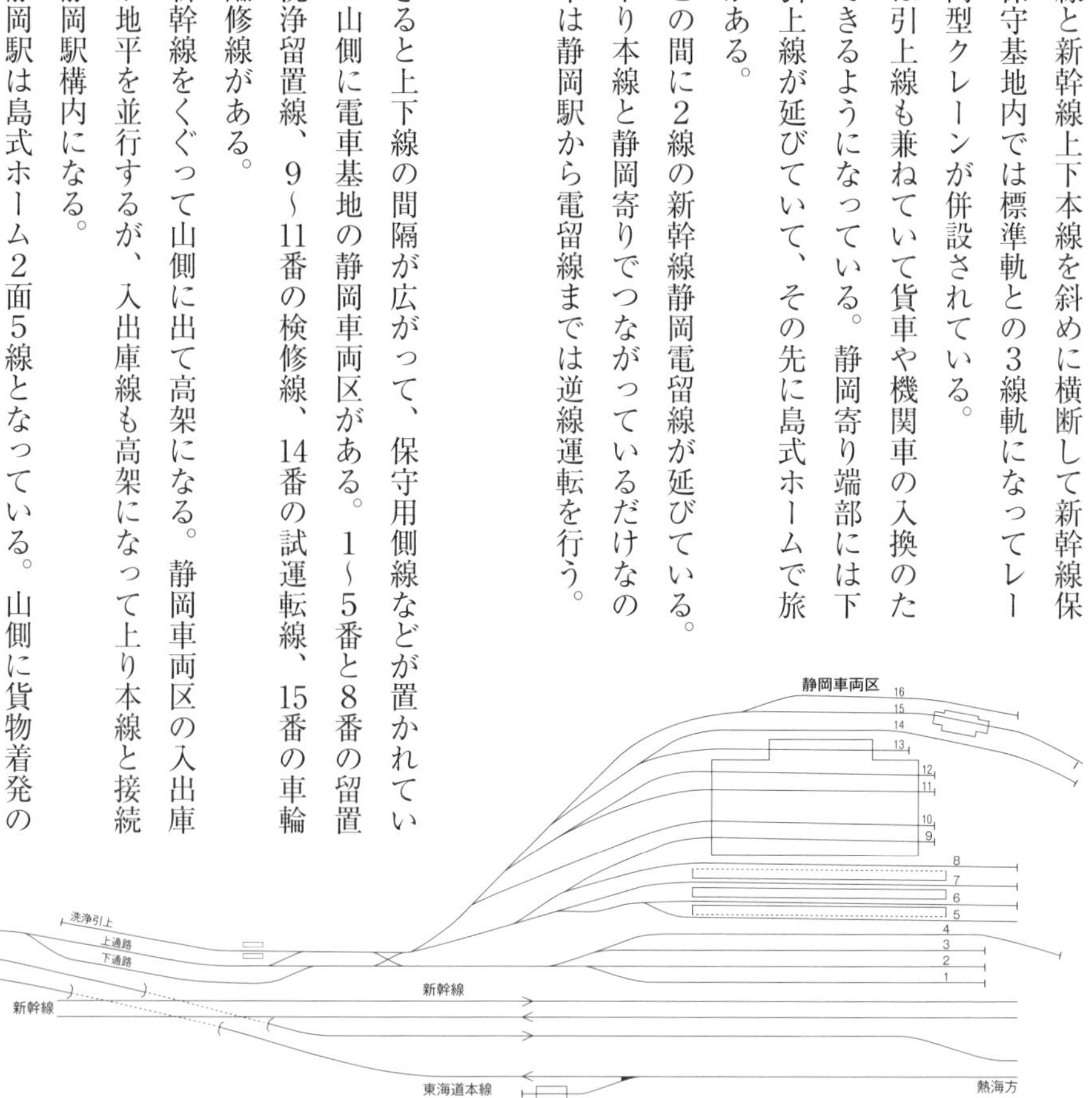

静岡と静岡車両区

り場が上り本線、2番乗り場が中1番線、3番乗り場が中2番線、そして4番乗り場が下り本線である。中1、2番線は両方向から進入でき、両方向に出発できる。

熱海寄りに電留1番線と静岡車両区から電車が通る通路線の2線、豊橋寄りに電留2番線から5番線の4線の電留線がある。これら電留線と通路線は15両編成ぶんの長さがある。

安倍川―菊川間

安倍川駅は相対式ホーム2面2線でポイントはない。用宗駅は海側に下り1番着発線を兼ねた旅客待避線の1番乗り場がある。次に下り本線の2番乗り場と上り本線の3番乗り場に挟まれた島式ホームがある。さらに上り1番貨物着発線がある。下り1番線の静岡寄りに出発信号機と逆渡り線があって静岡方面から折り返しができる。豊橋寄りにも逆渡り線があるが上り本線、上り1番線の豊橋寄りにはともに出発信号機はなく豊橋方面からの折り返しはできない。豊橋寄りに保守用側線があって、保守車両の転線用である。

焼津駅は上下本線間に島式ホームがあり、下り本線側が1番乗り場になっている。海側に貨物着発線の下り1番線、山側に同上り1番線がある。豊橋寄りに逆渡り線があるが上り線側に出発信号機はない。ただし渡り線の下り線側から上り線に転線できる入換信号機があるので豊橋寄りの下り本線上で折り返して上り線に転線できる。上下副本線から分岐する横取線があるので、通常は保守車両の転線用である。横取線は貨物側線を転用したもので貨物取り扱いをしていたときは貨車の転線に逆渡り線が使われていた。

西焼津駅は島式ホーム2面2線の棒線駅、藤枝駅は山側の1番乗り場が上り1番線で片

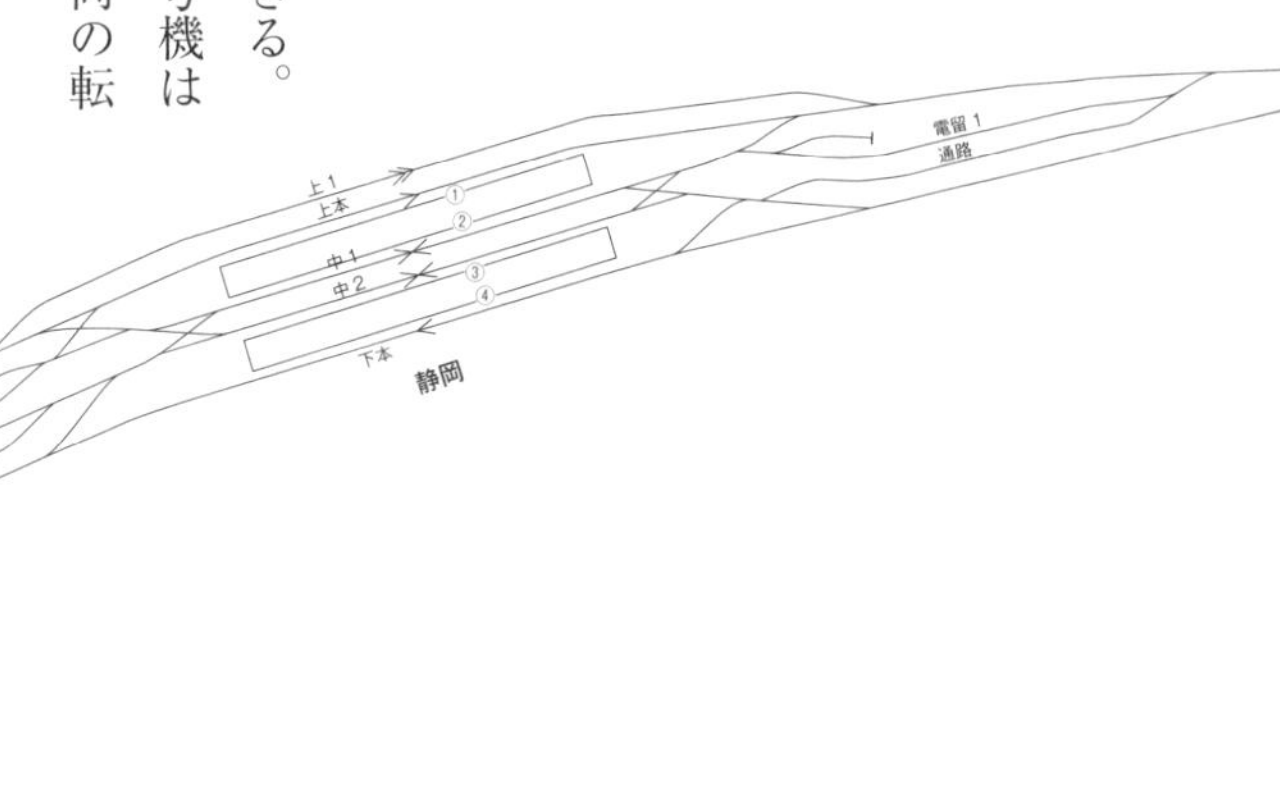

豊橋寄りから見た用宗駅

同・焼津駅

藤枝駅を豊橋寄りから見る

島田駅の山側にある貨物仕訳線（左奥）は使われておらず雑草が生えている

金谷駅にあった特徴ある中線は撤去された。2009年撮影

豊橋寄りから見た菊川駅

面ホームに面しているものの、上り貨物着発線を兼ねている。その海側に島式ホームがあって山側は上り本線の2番乗り場、海側は下り本線の3番乗り場になっている。さらに海側に下り1番貨物着発線がある。

六会駅も相対式ホーム2面2線でポイントはない。島田駅には専用線などがあったが、すべて廃止された。島式ホームの両側に貨物着発線があるのみである。かつての仕訳線などは残っているが、一部保守用側線に使われているだけでほとんどの線路は放置されている。

金谷駅では大井川鐵道が乗り入れているが、東海道本線と接続しておらず、東海道本線の駅に隣接して片面ホーム1面1線の棒線駅である。大井川鐵道で貨物運輸をしていたころは東海道本線と線路はつながっていて貨物側線もあった。

東海道本線のほうは相対式ホームに貨物着発線の中線が2線ある単純な配線をしている。かつては駅構内に二組のダブルスリップポイントによって貨物着発線を交差したりして上下本線と接続していた。それらポイントは撤去され、側線の中線の1線も短い保守用側線になった。

菊川駅は海側に下り1番貨物着発を兼ねた1番乗り場がある。片面ホームに面しており静岡寄りに出発信号機と逆渡り線があって折り返しが可能である。1番乗り場では早朝に三島行始発電車と下り豊橋行が各1本発車するだけで、その他の時間帯は貨物列車の待避に使われる。

次に島式ホームの2、3番乗り場がある。2番乗り場が下り本線、3番乗り場が上り本線である。さらに山側に上り1番貨物着発線がある。

掛川

掛川

天竜二俣方
天竜浜名湖鉄道
豊橋方
静岡方
上1
上本
下本
下1

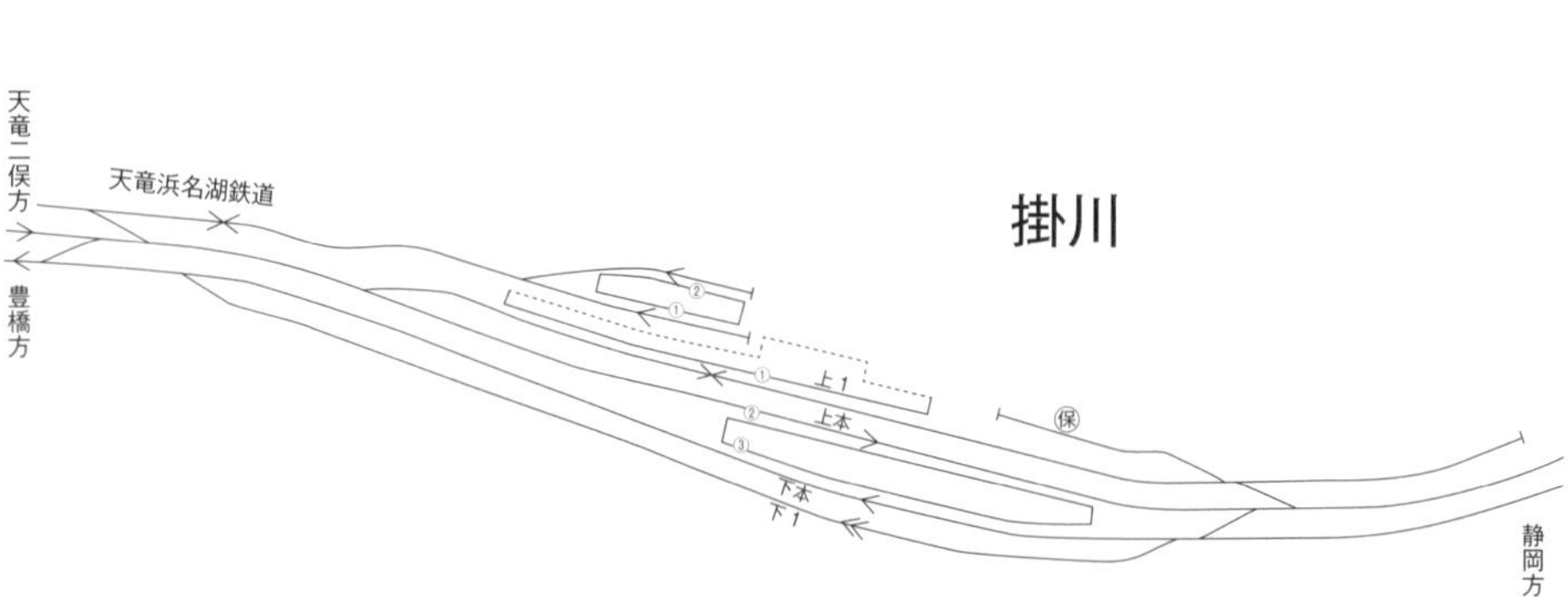

掛川駅は新幹線と連絡しているとともに天竜浜名湖鉄道と接続している。東海道本線はJR形配線で山側に片面ホームがあるが、1番乗り場は副本線の上り1番線で両方向に出発できて、豊橋方面からの折り返しができる。2番乗り場は上り本線、3番乗り場は下り本線、その外側に貨物着発線の下り1番線がある。

天竜浜名湖鉄道は頭端島式ホーム1面2線で、単線になって東海道本線と並行したところに同線との渡り線がある。

愛野―天竜川間

愛野駅は島式ホーム1面2線の単純な駅、袋井駅は片面ホーム2面と島式ホーム1面がある。海側の片面ホームに面して下り1番貨物着発線の4番乗り場、次に島式ホームに面した下り本線の2番乗り場、上り本線の3番乗り場、そして片面ホームに面した上り1番線の4番乗り場がある。1、4番乗り場での旅客電車の発着はない。

新駅の御厨駅は相対式ホーム2面2線でポイントはない。磐田駅は海側から下り1番貨物着発線、島式ホームに面した下り本線の3番乗り場と上り本線の2番乗り場がある。その山側に片面ホームに面した上り1番線の1番乗り場があるが、上り1番線の線路有効長は短く、貨物の着発はできない。電車用だが使用されていない。

豊田町駅は相対式ホーム2面2線である。天竜川駅は島式ホーム2面4線で海側が下り1番貨物着発線の4番乗り場、続いて下り本線の3番乗り場、上り

豊橋寄りから見た袋井駅

豊橋寄りから見た磐田駅。左端の上り線路が1番線で短い

天竜川駅を豊橋寄りから見る

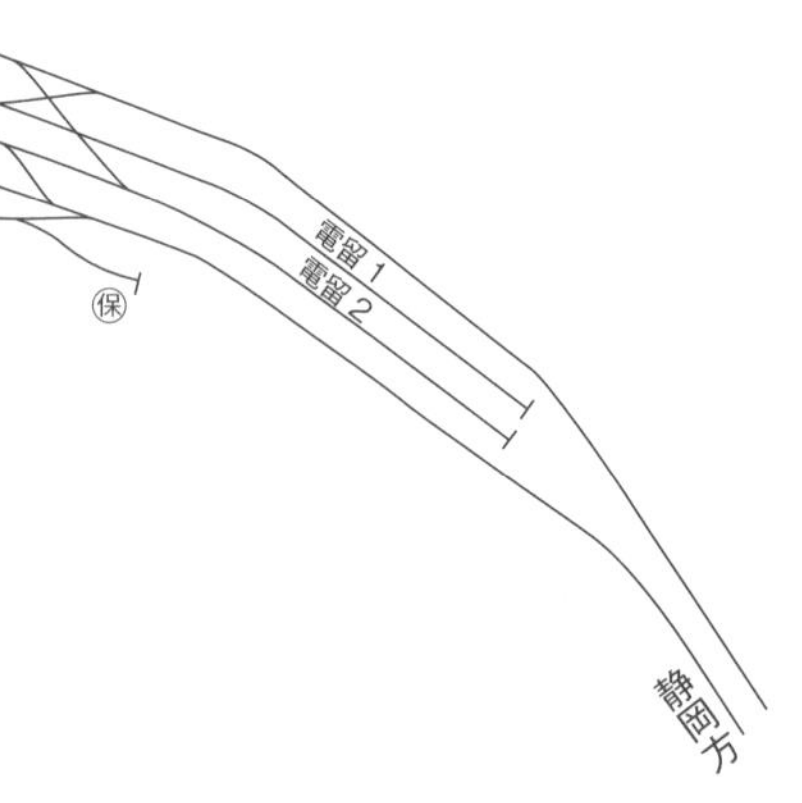

本線の2番乗り場、上り1番貨物着発線の1番乗り場がある。静岡寄りに逆渡り線があるが、3、4番乗り場の静岡寄りに出発信号機はなく非常用である。

浜松

静岡駅とともに浜松駅も昭和54（1979）年に高架化されたので、似たような配線になっている。また、地上時代は新幹線と東海道本線とは大阪寄りで扇状に広がっていたのを、大阪寄りを新幹線と並行するように曲げて高架化された。

島式ホーム2面5線で、1番乗り場が上り本線、2番乗り場が中1番線、3番乗り場が中2番線、4番乗り場が下り本線、そしてその向こうに貨物着発用の下り1番線がある。上り本線と下り1番線以外は両方向に出発できる。

静岡寄りに電留線2線、豊橋寄りに通路1番線と電留3番線（通路線も兼ねる）が各1線あり、通路線は上り本線につながっている。しかし、すぐに浜松運輸区の電留線への入出区線が分岐している。

浜松運輸区・西浜松

浜松駅を出ると浜松運輸区の電留線への入出区線は地上に降りて電留線の引上線と並行する。上下本線もその先で地上に降りる。海側には貨物駅である西浜松駅のコンテナ荷役線群が広がっている。

山側の浜松電留線には1番線は通路線、2、3番線は電留線、4～7番線も電留線だが

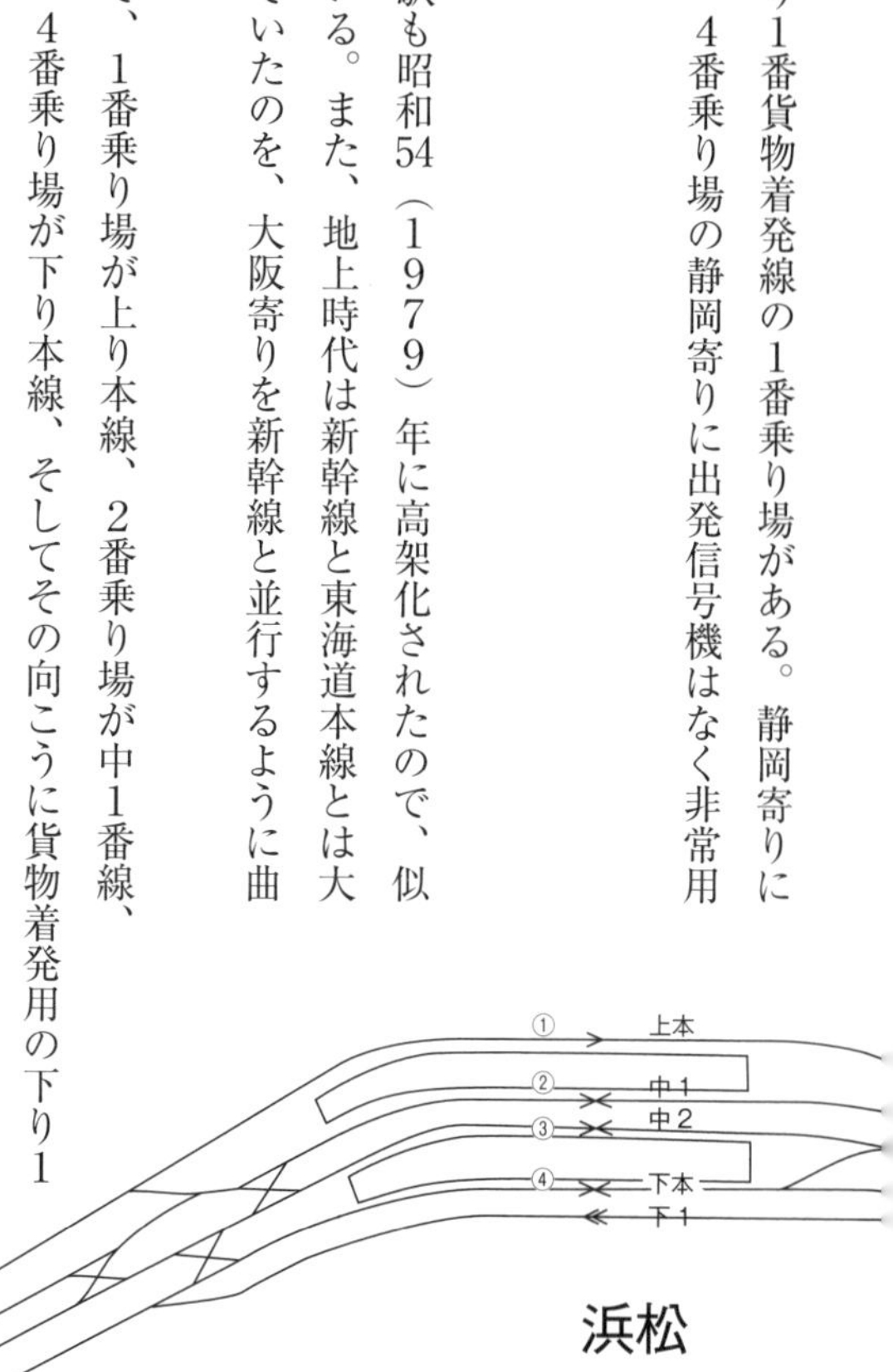

西浜松

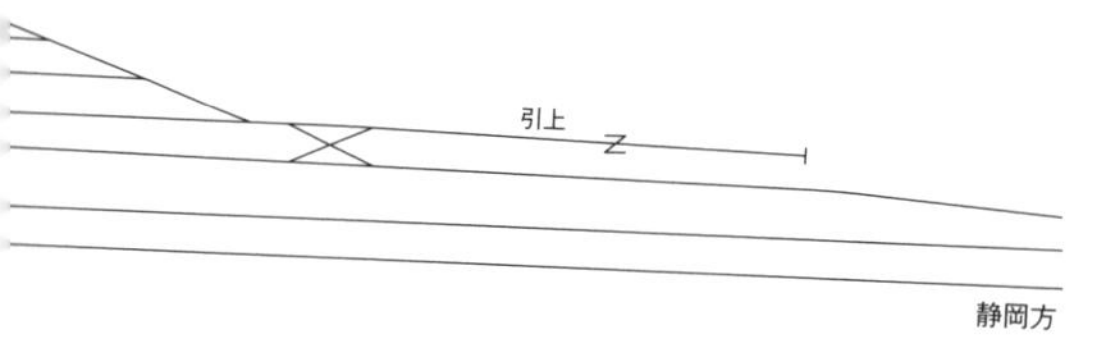

引上
静岡方

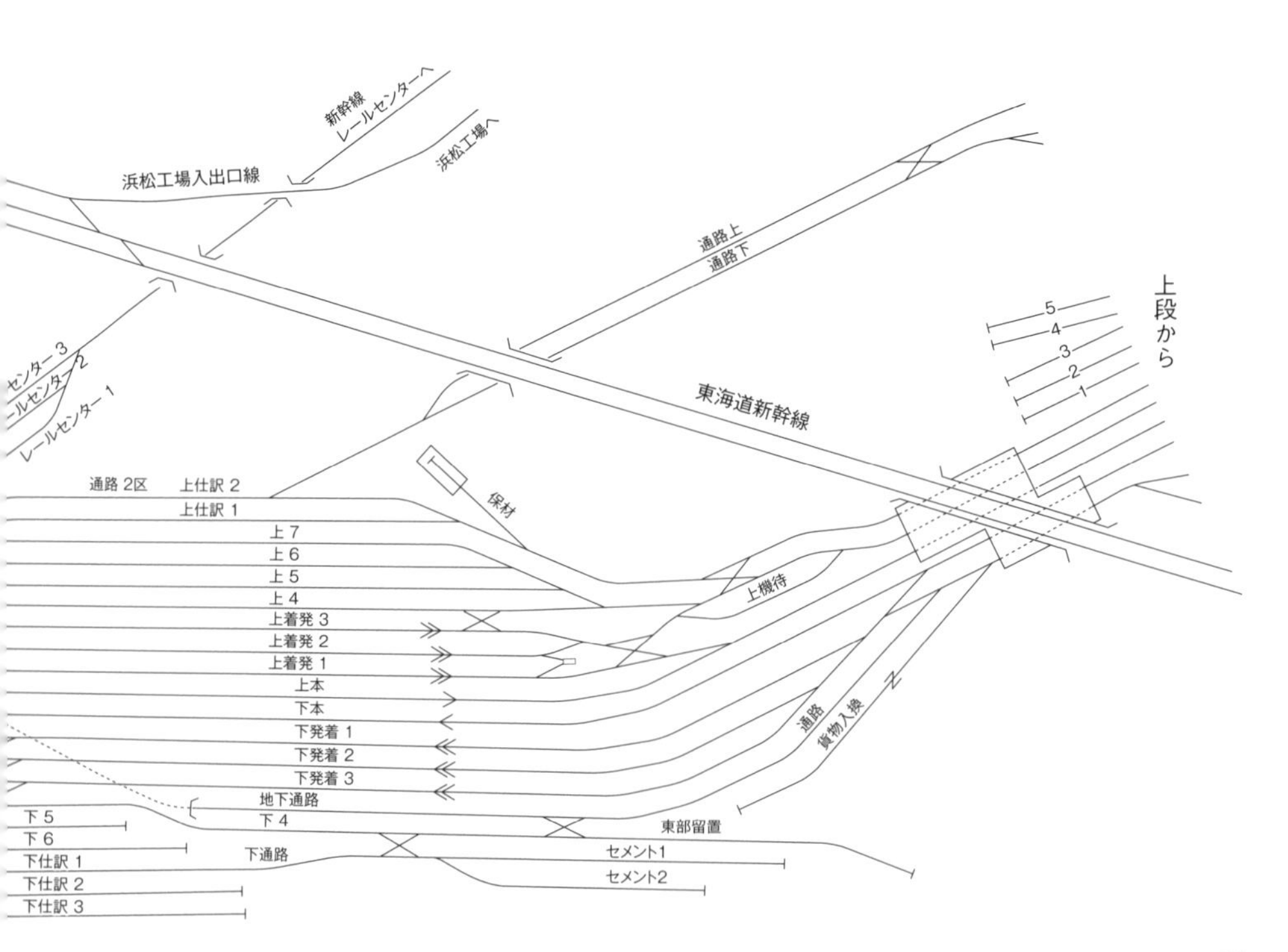

新幹線
レールセンターへ
浜松工場へ
浜松工場入出口線
通路上
通路下
上段から
5
4
3
2
1
東海道新幹線
センター3
レールセンター2
レールセンター1
通路 2区
上仕訳 2
上仕訳 1
保材
上 7
上 6
上 5
上 4
上機待
上着発 3
上着発 2
上着発 1
上本
下本
下発着 1
下発着 2
下発着 3
通路
貨物入換
地下通路
下 5
下 4
東部留置
下 6
下通路
下仕訳 1
セメント1
下仕訳 2
セメント2
下仕訳 3

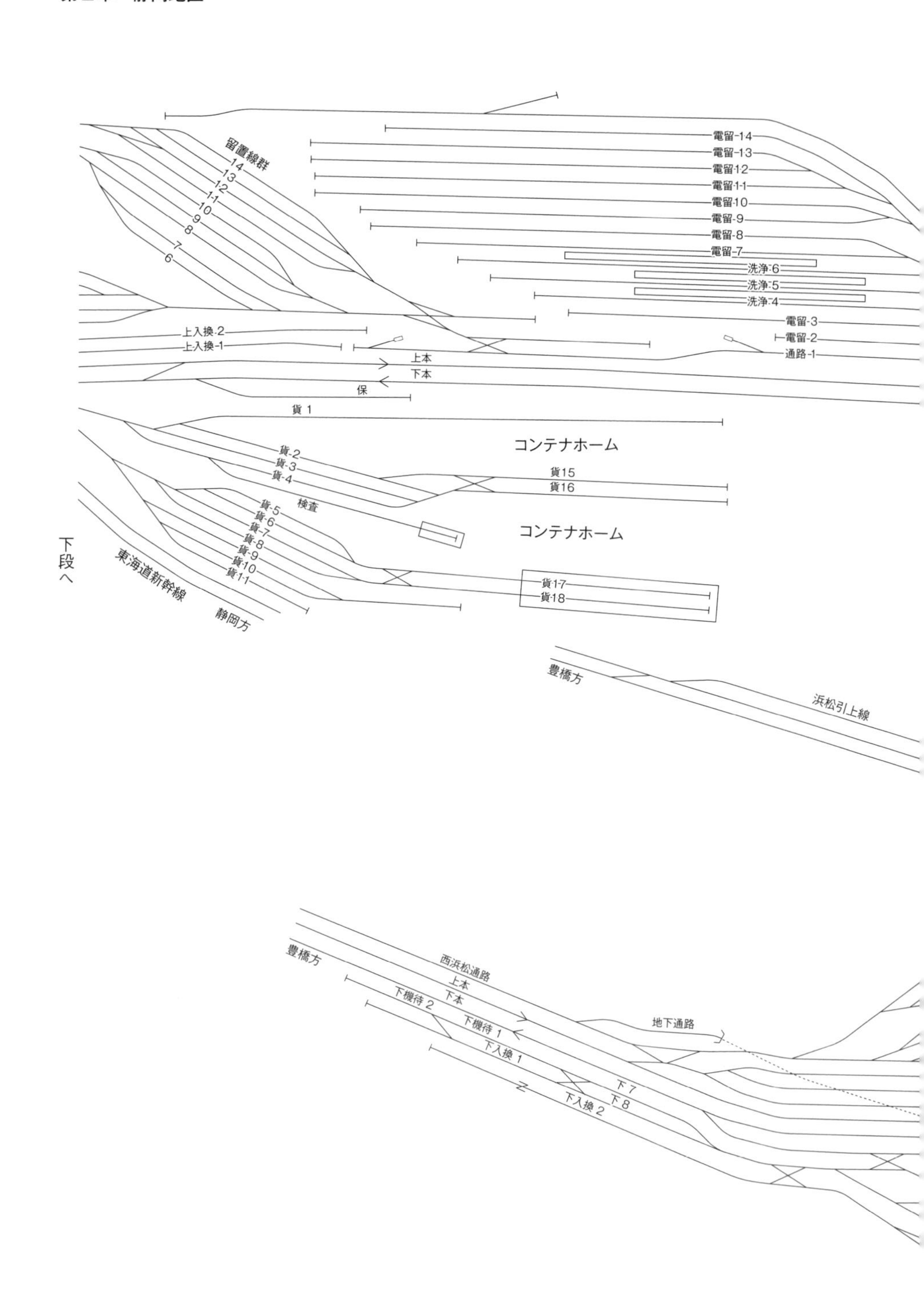
留置線群
14
13
12
11
10
9
8
7
6
電留-14
電留-13
電留12
電留11
電留10
電留-9
電留-8
電留-7
洗浄6
洗浄5
洗浄4
電留-3
電留-2
通路-1
上入換2
上入換-1
上本
下本
保
貨 1
コンテナホーム
貨-2
貨-3
貨-4
貨15
貨16
検査
コンテナホーム
貨-5
貨-6
貨-7
貨-8
貨-9
貨10
貨11
貨17
貨18
下段へ
東海道新幹線
静岡方
豊橋方
浜松引上線
豊橋方
西浜松通路
上本
下本
下機待 2
下機待 1
地下通路
下入換 1
下 7
下 8
下入換 2

車両屋根点検ホームが置かれている。8～14番線も電留線である。その向こうに15番線があるが他の線路とはつながっておらず、放置されている。

豊橋寄りには14線の留置線が置かれているが、1～7番線は常時使用されておらず、解体待ちの廃止車車両が留置されていることが多い。

西浜松駅は上下本線が中央を通り抜ける貫通式貨物駅で上下本線の海側に下り着発線、山側に上り着発線が各3線並行する。貫通式では上下各仕訳線群を結ぶ連絡線が必要である。西浜松駅の豊橋寄りに下り線から上り線にある引上線を結ぶ地下連絡線がある。

さらに海側の貨物荷役線群は2面のコンテナホームがあり、山側に貨物1番の荷役線、次にコンテナホーム、そして貨物15、16番の荷役線、もう1面のコンテナホーム、屋根付きの貨物17、18番の荷役線がある。その豊橋寄りに貨車留置線の貨2～4番線、貨車検査線、さらに貨車留置線の貨物5～11番線がある。貨車留置線群のうち貨物2、7番線は通路線を兼ねている。

荷役線群の海側には東海道新幹線が並行している。その新幹線は西浜松駅と東海道本線を斜めに横断していく。西浜松駅の着発線群と仕訳線群などは新幹線をくぐった豊橋寄りにある。

東海道本線上下本線を挟んで山側に上り着発線群、海側に下り着発線群などがある。海側から下り通路線、下り4番留置線、地下通路線、下り3～1番着発線、下り本線、上り本線、上り1～3番着発線、上り4～7番留置線、上り1、2番仕訳線が並ぶ。

地下通路線は下り着発線群と上り着発線群を連絡するために、各線群を横切って西浜松通路線につながっている。また、上り2番仕訳線は通路線を兼ね、途中からJR東海の浜松運輸区への連絡線が合流しているが、現在は休止中である。

上り線着発群の静岡寄りに上り機待線が、さらにJR東海の浜松運輸区近くまで延びている長い上り入換1、2番線がある。豊橋寄りには新幹線浜松レールセンターへの連絡線が分かれ、途中に1、3番機待線が置かれている。そして西浜松通路線に収束していく。西浜松通路線は上下本線と並行して高塚駅まで伸びている。

下り着発線群の静岡寄りには通路線と荷役線群からの貨物入換線がある。豊橋寄りには下り3〜1番仕訳線、下り6、5番留置線が置かれ、端部には下り入換2番線、直列に並んだ下り8番留置線と下り入換1番線、同様に直列に並んだ下り機待1、2番線がある。

なお新幹線の山側には浜松引上線があり、新幹線引上線から浜松工場への入出区線が延びている。

高塚

西浜松通路線と上下本線の3線は次の高塚駅まで並行する。高塚駅は上下本線の間に中線があり、海側に片面ホーム、山側に島式ホームがある。

島式ホームの内側が上り本線、外側が上り1番線で、そのさらに山側に上り2番線があるが保守車両の留置に使われている。

中線は静岡方から進入できるが、両端に出発信号機はなく、浜松駅の折返線が満線のときに高塚駅の中線に進入して折り返すことがあり、入換信号機によって西浜松通路線や上り本線へ進出できる。上り1番線は貨物列車が待避できるほどの長さはなく、上りでの優等列車の待避用に使用されるが、現在は待避列車の設定はない。

豊橋方に上下逆渡り線があるが、中線と上り本線、上り1番線には豊橋方面に出発信号機はなく非常用である。

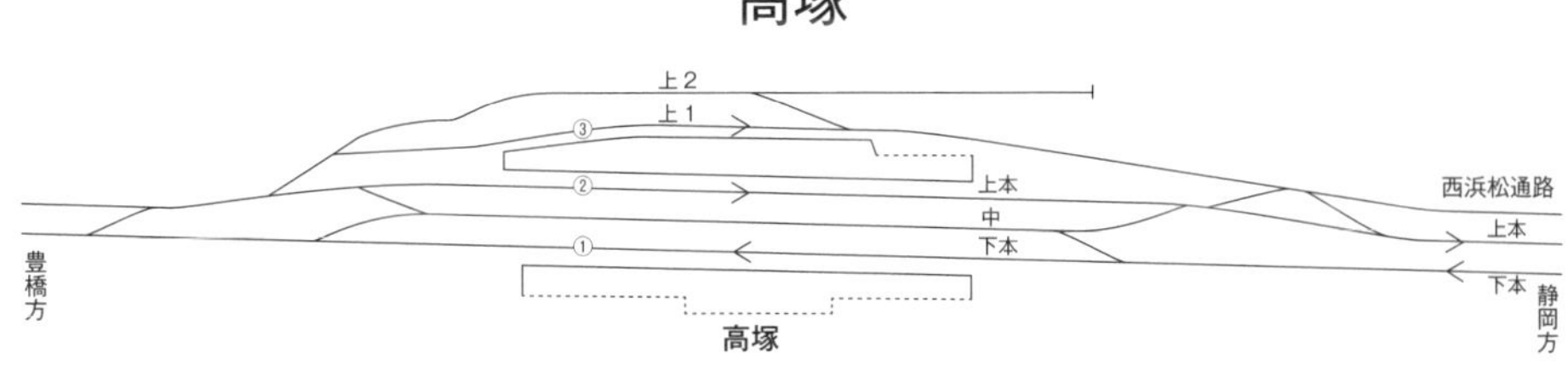

舞阪―鷲津間

舞阪駅は海側の片面ホームに面した下り1番線の1番乗り場があり、その山側に下り貨物着発線の中線がある。山側に島式ホームがあって内側が上り本線の2番乗り場、外側が貨物着発線を兼ねた上り1番乗り場がある。豊橋寄りで上り本線と上り1番線が分岐する。奥に中線との間に逆渡り線があるが、豊橋寄りの上り線側に出発信号機はなく、非常用渡り線である。

弁天島駅は島式ホーム1面2線、新居町駅は海側に片面ホームに面した下り1番貨物着発線の1番乗り場、島式ホームに面した下り本線の2番乗り場と上り本線の3番乗り場、そして上り1番貨物着発線がある。

下り1、2番乗り場の静岡寄りに出発信号機と逆渡り線があって折り返しができる。浜松競艇開催日の引けたときに1、2番乗り場から静岡方面への臨時折返電車用である。豊橋寄りにも逆渡り線があるが上り線側に出発信号機がなく折り返しはできない。

鷲津駅は下り本線の1番乗り場が片面ホームに面したJR形配線になっている。山側の島式ホームの内側が上り本線の2番乗り場、外側が上り1番線の3番乗り場である。豊橋寄りに逆渡り線の3番乗り場に出発信号機があって折り返しができる。

新所原

天竜浜名湖鉄道との接続駅である。天竜浜名湖鉄道は元国鉄二俣線だった。昭和62（1987）年3月に国鉄から分離、第3セクター鉄道の天竜浜名湖鉄道に承継された。

二俣線時代には山側に二俣線の上り発着用の1番線と東海道本線上り1番線を兼ねた二俣線下り発着用の2番線があった。さらに豊橋寄りで東海道本線を跨いで同線下り線への

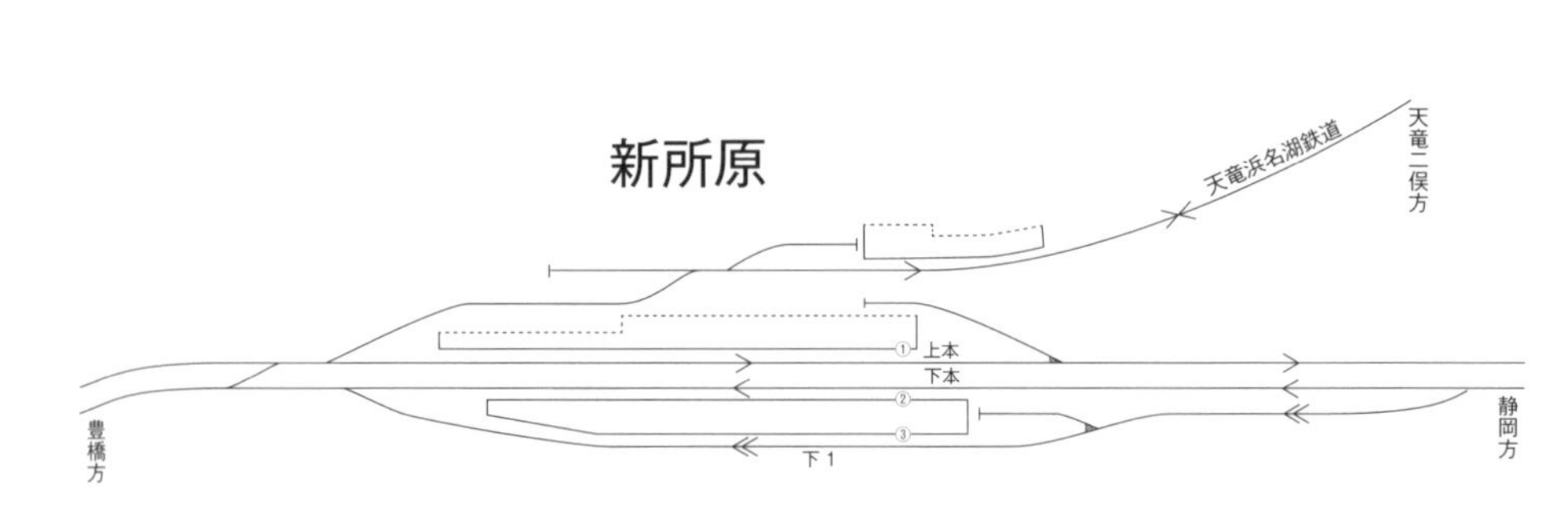

静岡寄りから見た舞阪駅

同・新居町

鷲津駅を静岡寄りから見る

乗越橋があって、二俣線の列車の大半は東海道本線に乗り入れて豊橋駅を始終発駅にしていた。

転換後に駅とホーム、改札は国鉄から分離され、旧1番線を天竜浜名湖鉄道の発着線にした。旧2番線の豊橋寄りは天竜浜名湖鉄道と東海道本線との連絡線、静岡寄りは保守車両の横取線となって乗上ポイントに取り換えられている。二俣線の乗越橋は山側の橋台などの高架橋と海側の盛土は残っているが乗越橋自体は撤去されている。

旧3番乗り場が現在の1番乗り場（上り本線）、旧4番乗り場が2番乗り場（下り本線）、旧5番乗り場が3番乗り場（下り1番線）になっている。3番乗り場は静岡寄りを伸ばして貨物着発線を兼ねるようにした。また豊橋寄りに逆渡り線があるが出発信号機はなく折り返しはできない。

新所原駅から豊橋方を見る。右側に旧二俣線の東海道本線乗越橋の橋台が残っている

第3章　豊橋─米原間

豊橋─米原間もＪＲ東海の区間だが、名古屋圏の都市間輸送を担っているために、高速の特別快速、新快速、快速、それに区間快速が頻繁に運転されている。さらに日本三大操車場の一つだった稲沢操車場は15線の着発線と機関区を残して縮小され、名称は旅客駅と統合され、単に稲沢駅となっている。それでも規模は大きい。

名古屋─稲沢間は貨客分離の線路別複々線になっている。朝上りのホームライナー「大垣」４号は貨物線を通って先行の普通を追い抜いている。

豊橋駅では豊橋鉄道と飯田線、名古屋鉄道本線と接続、岡崎駅で愛知環状鉄道、大府駅で武豊線と接続して武豊─名古屋間運転の区間快速が朝夕ラッシュ時と夜間に走る。笠寺駅で名古屋臨海鉄道、名古屋駅で中央本線と関西本線、あおなみ線、枇杷島駅では貨物線から東海交通事業城北線が分岐接続している。岐阜駅で高山本線、大垣駅で樽見鉄道、次の南荒尾信号場で東海道支線の美濃赤坂線と接続する。

南荒尾信号場─関ケ原間では勾配が20‰になっていたが、上り勾配になる下り線を10‰に緩和するために迂回ルートの新線を昭和19（１９４４）年10月に設置した。上り旧線は樽井駅、下り新線は新垂井駅と別々の駅にしたが、迂回ルートの中にある新垂井駅は街から遠く使い勝手が悪かった。そのために、新線開通で廃止した旧下り線を復活させて、普通列車だけが走る垂井線として上り線と並行する路線を復活設置した。これによって下り新線にあった新垂井駅を廃止した。

東海道支線である名古屋港線は中央本線の山王信号場で分岐している。もともと中央本線と東海道本線、名古屋港線は金山―名古屋間で並行していた。複線化のとき名古屋港線を中央本線の下り線に転用した。そのため中央本線の線路から分岐することになり山王信号場が設置された。なお、中央本線に金山駅ができたのは昭和37（1962）年、東海道本線の金山駅は平成元（1989）年なので、金山―名古屋間は全国でも珍しい本線同士の重複区間になっている。また、名古屋港線はJR貨物が第1種鉄道事業者になっている。

名古屋港線の貨物取扱はすでに廃止しており、唯一残っていたJR東海各線へのレール輸送も不要になるので、令和6年3月をもって廃止する。

豊橋

豊橋駅の静岡寄りで豊橋鉄道が乗り越している。豊橋鉄道は大きくカーブして東海道本線と並行するが、両線の間にはほとんど使用されていない線路が数本置かれている。豊橋鉄道側の2線は花田中線と呼ぶ。1線は豊橋鉄道と国鉄との授受線だった。豊橋鉄道の貨物取扱は国鉄が直行方式を開始した昭和57（1982）年に専用線とともに扱われなくなったが、線路はそのまま残っている。

豊橋鉄道の新車を搬入するときに授受線を経由して豊橋鉄道に入線する。授受線と豊橋鉄道本線との接続個所は花田信号所になっている。また、豊橋鉄道の駅は新豊橋としてJRや名古屋鉄道とは別駅扱になっている。

JR東海のほうは1線だけ上り引上線として使用、残りは保守基地として使用されている。

名古屋鉄道本線はJR飯田線と豊橋―小坂井間で共用している。小坂井駅のホー

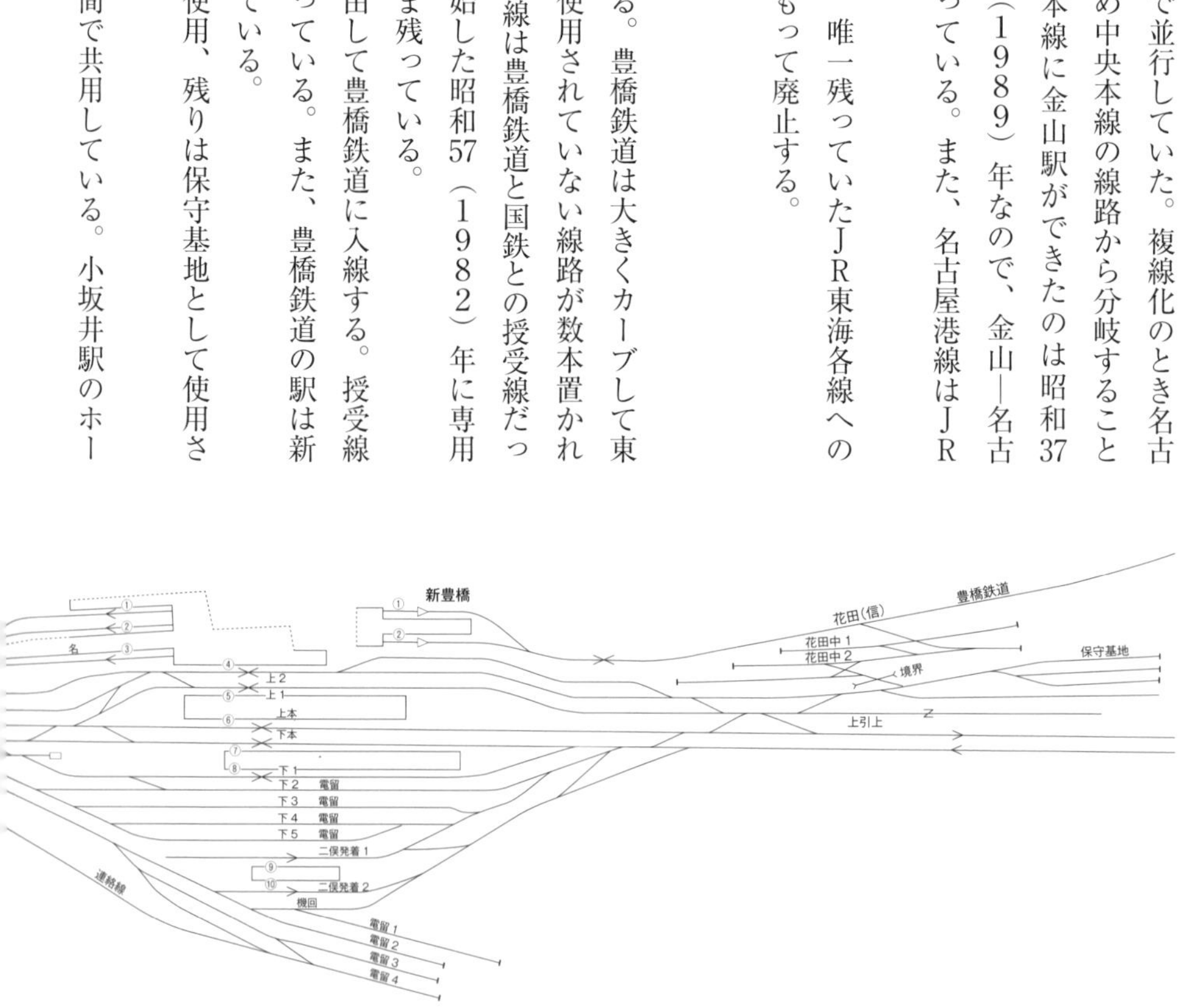

ムの手前、豊橋寄り0・5㎞のところが分岐点である。かつては分岐点のところを平井信号場としていたのを小坂井駅の構内としたものである。共用区間は正式には下り線がJR東海所属、上り線が名古屋鉄道所属である。

豊橋駅の飯田線と名鉄本線とで頭端櫛形ホーム2面3線になっているが、名鉄本線発着用の3番線は19m中形車8両編成、1、2番線は20m大形車6両編成の長さになっている。

その静岡寄りに東海道本線用の片面ホームの4番乗り場と島式ホーム2面4線の5〜8番乗り場がある。4番乗り場が上り2番線、5番乗り場が上り1番線、6番線乗り場が上り本線、7番乗り場が下り本線、8番乗り場が下り1番線である。その海側に下り2〜5番線の電留線（側線）がある。

さらにその向こうに島式ホームがあり、その両側は二俣線列車用の発着線（廃止時では6、7番乗り場）だった。しかし二俣線が天竜浜名湖鉄道となって豊橋駅までの直通が中止されてからは閉鎖されて電留線として使用されている。その海側にも機回線1線と電留線4線がある。この電留線は電車と客車共用の留置線だったが、客車列車の運転がなくなったので機回線とともに電留線として使用されている。

静岡寄りの上下線間に順渡り線がないために静岡方面の下り本線から上り本線と上り1、2番線には入線できない。上り1、2番線は飯田線と接続しているが、静岡方面から飯田線への直通列車はストレートに飯田線に入れない。このため直通列車は名古屋寄りの西小坂井駅まで行って転線して豊橋駅に戻り、上り1、2番線に入ってから飯田線に直通している。

といっても定期の運転はない。あるのは静岡車両区に配置されている373系を

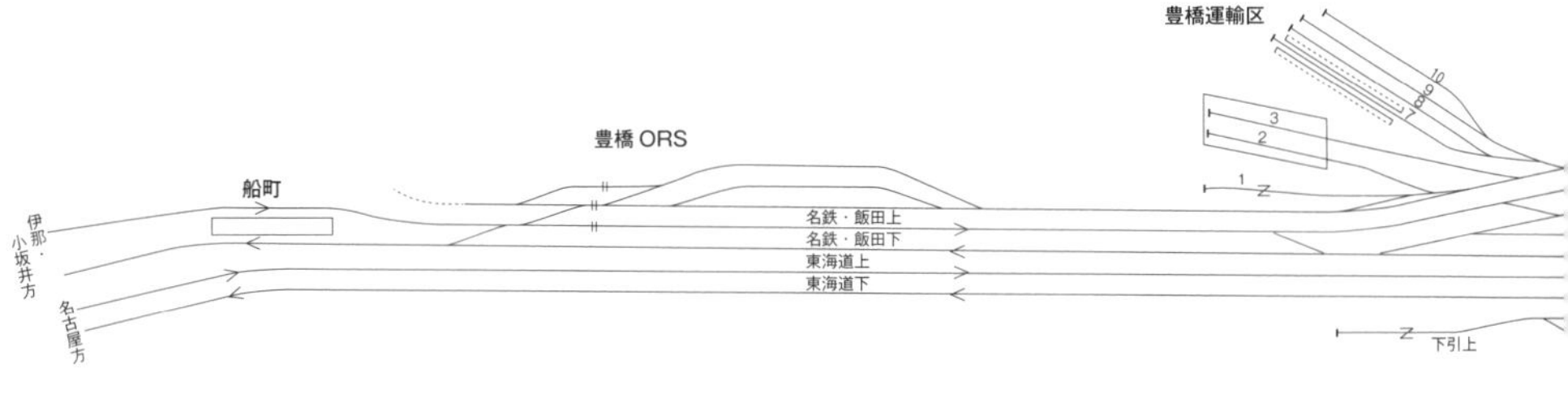

豊橋運輸区
豊橋 ORS
船町
伊那・小坂井方
名古屋方
名鉄・飯田上
名鉄・飯田下
東海道上
東海道下
下引上

豊橋

使う飯田線特急「伊那路」が静岡区から飯田線に入るときに浜松↓西小坂井↓豊橋（静岡↓浜松間はホームライナー3号で走る）と回送で運転されるだけである。

飯田線と名古屋方面との直通電車は上下とも上り1、2番線で折り返している。

新幹線のホームに隣接している電留4番線から下り引上線までの長い連絡線がある。以前は途中で新幹線保守基地への線路が分岐していたが、豊橋駅でのレールの搬入を中止したためにこの搬入線は撤去されている。このため長い連絡線になってしまった。

飯田線発着線の名古屋寄りに飯田線の車両を留置する豊橋運輸区がある。1番引上線、2、3番検修線、7番洗浄留置線、8～10番留置線がある。4～6番留置線は撤去されている。

豊橋駅を出ると海側から東海道本線上下線、名鉄・飯田線上下線のほかに元JR貨物のコンテナヤードへの貨物線の5線が並ぶが、コンテナヤードは廃止され、コンテナをトラック輸送に切りえて豊橋オフレールステーション（ORS）となった。このため貨物線は廃止になっている。線路は残っているが雑草で覆われている。

豊橋ORSの少し先の名鉄・飯田線側に島式ホームの船町駅がある。停車するのは主として豊橋―豊川間運転のJR飯田線の区間電車である。新城以遠を走る飯田線電車の大半と名鉄電車はすべて通過する。

西小坂井

西小坂井駅は山側に片面ホーム、海側に島式ホームがある。山側から上り2番線、上り1番線、上り本線、下り本線、下り1番線、下り2番線と6線が並んでいる。

上り2番線は架線がなく豊橋寄りで停まっており保守車両の留置に使われる。上り1番線は貨物着発線で1300t牽引の貨物列車が待避できるように豊橋寄りの線路を延ばし

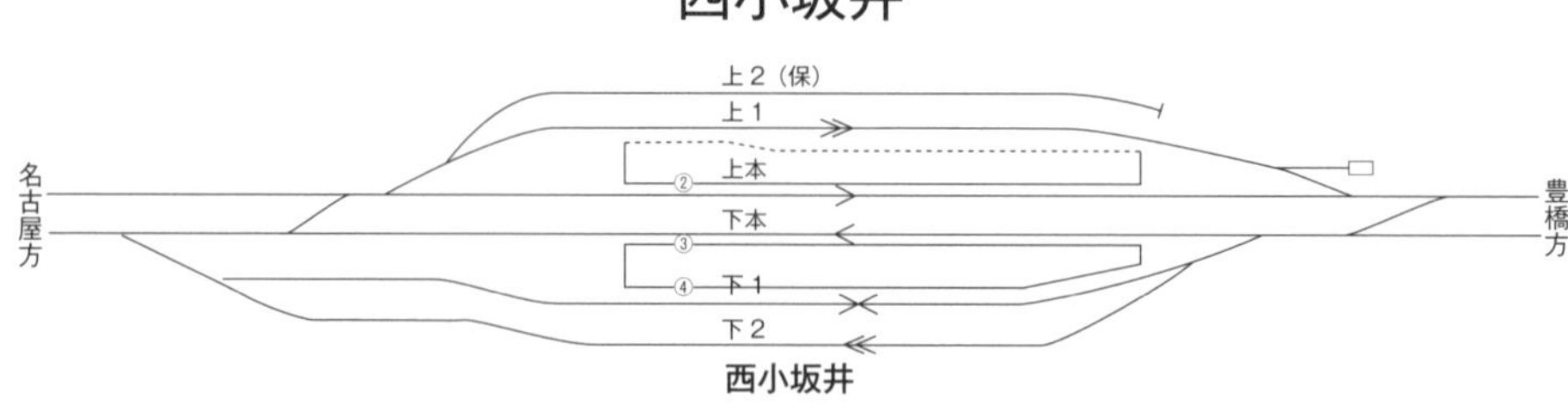

た。本来、上り1番線が旅客案内上の1番乗り場で、ホームの1番乗り場側に柵を設置して乗り降りができないようにしている。このため乗り場番線は上り本線の2番乗り場から始まっている。

下り1番線は普通の待避や折り返しができる。下り2番線とともに貨物着発線でもあり、名古屋寄りに線路を延ばしている。

豊橋寄りも名古屋寄りも逆渡り線がある。豊橋寄りは下り1番線からの転線折返に使用されるが、名古屋寄りは保守車の転線に使われている。

愛知御津—三河三谷間

愛知御津駅は上り本線の1番乗り場に面して片面ホームがあるJR形配線に加えて島式ホームの外側の下り本線（3番乗り場）のさらに外側に下り1番貨物着発線がある。中線は上下貨物着発線兼用の2番乗り場になっている。

次の三河大塚駅は相対式ホーム2面2線、三河三谷駅は上下貨物着発線の中線がある相対式ホーム2面3線である。

蒲郡

蒲郡駅は名古屋鉄道西尾線と連絡しているが線路はつながっていない。両駅とも高架になり、JRのほうは島式ホーム2面4線のシンプルな駅になった。両外側が副本線の下り1番線と上り1番線、内側が下り本線と上り本線である。

快速・新快速・特快と普通との緩急接続が行われるが、高架にしたとき副本線は1300t牽引の貨物列車が入線できる長さをとらなかったので貨物列車の待避は行われ

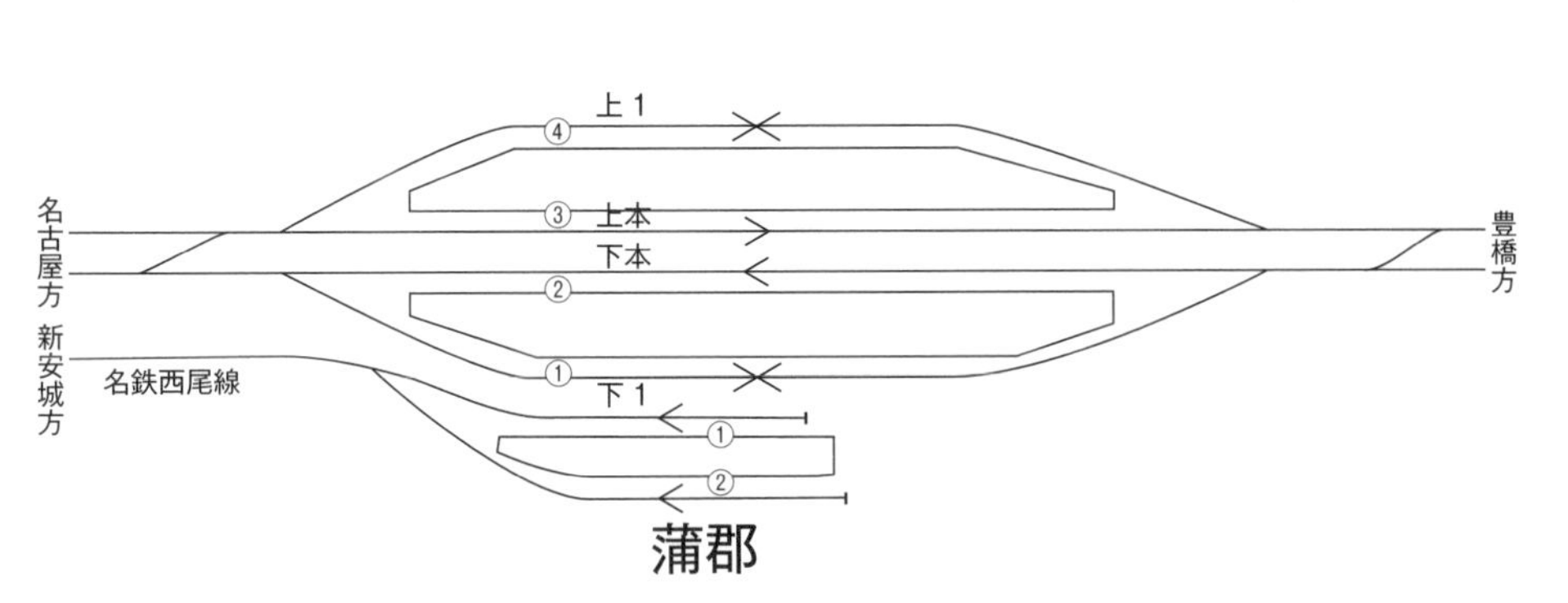

豊橋寄りからみた愛知御津駅

同・三河三谷駅

相見駅は下り線にだけ普通電
車の待避線がある

ない。

三河塩津―幸田間

三河塩津駅と三ヶ根駅は相対式ホーム２面２線である。

幸田駅は島式ホーム１面で下り本線の海側に下り１番線と下り２番線、上り本線の山側に上り１番線がある。副本線はすべて貨物着発線にしたので名古屋寄りを延ばして１３００ｔ牽引の貨物列車が停車できるようにしている。

相見駅は平成24（２０１２）年3月に開業した新駅で下り線に待避線がある。

岡崎

岡崎駅では愛知環状鉄道と接続する。愛知環状鉄道は元国鉄岡多線だった。岡多線は岡崎―多治見間を結ぶ路線として改正鉄道敷設法の予定線として取り上げられ、これらを敷設する鉄道建設公団は岡崎―瀬戸市間だけを建設した。瀬戸市駅からは高蔵寺、勝川を経て枇杷島・稲沢までの瀬戸線と接続することで瀬戸線も建設した。

しかし国鉄時代に開通したのは岡崎―新豊田間だけで、分割民営化後はＪＲ東海が承継したが、愛知県などによって愛知環状鉄道を設立して、未開通区間のうちの新豊田―

豊橋寄りから見た幸田駅。横切っているのは東海道新幹線

高蔵寺間とともに同鉄道が引き継いだものである。

　愛知環状鉄道になってからも東海道本線との分岐部まで同線上り線を通っていた。愛知環状鉄道の下り列車も岡崎駅から分岐点まで東海道本線の上り線を通るために逆線運転していた。東海道本線との交差支障をなくすために愛知環状鉄道の電車が発着する0番線から東海道本線上り線に並行して愛知環状鉄道の線路を平成16（2004）年11月に増設した。

　山側の片面ホームの0番乗り場が愛知環状鉄道の発着線で東海道本線との接続線は撤去した。次にJR東海の4番乗り場が上り1番線、3番乗り場が上り本線、2番乗り場が下り本線、1番乗り場が下り1番線、その隣に下り2番貨物着発線がある。

　豊橋寄りの上下線間に逆渡り線、名古屋寄りに逆渡り線と順渡り線があって、1番乗り場と4番乗り場は名古屋方面と

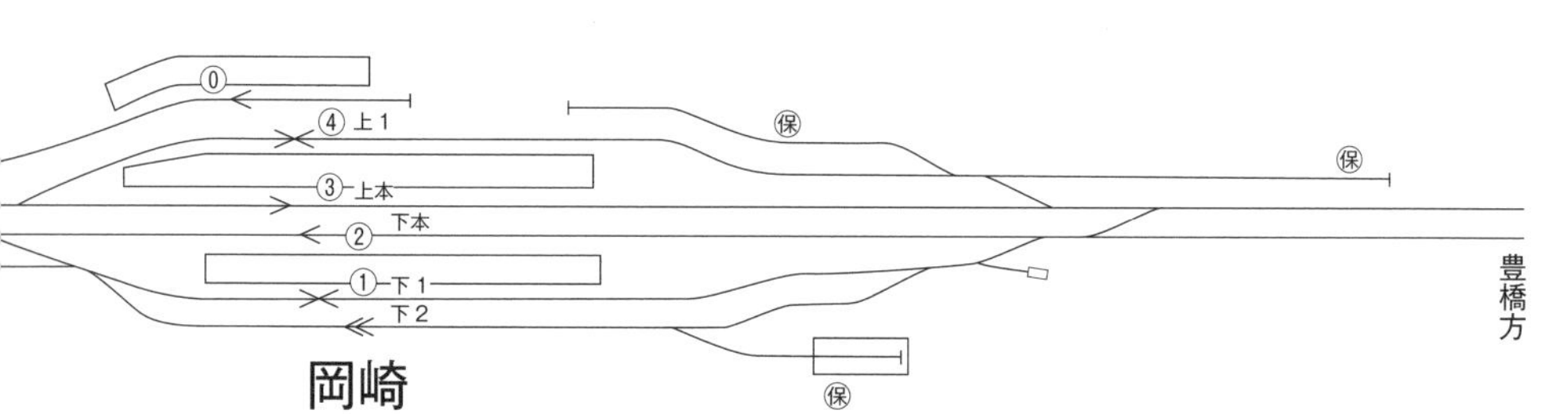

豊橋方面の両方向に出発でき、名古屋方面から1番乗り場に入線できる。岡崎折り返しの名古屋方面行は1番乗り場または4番乗り場から発車する。快速・新快速・特快を普通は副本線に停車して待避する緩急接続を行っている。

岡崎駅を出ると上下本線と愛知環状鉄道の単線の上下本線の3線が並行するが、上り本線から愛知環状鉄道への連絡線と電留線2線が分かれる。分かれてすぐに上り本線は高くなって、愛知環状鉄道連絡線と立体交差をする。もともとこの連絡線が愛知環状鉄道の本線だった。

国鉄岡多線は昭和45（1970）年11月に北野升塚駅にあるトヨタ専用線から自動車輸送の車扱貨物列車が走る貨物線として開業、旅客輸送は昭和51年4月から開始した。そして59年1月に車扱貨物を廃止した。その後、愛知環状鉄道と東海道本線上り線とは分離したので不要になった。しかし、愛知環状鉄道の新車の搬入の甲種輸送があるために機留線とともに残している。

西岡崎駅は相対式ホーム2面2線である。

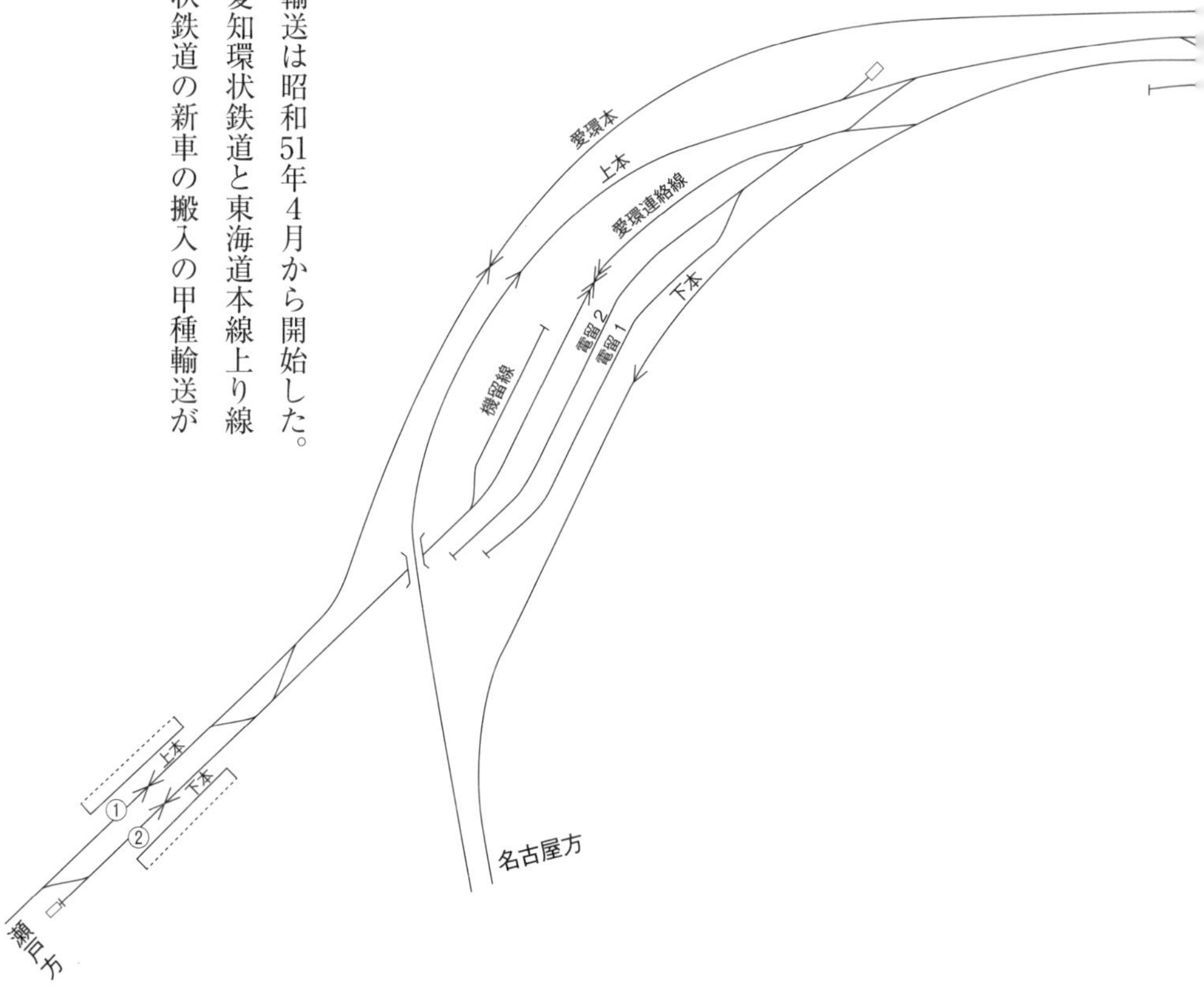

愛環本
上本
愛環連絡線
下本
電留2
電留1
機留線
上本
下本
①
②
名古屋方
瀬戸方

安城

安城駅はもともと島式ホーム1面2線の両外側に貨物着発線、それに貨物側線が山側に2線、海側に1線あるとともに貨物積載荷役線や機待線、機折線があり、名古屋寄り・豊橋寄りとも逆渡り線があった。

国鉄分割民営化直前の昭和62（1987）年3月に貨物着発線に面して片面ホームを設置して海側の片面ホームを下り1番線の1番乗り場、山側の片面ホームを上り1番線の4番乗り場にした。さらにその後、下り1番線と上り1番線は1300t牽引対応するため待避線の有効長を名古屋寄りに伸ばした。そこには残っていた側線群などがあったのでこの側線跡を流用した。

このとき豊橋寄りの上下逆渡り線を撤去、残っていた側線群も名古屋寄りの機待線2線を残して撤去された。名古屋寄りにある上下線間の逆渡り線は非常用である。

下り1番線と上り1番線のホームは短く上下本線の島式ホームと離れているため、快速などが停車追い越しをしても乗り換えが面倒である。そのため1日1本だけ上り普通が上り1番線の4番乗り場に停車するだけ、下り1番線は1本も停車しない。

次の三河安城駅は新幹線との連絡駅だが、普通しか停まらず相対式ホーム2面2線の単純な駅である。しかも駅員無配置の無人駅である。

東刈谷、野田新町駅は相対式ホーム2面2線である。

刈谷

名鉄三河線と連絡する刈谷駅は島式ホーム2面4線のすっきりした配線になっている。1番乗り場である下り1番線は名古屋寄りに、4番乗り場である上り1番線は豊橋寄りに

安城

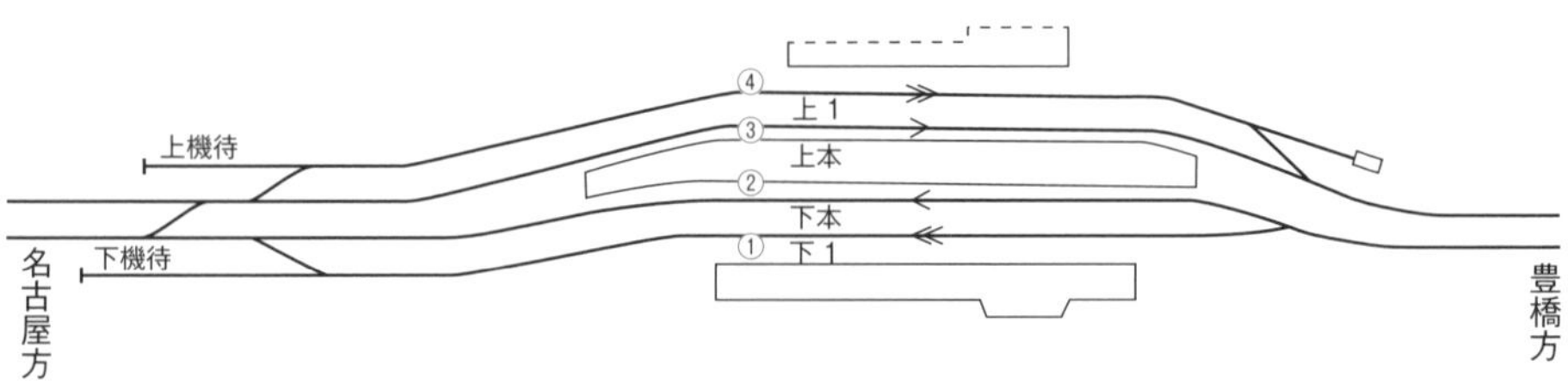

上機待
下機待
名古屋方
④ 上1
③ 上本
② 下本
① 下1
豊橋方

線路を延ばして1300t牽引の貨物列車が待避できるようにしている。また、普通が快速・新快速・特快を待避して緩急接続を行っている。

現在、上下ホームとも拡幅工事中で、下り1番線の新しい線路が海側に敷設されている。元来、貨物取扱駅であり、豊田自動織機などの専用線と接続していた。また、名鉄三河線との貨物授受も行っていたので多数の貨物側線があった。多くの側線は売却されたが、名鉄との授受線跡は放置されたままになっていた。この用地などをホーム拡幅用地に流用することにした。

現在、名鉄とはレールがつながっていない。名鉄は島式ホーム1面2線で碧南寄りは複線、知立寄りは単線となり知立寄りで東海道本線を乗り越している。

次の逢妻駅は相対式ホーム2面2線である。

大府

大府駅で武豊線と接続する。武豊線の東浦駅で衣浦臨海鉄道碧南線、東成岩駅で同鉄道半田線と接続する。衣浦臨海鉄道は貨物鉄道なので、武豊線には貨物列車が走る。このため大府駅の海側に5線の貨物着発線、1線の機回線、4線の機留線がある。

豊橋寄りで上り線の旅客本線から貨物本線が山側に分かれる。その先で下り本線から海側へ貨物本線が分かれる。上りの貨物本線は盛土になって上下旅客本線を斜めに立体交差して、下り貨物本線と並行する。

単線の武豊線も、武豊旅客上下本線と武豊貨物上下本線とに分かれる。武豊旅客上下本線も盛土になって、東海道本線の下り貨物本線と上り貨物本線、そして下り旅客本線を斜めに立体交差する。

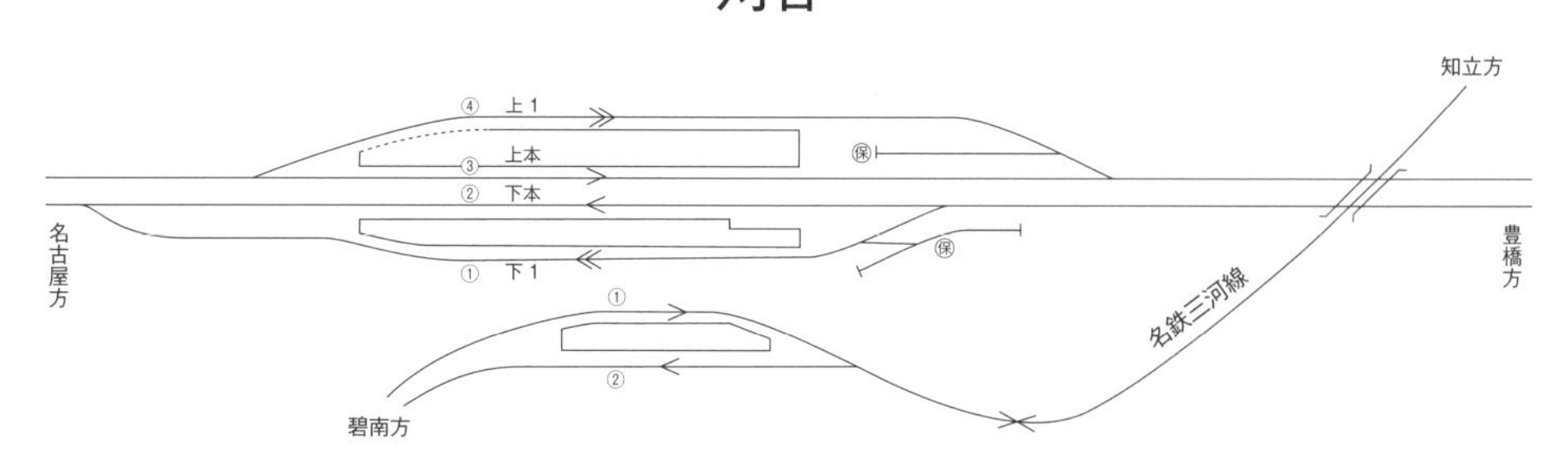

駅中心部では1面の片面ホームと2面の島式ホームがあり、片面ホームに面した1番乗り場が東海道上り本線、次の島式ホームの山側の2番乗り場は武豊上り本線、海側の3番乗り場は武豊下り本線となっている。海側の島式ホームの山側が4番乗り場の東海道下り本線、海側の線路は貨物下り本線着発線にしているので貨物本線とホームとの間には柵が設置されている。

貨物着発線は貨物下り本線の次に貨物1～4番線の5線がある。貨物本線と貨物1、2番線は武豊・豊橋方面と名古屋方面の両方面に出発できる。貨物3、4番線は名古屋方面にしか出発できない。次に機回線、そして4線の機留線が並ぶ。

東京方面―武豊線間を走る貨物列車は貨物2～4番線に停車して、機関車は機回線を通って付け替えをしてスイッチバックする。このため豊橋寄りに引上線、名古屋寄りに機待線がある。貨物下り本線は主として下り貨物列車が通り抜け、貨物1番線は上り貨物列車が通り抜ける。また名古屋寄りで貨物上下本線

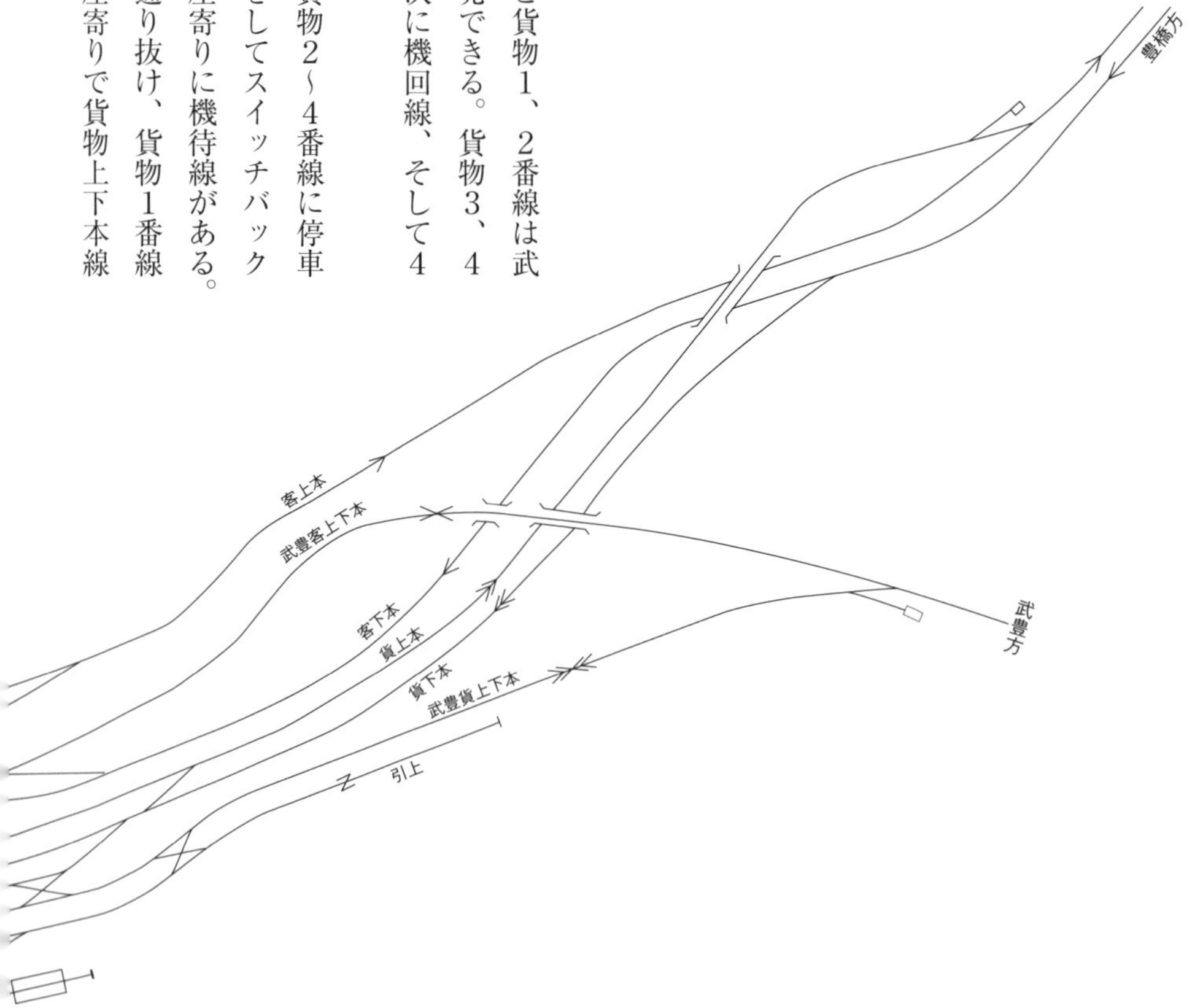

1線になって旅客線と少しの間並行してから、旅客線下り線に合流、そしてすぐに上り線への順渡り線があり、上り貨物列車はこの渡り線で転線して貨物着発線群に向かう。

名古屋寄りで上り貨物列車は下り旅客線にいったん入ってから貨物着発線に向かっているが、当初の計画では旅客線と並行して複線の貨物線を設置して笠寺駅まで貨客分離の複々線にする予定だった。そして笠寺駅で南方貨物支線を建設して別ルートで名古屋駅に向かう予定だった。しかし、この計画は頓挫してしまい、旅客線との間に平面交差で分岐合流する今の配線になった（『幻の鉄路を追う・西日本編』参照）。

旅客線の1、4番乗り場は東海道本線の上下電車が発着または通過する。2、3番乗り場は東海道本線の名古屋方面直通を含む武豊線の電車と東海道本線の待避電車が発着する。また、3番乗り場は名古屋方面から大府駅折返電車が発着する。

共和—大高間

共和駅は上り本線が片面ホームに

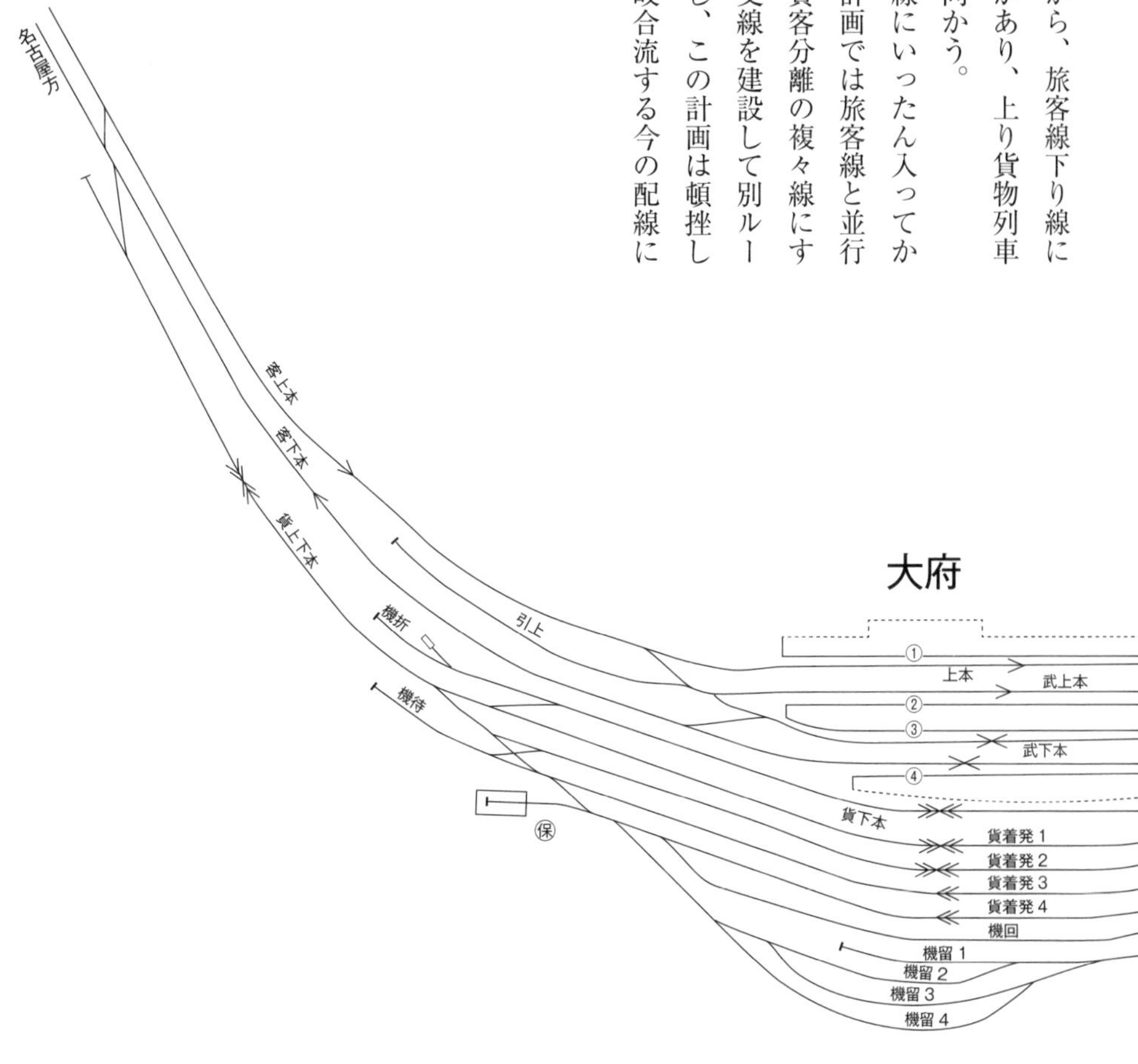

豊橋寄りから見た共和駅。左側に貨物用の複線増設用地が残っている

南大高駅も下り線にだけ普通電車の待避線がある

大高駅は島式ホーム。右は並行している東海道新幹線

大高駅の名古屋寄りの天白川橋梁は新しく貨物路盤上に架け替えられたので線路は海側にシフトしている

面したJR形配線で、中線は上下貨物着発ができるように長くしている。

南大高駅は下り線にだけ普通電車用の待避線がある。このため下り線側は島式ホーム、上り線側は片面ホームになっている。下り1番線が1番乗り場、下り本線が2番乗り場、上り本線が3番乗り場で、下り1番線は普通電車の待避用なので長くしていない。

大高駅は島式ホーム1面2線である。

笠寺

笠寺駅は貨物鉄道の名古屋臨海鉄道東港線との中継駅である。名古屋臨海鉄道東港線が開通したのは昭和40（1965）年8月であり貨物列車の授受を行っていた。また、大同特殊製鋼星崎工場や三井東圧化学（現三井化学）名古屋工場、住友セメント（現大阪住友セメント）、帝人名古屋工場の各専用線が接続していて車扱貨物列車の発着もあったが、一般貨物の荷役はほとんどしていなかった。貨車の仕訳ヤード設備もなかった。

現在は名古屋臨海鉄道との貨物列車の授受を行っているだけだが、基本的な配線は昭和50年代とほとんど変わっていない。

山側に新幹線が並行しており、東海道本線の上り本線との

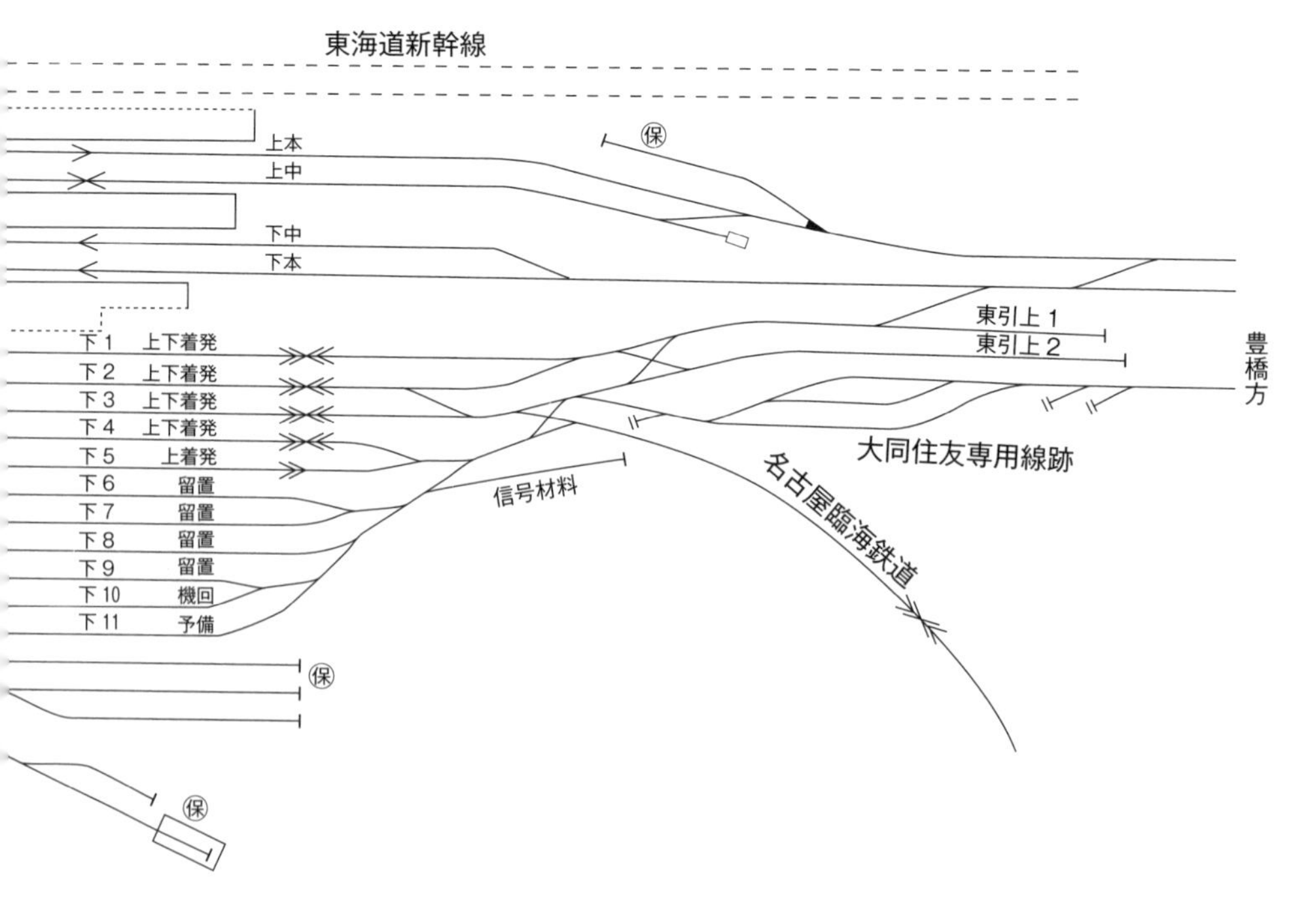

間に片面ホーム、上り中線と下り中線に囲まれて島式ホーム、そして下り本線に面した片面ホームがある。上下中線での普通列車の待避は少なく、貨物列車の着発線として使われることが多い。

下り本線に面した片面ホームの裏側、山側に5線の着発線がある。下り1番線から下り4番線までが両方向に発着できる上下着発線、下り5番線は豊橋方面と名古屋臨海鉄道方面に発車できる。また、全着発線は上下の東海道本線と名古屋臨海鉄道から入線が可能である。

着発線の海側に下り6～9番線の留置線、下り10番線の機回線があり、下り11番線は予備側線になっている。そのさらに海側には保守用車両の側線群がある。

貨物ヤードの豊橋寄りには2線の機折線を兼ねた引上線、その海側には雑草で覆われた大同・住友セメントの専用線が残っている。しかし、豊橋寄りに少し進んだところで線路は途切れている。その先は路盤だけ残って海側に大きくカーブして東海道本線と分かれていき、元の専用線ヤード群は公園などに整備されて昔の面影はない。

名古屋寄りでは機待線、機折線、下り引上線があるとともに、東海道線上下線の間に東港連絡線と称した着発線が置かれている。名古屋方面から名古屋臨海鉄道東港線に入る貨物

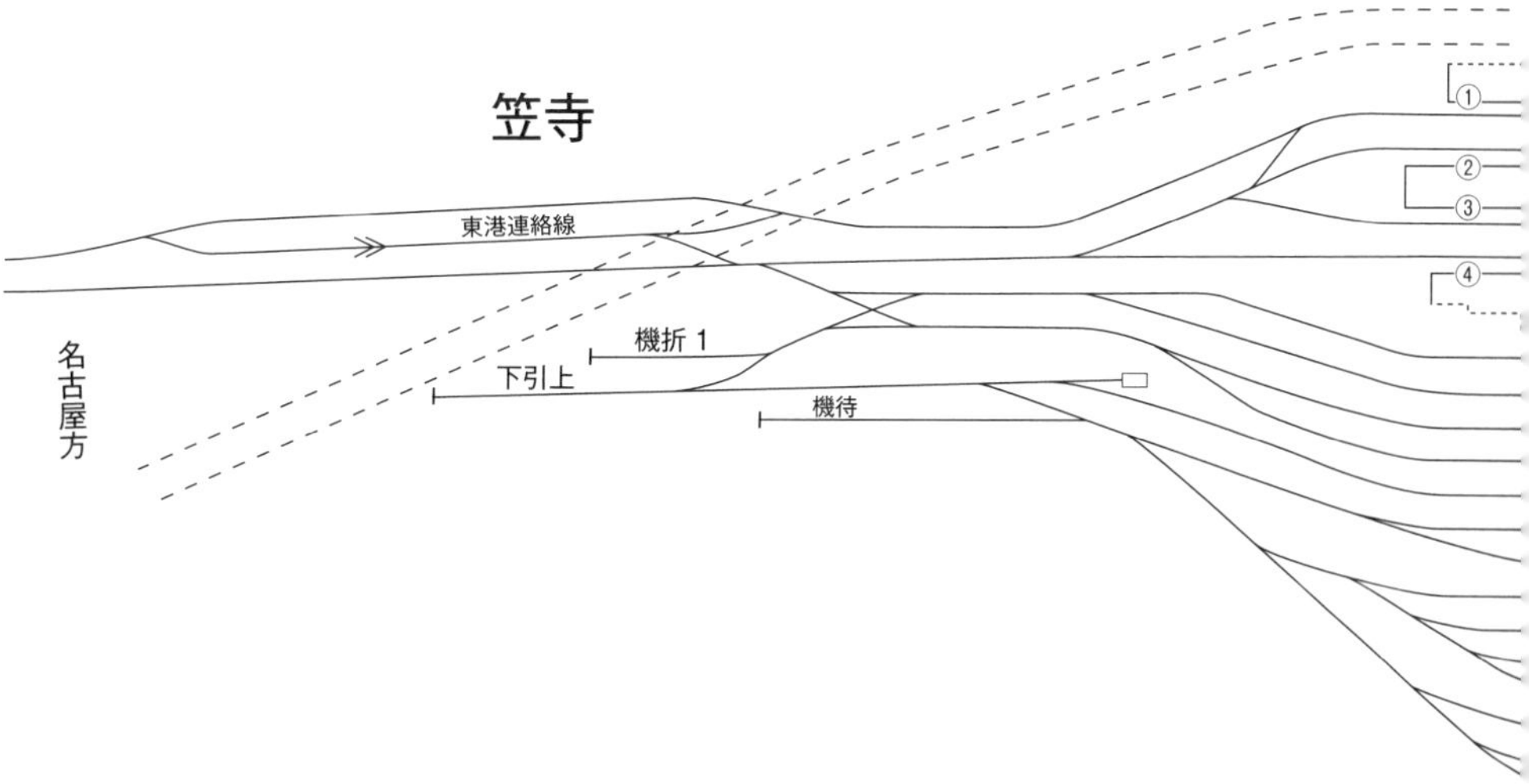

笠寺
東港連絡線
機折１
下引上
機待
名古屋方
①
②
③
④

列車は、一度、この東港連絡線に入って、下り列車がやってこないのを確認してから着発線群に入る。着発線に入るとJR貨物の機関車から名古屋臨海鉄道の機関車に付け替えてから名古屋臨海鉄道に入っていく。また、名古屋臨海鉄道からJR線に入る場合も機関車の付け替えを行う。

名古屋寄りにある機折線や下り引上線の端部の先で東海道新幹線が斜めに乗り越していく。また、建設が中止された南方貨物線の路盤が東海道本線と少しの間並行してから高架橋になって分かれて東海道新幹線をくぐって、同新幹線の海側を並行するようになる。

しかし、高架橋は全区間にわたってできておらず、ところどころ途切れている。さらにほとんどが売却され撤去されている個所もある。ただし撤去せずに購入すると安くなるのでそのままにしているところが多い（『幻の鉄路を追う・西日本編』参照）。

熱田

熱田駅は島式ホーム2面8線で山側に留置線が2線置かれている。2面の島式ホームの内側の2番線が下り本線、3番線が上り本線、海側の1番線が下り1番線、続いて着発留置線の下り2、3番線がある。下り3番線の海側にホームがあるが、これは手荷物積載用の業務用ホームだったので一般客用の階段はない。上り1番線の山側に着発留置線の上り2、3番線がある。

下り2、3番線は通り抜け式になっているが、出発は名古屋方面しかできない。山側の上り2、3番線の豊橋寄りは行き止まりになっている。これら着発留置線

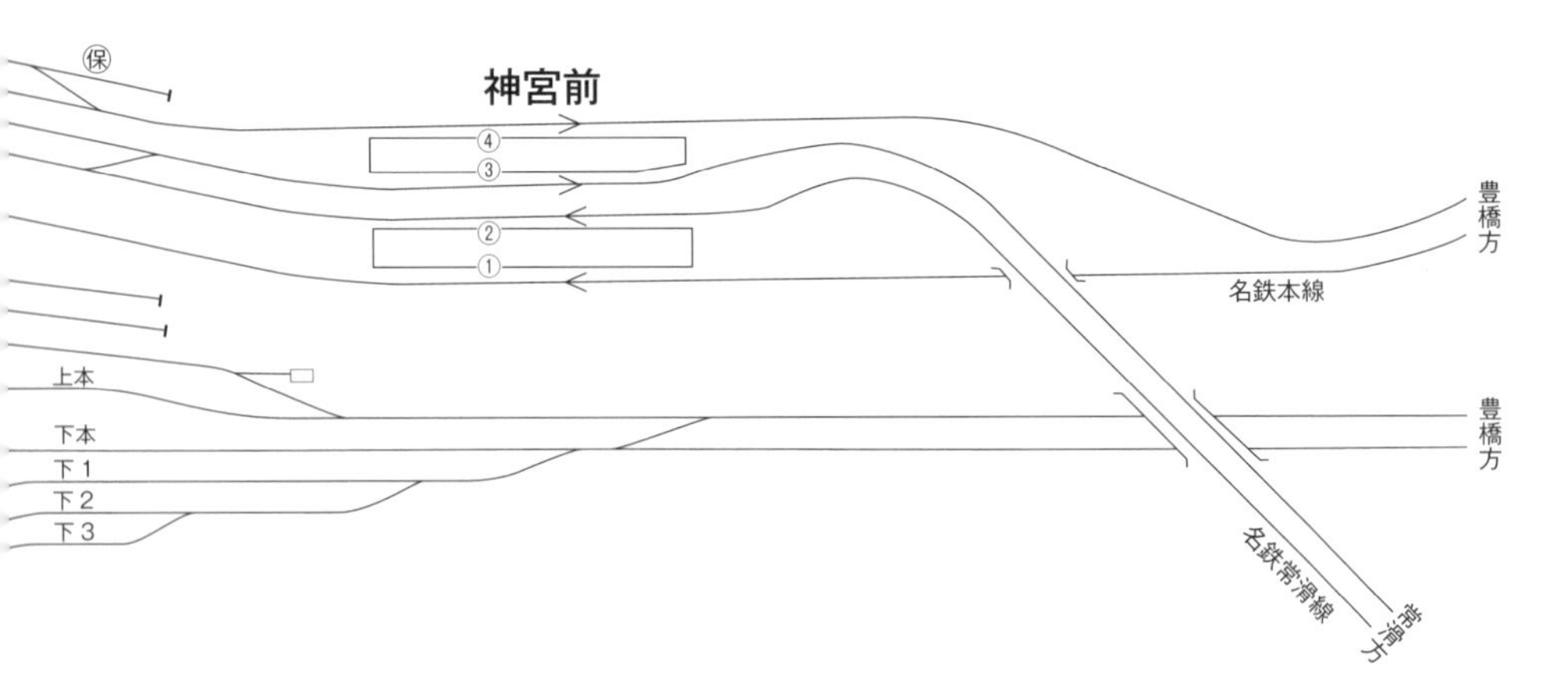

は名古屋駅の引上線が満線状態になることが多く、そのときに熱田駅まで回送されて留置される。

下り1番線と上り1番線は1300t牽引貨物列車が着発できる。また、上下線間に中線があったが撤去されている。このため上下本線間の間隔が広くなっている。

熱田駅の手前で名鉄常滑線が斜めに乗り越している。常滑線は本線と合流してJR熱田駅の南側に名鉄神宮前駅が置かれている。しかし、熱田駅と連絡駅にはなっていない。

神宮前駅は島式ホーム2面4線で次の金山駅まで東海道本線と並行しながら方向別複々線で進む。東海道本線は複線なので私鉄の名鉄本線に圧倒されている感がする。

金山―山王信号場間

金山駅は中央に島式ホーム2面4線の名鉄本線の駅があり、海側に島式ホーム1面2線の東海道本線、山側に島式ホーム1面2線の中央本線が並んでいる。

名鉄本線のホームがやや豊橋寄りにある。中央本線は名鉄本線のホームの途中から急カーブで合流するので名鉄本線とくらべて名古屋寄りにずれている。東海道本線のホームも名鉄本線のホームより少し名古屋寄りから始まり、中央本線よりも手前でホームはなくなっている。中央本線は20m車12両編成、東海道本線は20m車11両編成、名鉄本線は19m車10両編成対応のために、ホームの終端がずれているのである。

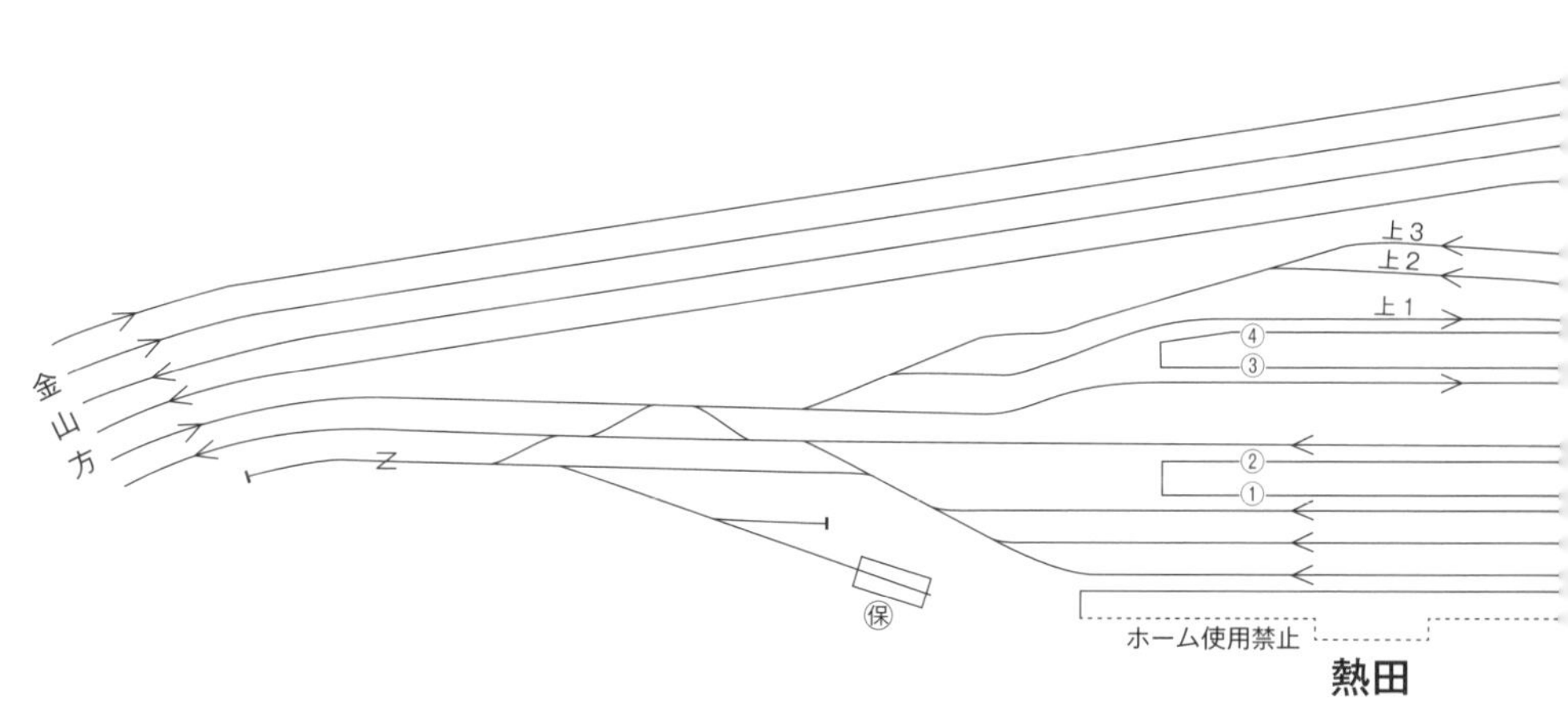

また、名鉄本線は名古屋寄りで複々線から複線になる。このため、上下線間に引上線が2線置かれている。

中央に名鉄本線があるため、JRの東海道本線と中央本線を結ぶ改札内コンコースは広くなっているとともに途中に名鉄との連絡改札口がある。JRの外への改札口は中央本線側のホームの上にある。地下鉄名城線・名港線が地下で直交している。地下鉄との連絡改札口はJR、名鉄ともない。

尾頭橋(おとうばし)駅は東海道本線だけに島式ホーム1面2線がある。名古屋寄りで中央本線は名鉄と東海道本線を斜めにくぐって海側で並行するためにホームを設置していない。名鉄本線は中央本線を乗り越した名古屋寄りに山王駅がある。

開設当初も山王の駅名だったが、中日球場前に改称、さらにナゴヤ球場前に改称したがナゴヤドーム球場が大曽根駅に隣接してできたために再び山王駅に改称している。

そこの中央本線には山王信号場があり、東海道支線の名古屋港線が合流している。もともとは名古屋駅からいずれも単線の名古屋港線と中央本線が並行していたが、中央本線の複線化のときに名古屋港支線の線路を下り線(中央西線だけで見た運転上は上り線)に転用してその分岐部を山王信号場にしたものである。

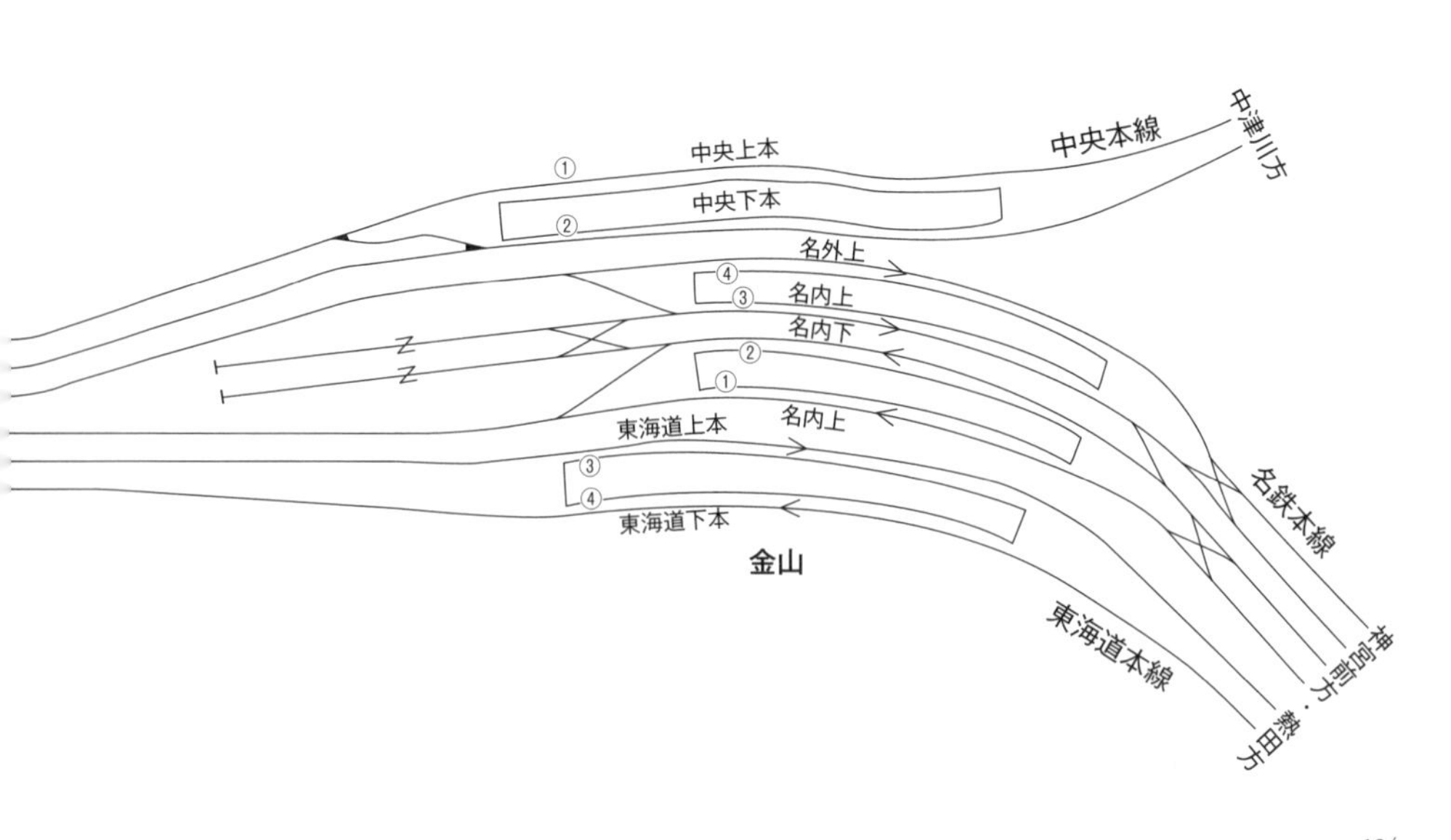

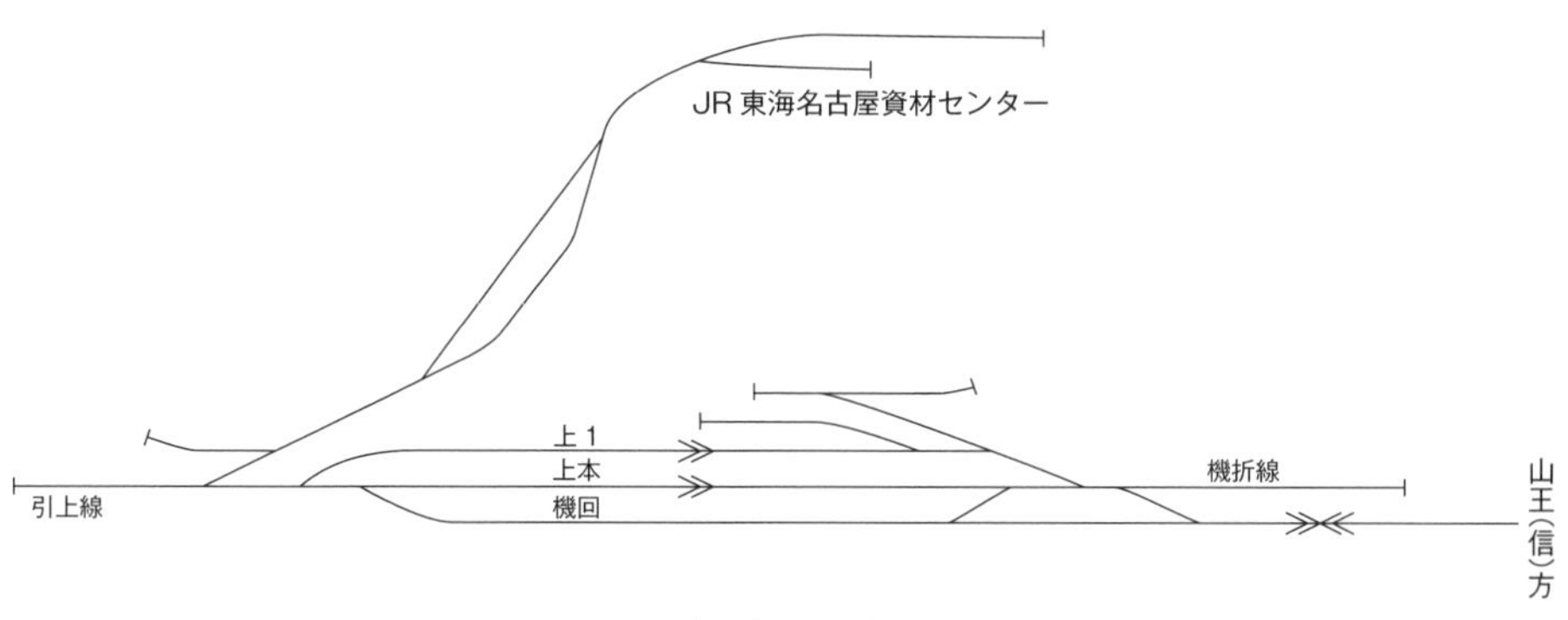

名古屋港駅

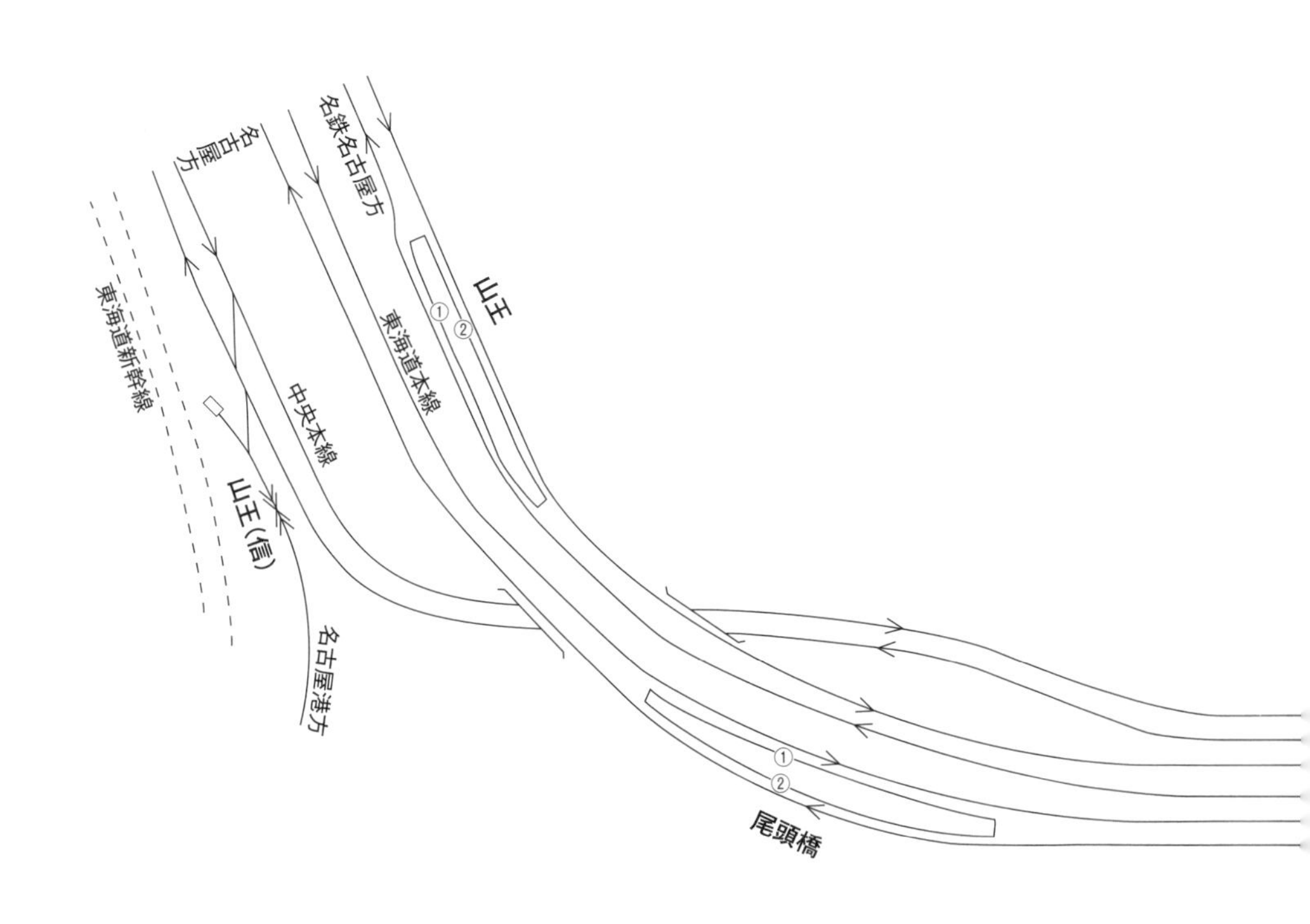

金山―山王信号場間

名古屋港

東海道支線の名古屋港線は山王信号場から名古屋港（なごやみなと）まで伸びている。名古屋港駅はＪＲ東海の名古屋資材センターがあり、ときおりレールを輸送していたが、それも廃止したので、令和6年4月に全線を廃止する。

途中に行き違い用の八幡信号場があった。以前は同信号場から白鳥（貨物）駅、名古屋市場前駅への白鳥線が分岐していたが、白鳥線が廃止され、その後行き違い設備は撤去され棒線化された。それでも山王信号場寄りは自動閉塞、名古屋港寄りはタブレット閉塞のために八幡信号場で貨物列車は一旦停止する。

名古屋港駅も荷役線など多数の側線や専用線が分岐していたが、現在は2線の着発線と1線の機回線だけになっている。これらの線路は収束して引上線があり、そこからＪＲ東海の名古屋資材センターへの専用線が分かれている。

全盛期には名古屋港駅には多数の荷役線や仕訳線による貨物ヤードがあり、さらに堀河口駅まで3・4km伸びていた。堀河口駅にも多数の貨物ヤードがあった。なお、地下鉄名港線の名古屋港駅は「なごやこう」と読む。

まもなく廃止される名古屋港駅

名古屋

名古屋駅には関西本線と中央本線のほかに、名古屋臨海高速鉄道あおなみ線と接続する。関西本線は名古屋駅が起点、中央本線は終点となっているが、ＪＲ東海所属の中央西線として見ると名古屋駅を起点として扱っており、塩尻方面を下り、名古屋行を上りとして案内している。

岐阜寄りで東海道本線は稲沢駅まで旅客線と貨物線（通称稲沢線）による複々線になっている。名古屋駅で稲沢線は単線になり、あおなみ線の名古屋駅から金城ふ頭方は複線に戻る。

あおなみ線が開業する前は東海道支線でＪＲ東海の西名古屋港線だった。そこをＪＲ貨物が第２種鉄道として名古屋貨物ターミナルまで乗り入れていた。あおなみ線の開業後は名古屋臨海高速鉄道が第１種鉄道事業者になり、ＪＲ貨物は第２種鉄道事業者として引き続き貨物列車を走らせている。

旅客線は島式ホーム６面13線だが、北側の１番線は地下で直交するリニア中央新幹線の工事のために使用停止中である。岐阜寄りのホーム

豊橋寄りから見た名古屋駅

の先で線路が途切れている。中央新幹線の名古屋駅はオープンカット工法で工事中のために、各線路とも岐阜寄りでガーター橋による仮橋を通っている。

1番乗り場は前述したようにリニア中央新幹線の工事のために使用停止中だが、線路名は東海道上り1番線となっている。続く2番乗り場は東海道上り本線、3番乗り場は東海道上り中線、4番乗り場は東海道下り中線、5番乗り場は東海道下り1番線、6番乗り場は東海道下り本線、7番乗り場は中央下り本線、8番乗り場は中央上り本線である。

9番乗り場はなく、線路番号9番線があり、ホームに面していない貨物線である。中央本線の山王信号場から分岐する名古屋港線の通過用として線路名は臨港線となっている。もともと名古屋港線は名古屋臨港線と呼ばれていたので国鉄時代からの線路名を引き継いでいる。岐阜寄りにも臨港線は伸びていて稲沢線と合流している。

10番乗り場は中央上り1番線である。中央本線関係は名古屋起点として線路名を付けている。

11番乗り場は関西線下り本線、12番乗り場は関西線上り本線、13番乗り場は関西線上り1番線である。12、13番乗り場に面しているホームは他よりも短い。その次に名古屋車両区の入出区線が2線、そして単線の稲沢線がある。稲沢線は金城ふ頭寄り

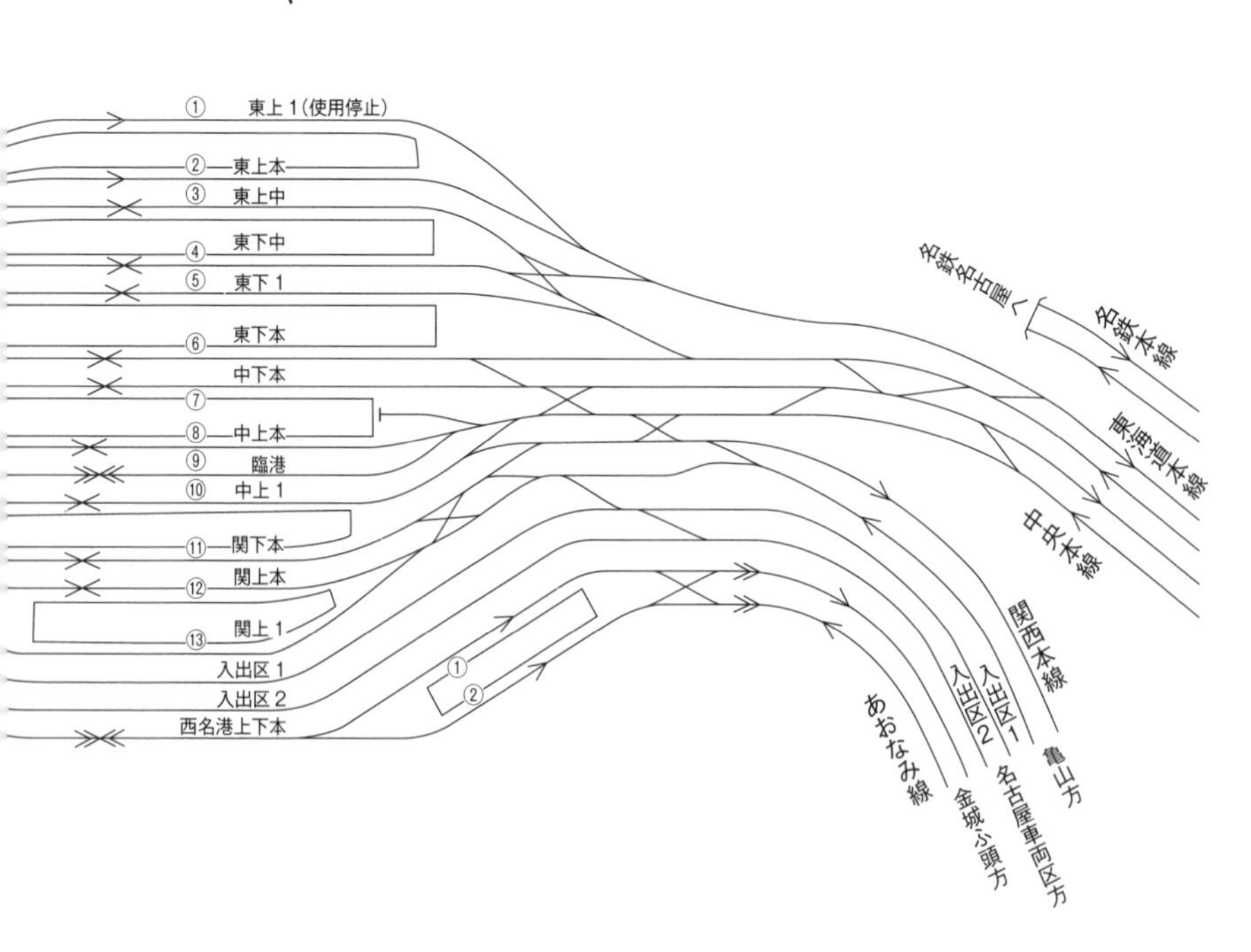

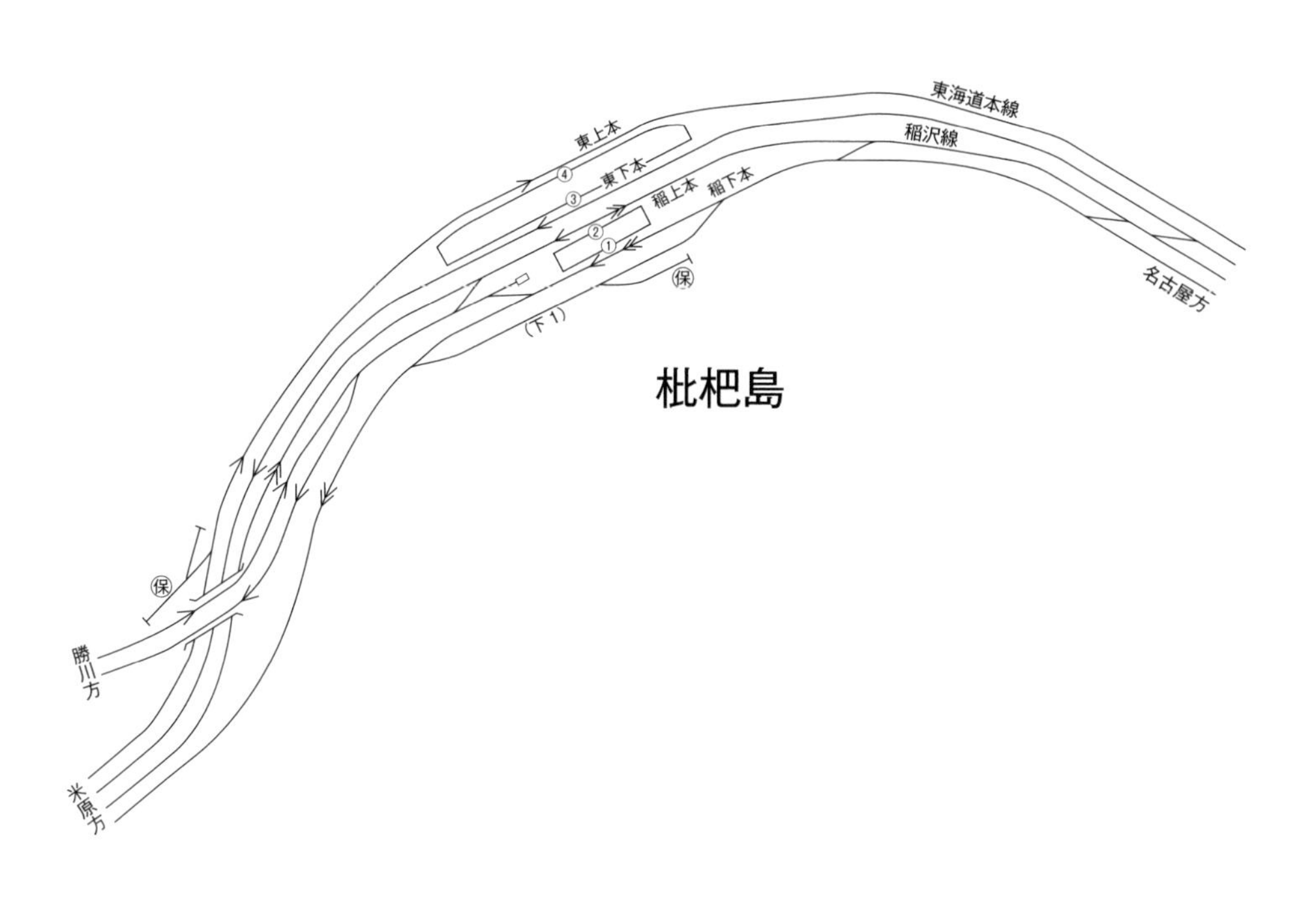
東海道本線
稲沢線
東上本
東下本
稲上本
稲下本
④
③
②
①
保
(下１)
名古屋方
枇杷島
保
勝川方
米原方

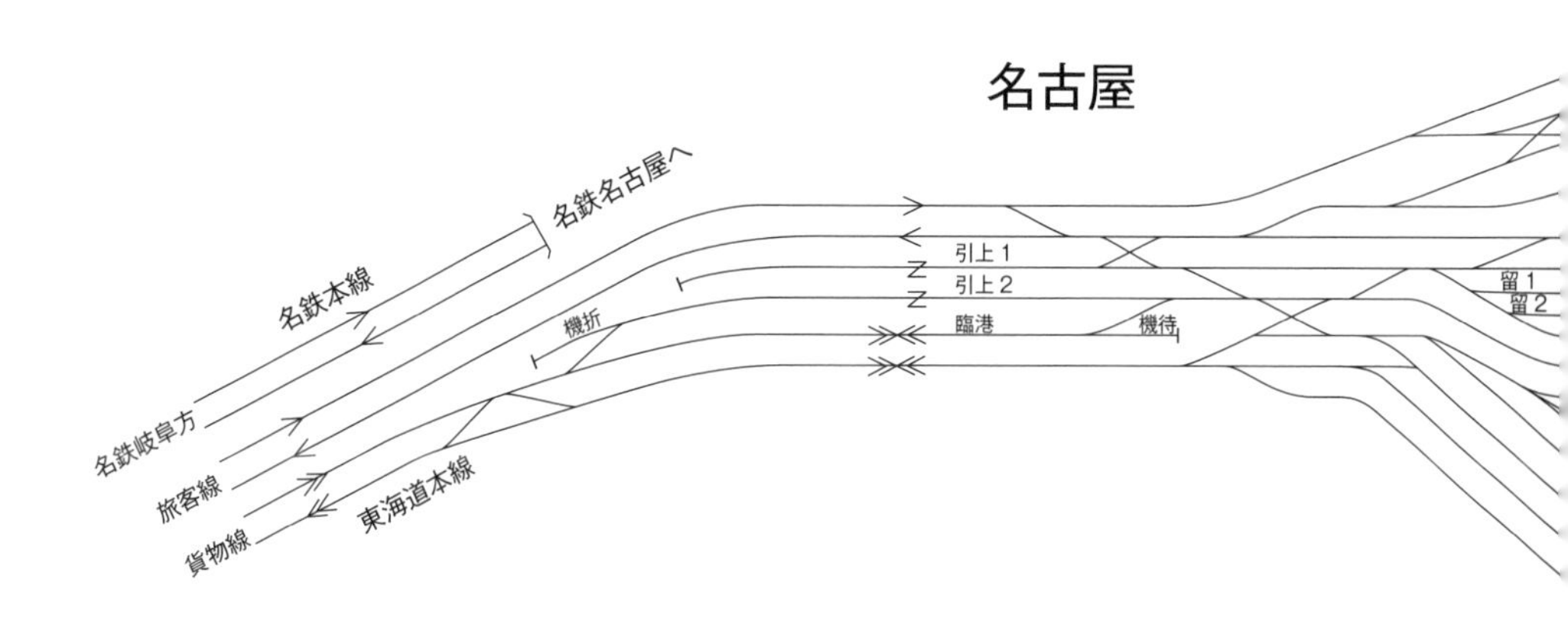
名古屋
名鉄名古屋へ
名鉄本線
名鉄岐阜方
旅客線
貨物線
東海道本線
引上１
引上２
臨港
機折
機待
留１
留２

であおなみ線のホームに入るために複線になる。

1～4番乗り場から関西本線とは出入りすることはできない。6～13番乗り場からは東海道本線、中央本線、関西本線のすべての線路と出入りできる。

7、8番乗り場のホームの岐阜寄りには3両編成対応で岐阜寄りから入線できる留置線が2線あり、さらに各線が収束していく途中の岐阜寄りには12両編成対応の引上線2線と臨港線1線がある。引上2番線の岐阜寄りに機待線、臨港線の名古屋駅構内寄りに機待線がある。JR東海には客車列車はなく国鉄時代のまま残っているだけで使用されてない。

引上1番線の先で順・逆二つの渡り線があって稲沢線は複線になり、ここから貨客分離の複々線になる。

山側に名鉄本線が並行するが、名鉄名古屋駅は地下にあるために、名鉄本線はJRの名古屋駅の前後で地下にくぐっていく。また、海側では新幹線が並行している。

枇杷島

名古屋駅を出ると旅客線と貨物線（以下稲沢線）、新幹線、名鉄本線が並行する。名鉄本線は名鉄名古屋駅から1・9㎞離れた栄生駅の先で右カーブして分かれる。他の路線はともに庄内川を渡る。その先でさっき分かれた名鉄本線が直交する。名鉄本線には西枇杷島駅がある。

そして東海道本線は枇杷島駅となる。枇杷島駅ではJR東海の100％子会社の東海交通事業の城北線が稲沢線から分岐接続する。

このため稲沢線の上下線間に3両編成対応の短い島式ホームがある。東海道旅客線も島式ホームだが10両編成に対応しているので長い。

五条川信号場

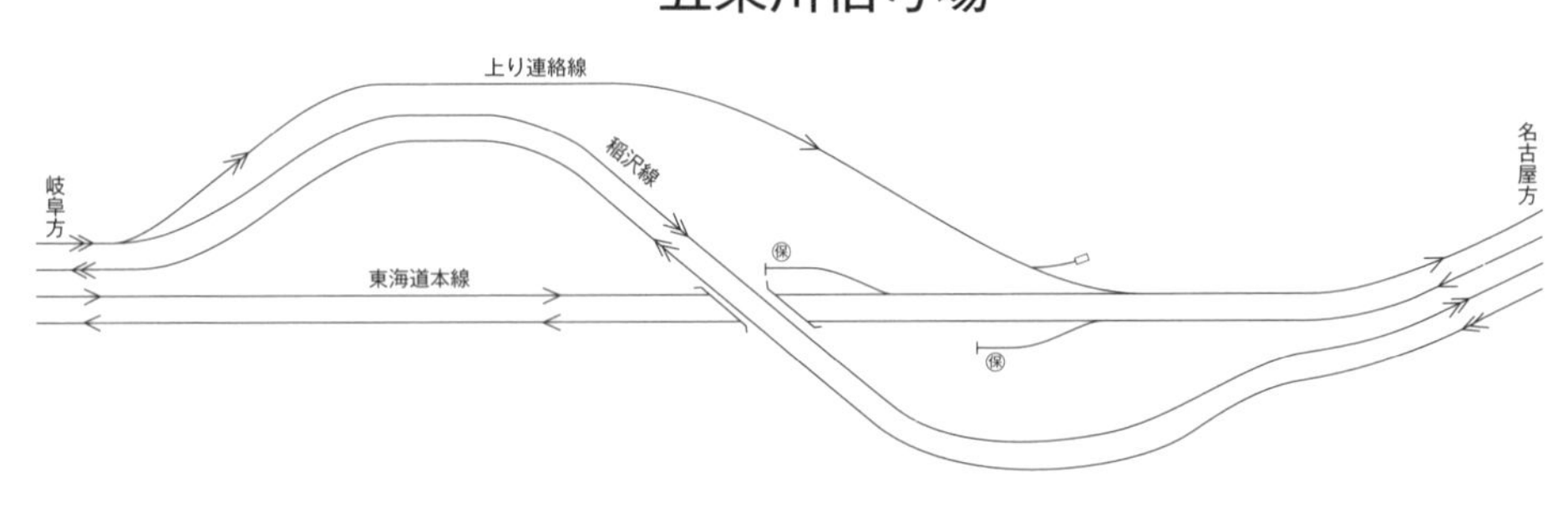

海側から1番乗り場になっていて1番乗り場は稲沢下り本線、2番乗り場は稲沢上り本線、3番乗り場は東海道下り本線、4番乗り場は東海道上り本線である。1番乗り場の海側には下り1番線があるが、そこから専用線が伸びていて貨物列車の授受線だった。それをそのまま残した側線なので保守車両の留置に使われるが営業列車の発着はできない。

城北線の列車は1、2番乗り場から発着するので、城北線への出発可否の出発信号機と城北線の勝川寄りには進入可否の場内信号機が上下線ともに設置されている。稲沢線を走る上下の貨物列車の合間を見て、1番乗り場か2番乗り場かのいずれかで発着する。

今後、モーダルシフト政策によって貨物列車の増発が予想されるので、その場合は遊休化している下り1番側線を稲沢下り本線にして、現1番乗り場を城北線発着用にする可能性がある。

稲沢駅を出ると稲沢線の上下線間に単線の城北線が分岐して、その先で複線になって、東海道本線上下線と稲沢上り線を乗り越して勝川方面に向かっていく。

五条川信号場・清州

枇杷島駅を出て２kmの地点に五条川信号場がある。その先で稲沢線は東海道本線を斜めに乗り越して山側を並行するようになる。山側で並行する地点の稲沢線上り線から旅客線の上り線に転線する連絡線が分かれ名古屋寄りで東海道本線上り線と合流する。この地点が五条川信号場である。

このため東海道本線の上り線にしか、この信号場はない。

清州駅の東海道本線は島式ホーム1面2線、稲沢線は上り1番線があって、上下貨物列車の待避用の上下着発副本線になっている。上り2、3番線は荷役線であり、臨時車扱貨

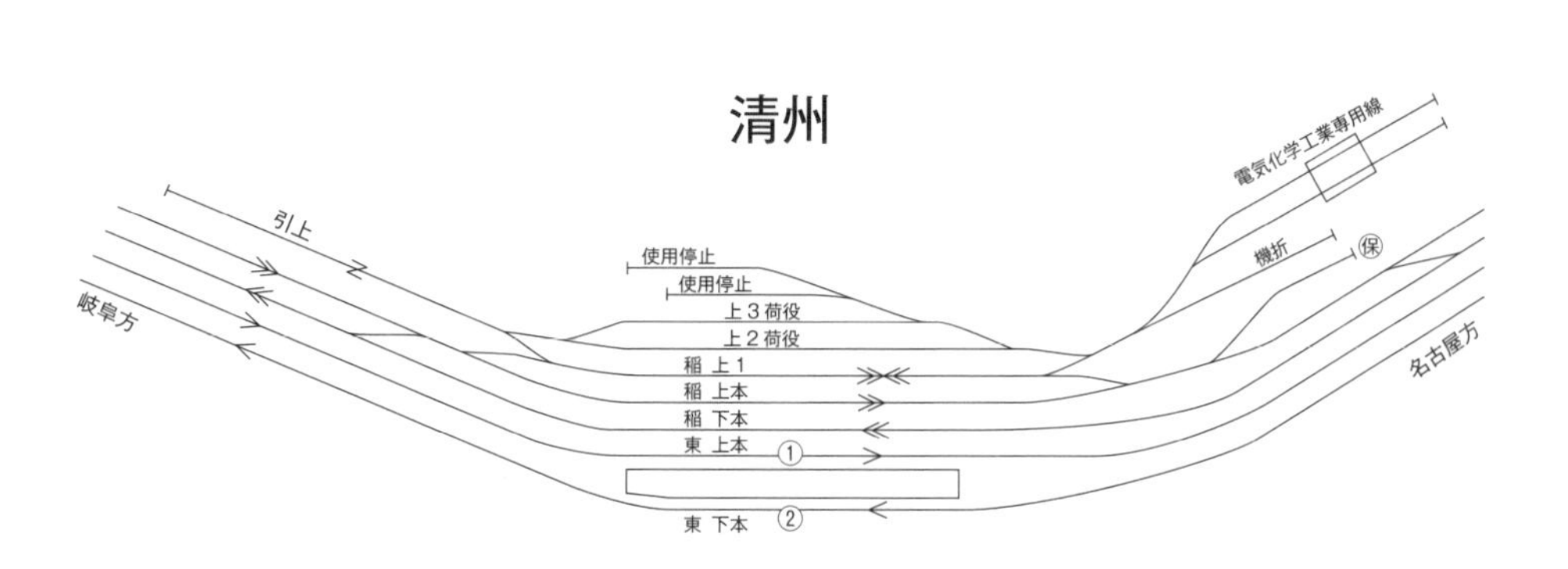

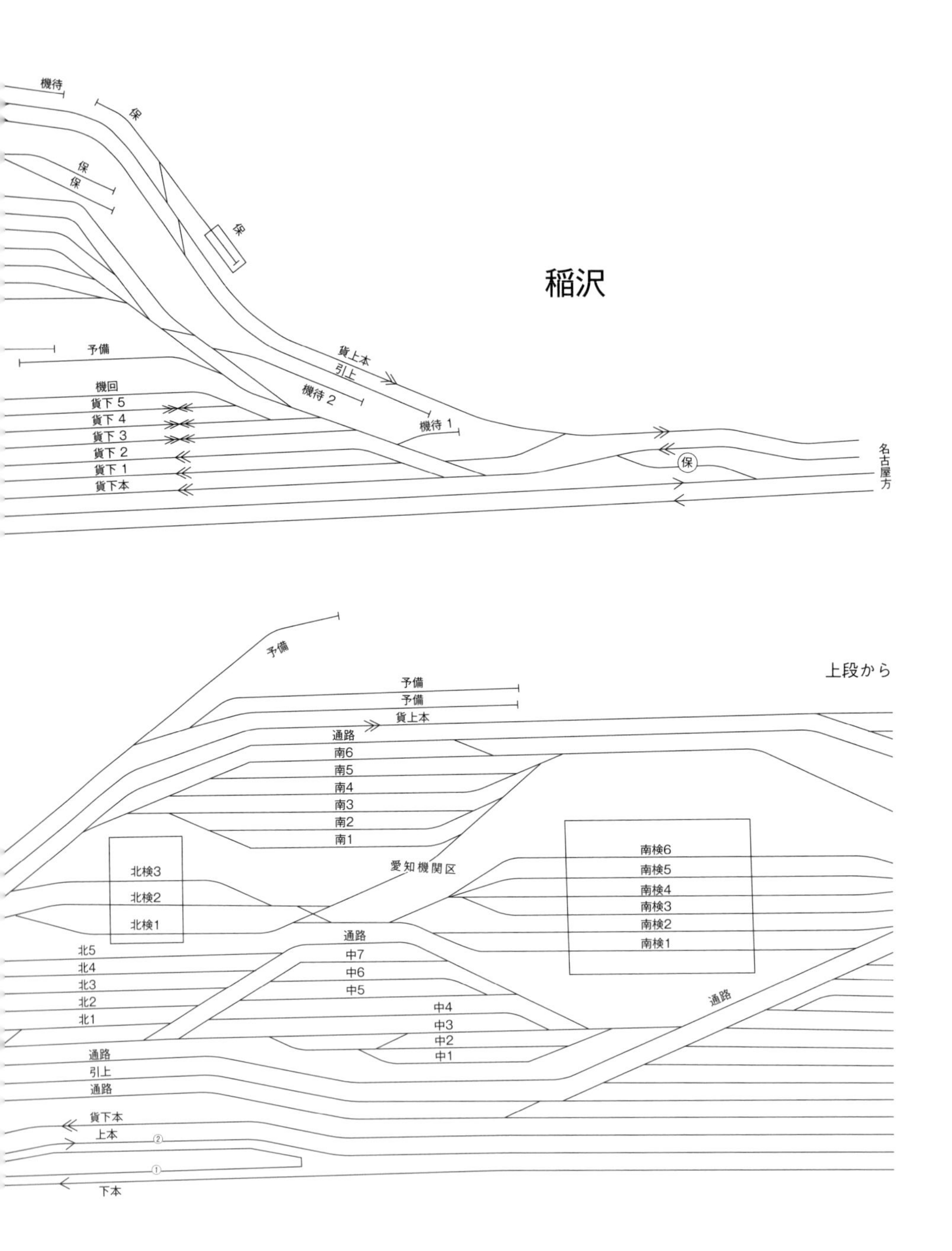
稲沢
機待
保
保
保
保
予備
貨上本
引上
機待 2
機待 1
機回
貨下 5
貨下 4
貨下 3
貨下 2
貨下 1
貨下本
保
名古屋方
予備
上段から
予備
予備
貨上本
通路
南6
南5
南4
南3
南2
南1
愛知機関区
北検3
北検2
北検1
南検6
南検5
南検4
南検3
南検2
南検1
通路
中7
中6
中5
中4
中3
中2
中1
北5
北4
北3
北2
北1
通路
通路
引上
通路
貨下本
上本
②
①
下本

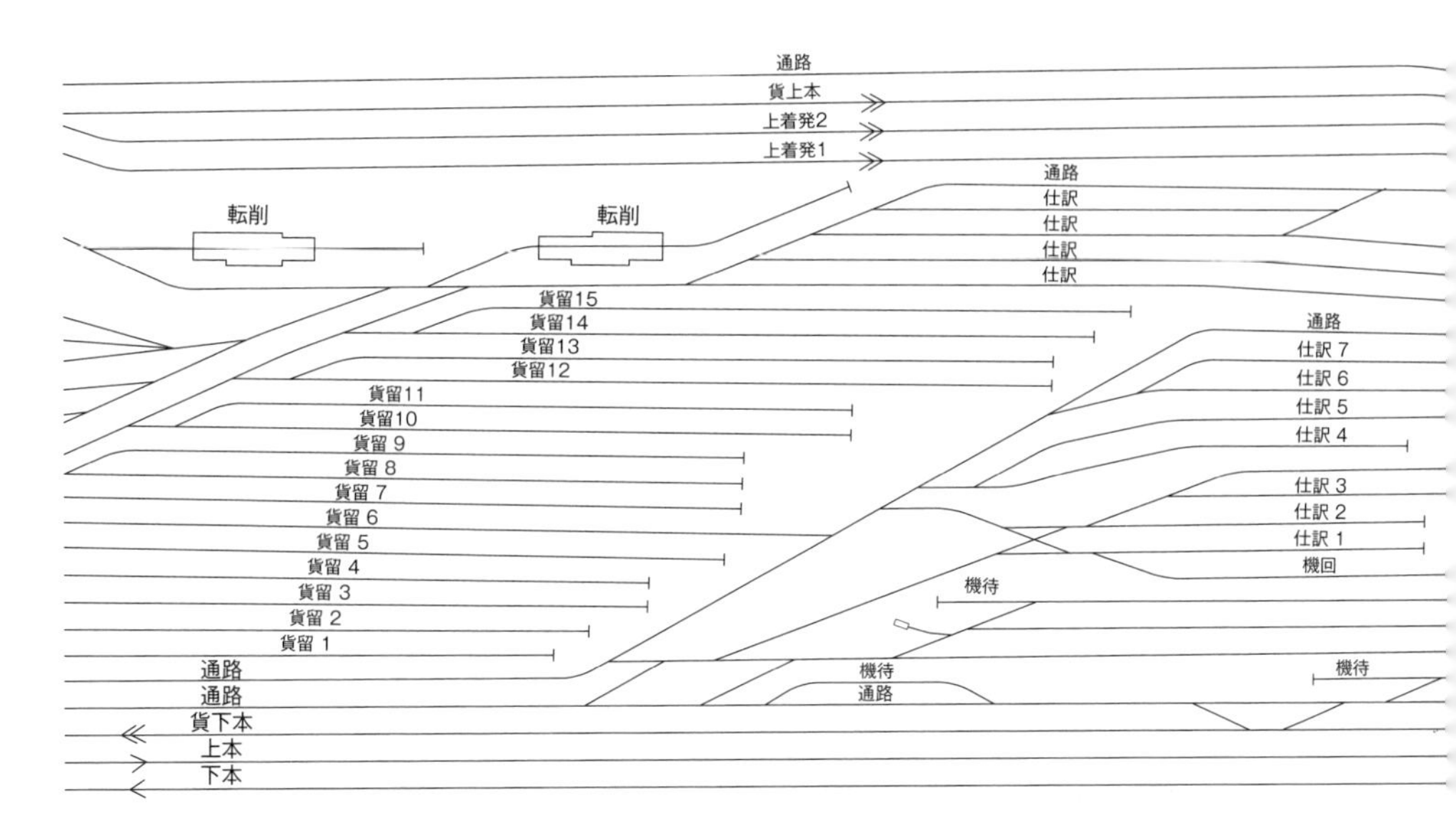
通路
貨上本
上着発2
上着発1
通路
転削
転削
仕訳
仕訳
仕訳
仕訳
貨留15
貨留14
貨留13
貨留12
貨留11
貨留10
貨留 9
貨留 8
貨留 7
貨留 6
貨留 5
貨留 4
貨留 3
貨留 2
貨留 1
通路
仕訳 7
仕訳 6
仕訳 5
仕訳 4
仕訳 3
仕訳 2
仕訳 1
機回
機待
通路
通路
機待
通路
機待
貨下本
上本
下本

下段へ続く

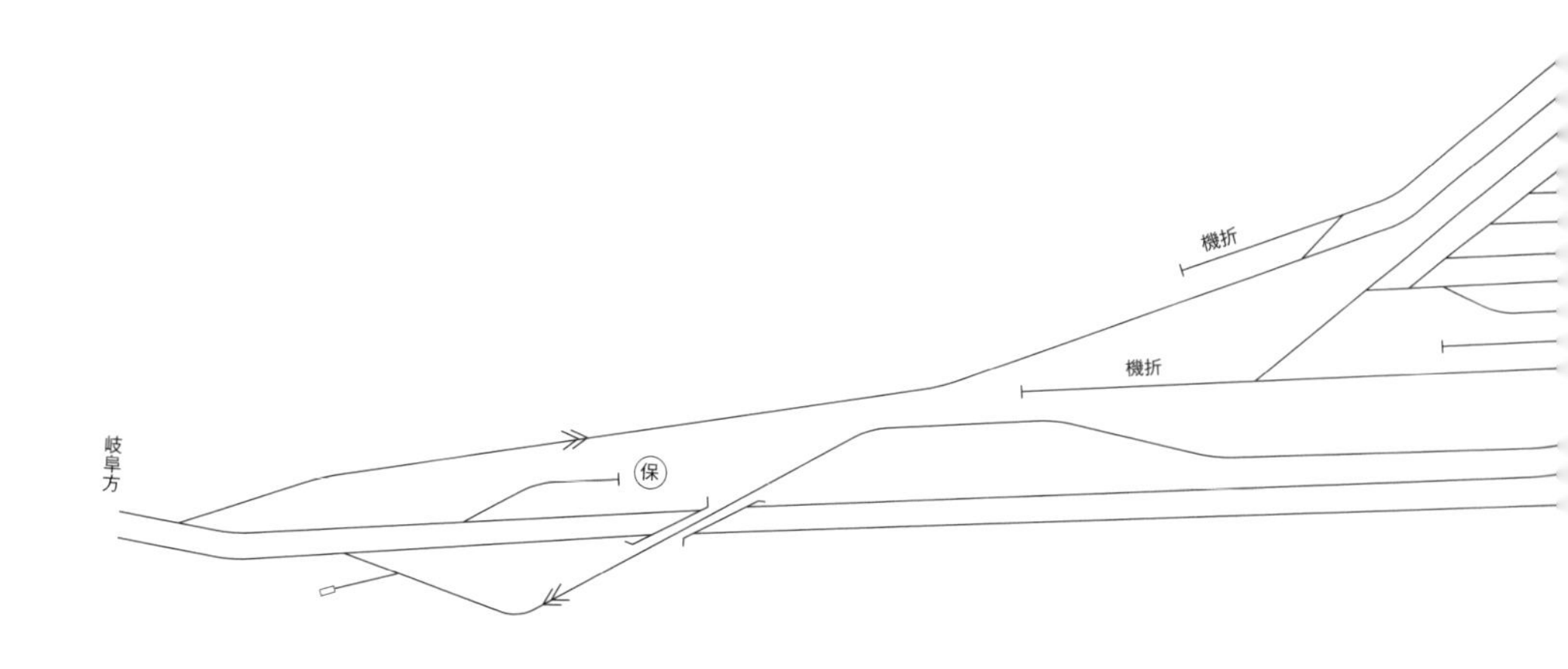
機折
機折
岐阜方
保

物を取扱駅だが、ほとんど取り扱うことはない。

名古屋寄りに電気化学工業専用線があるが、ほとんど休止状態である。上り3、4番線は残っているが使用停止になっている。

稲沢

昭和61（1986）年に操車仕訳方式が中止するまでは日本三大操車場の一つとして、操車能力は1日4000車となっていた。貨物線の稲沢線上下本線の間に操車場がある抱き込み式になっていた。貨車の分解、最組成はハンプ操車方式で行われ、最終的には自動仕訳装置とカーリターダを設置していた。

方向別ハンプと駅別ハンプがあり、主力の方向別ハンプからの仕訳線は31線にも及んでいた。岐阜寄りに稲沢第1、第2の機関区、稲沢貨車区も隣接していた。

敷地面積の半分程度が売却されて工業団地になっている。現在も抱き込み式で、名古屋貨物ターミナルに出入りするために折り返す貨物列車が多くあり、機関士の交代もするために全貨物列車が停車する。

操車場時代から現在まで抱き込み方式の貨物駅である。規模を縮小するとき上り本線を内側に移設している。下り本線は操車場時代のままである。

このため稲沢線下り本線の山側に貨物下り1番線から貨物下り5番線までの5線の着発線がある。1、2番線は岐阜方面へのスルーする貨物列車、4、5番線は名古屋貨物ターミナルに行き来するためにスイッチバックする貨物列車、3番線はこの両方とも着発が可能になっている。

山側の上り本線の内側に岐阜方面から名古屋方面にスルーする貨物上り着発線が2線あ

尾張一宮

る。その間に多数の仕訳線がある。必要とするコンテナ取扱駅のためにコンテナ貨車を組成分解する仕訳線で、かつてのヤード操車方式の仕訳線とは異なっている。

さらに岐阜寄りには、かつての稲沢第1、第2の機関区をまとめた愛知機関区が置かれている。南、中、北の3群に分かれたゼブラ配線の機関車留置線があり、5線と3線収容の二つの検修棟がある。また仕訳線との間には機関車用の二つの車輪転削棟と転削線がある。

東海道本線側にある旅客駅は島式ホーム1面2線でしかない。岐阜寄りで貨物上下本線は収束して、まず貨物下り本線が東海道本線を斜めに乗り越して海側に移ってから東海道本線下り線と合流する。貨物上り線はその先で東海道本線から分岐している。

尾張一宮

尾張一宮駅は名鉄本線・尾西線と隣接している。島式ホーム2面5線で上り線の山側に上り2番線がある。1番乗り場の線路名は上り1番線、2番乗り場は上り本線、3番乗り場は下り本線、4番乗り場は下り1番線である。

名古屋寄りに順渡り線、岐阜寄りに逆渡り線があり、上り1番線と上り2番線は岐阜方面に折り返しができるとと

名古屋寄りから見た木曽川駅

もに名古屋方面の下り線から入線もできる。上り2番線は貨物列車の上下着発線、つまり待避ができるとともに、回送電車の留置などにも利用されている。

木曽川

木曽川駅は島式ホームで海側に下り1番線、山側に上り1、2番線がある。これら副本線は1300t牽引貨物列車に対応する長さに延伸されている。

岐阜

岐阜駅では高山本線と接続している。島式ホーム3面6線で山側から1番乗り場になっている。1番乗り場は上り本線、2番乗り場は上り1番線、3番乗り場は高山1番線、4番乗り場は高山・本線、5番乗り場は下り1番線、6番乗り場は下り本線である。

2~5番乗り場は8両編成、1、6番乗り場は12両編成対応のホームの長さになっ

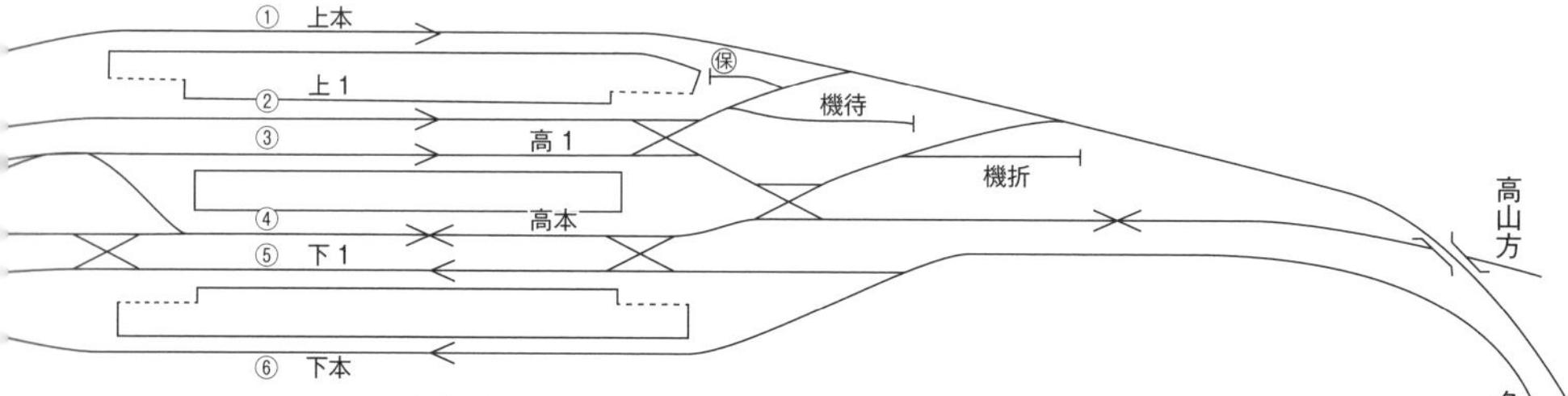

岐阜

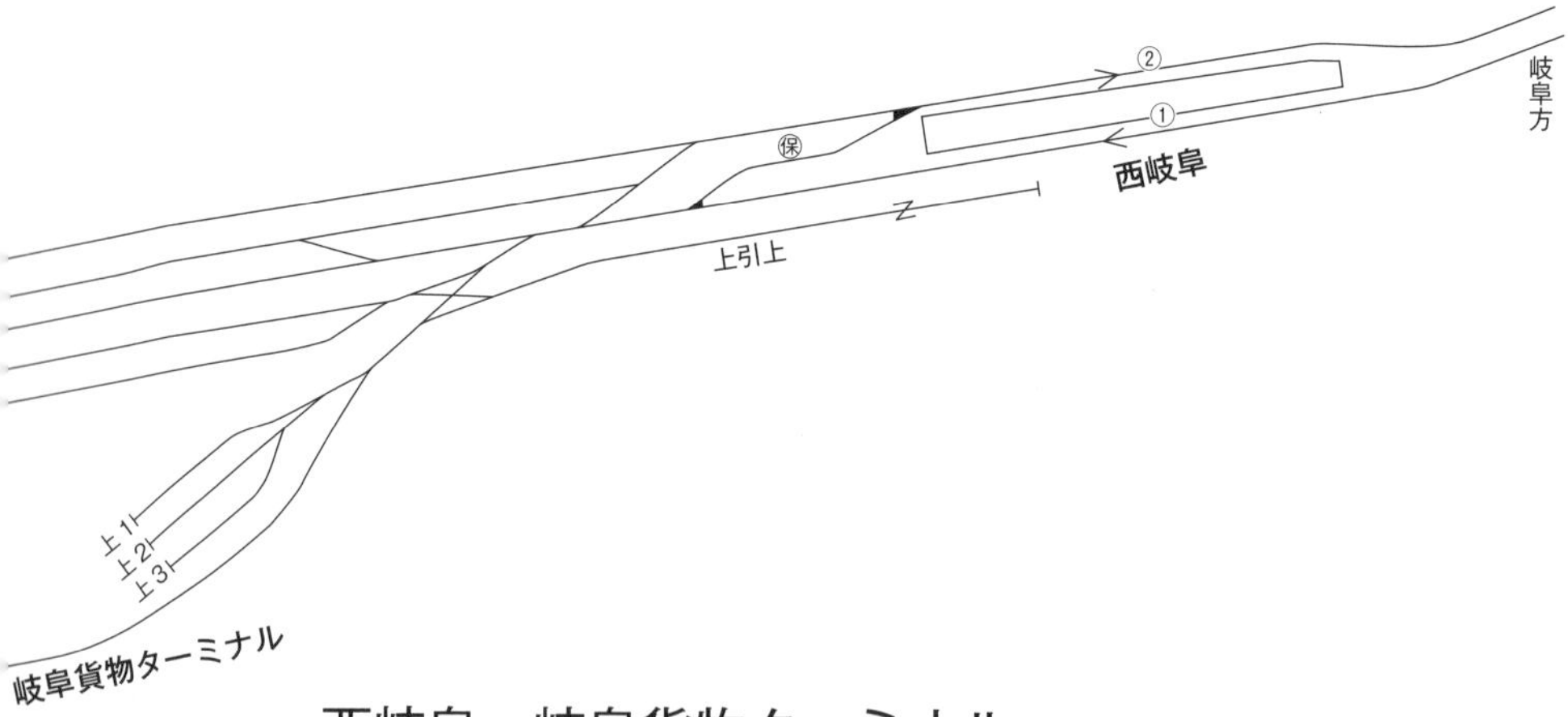

西岐阜・岐阜貨物ターミナル

ている。米原寄りに3両編成対応の引上線が2線あって3～5番線からしか入線できない。

名古屋方面と高山本線を直通する列車はスイッチバックする必要がある。気動車は簡単に折り返しができるが、機関車列車は機関車の連結位置を前後に変えなくてはならない。高山本線の高山寄りに機折線があって、機関車は3番乗り場または4番乗り場を機回線代わりにして一度機折線に入って戻って連結位置を変える。また、予備として2番乗り場側の名古屋寄りに機待線が設置されている。

機関車牽引の客車列車はJR東海にはすでになく、貨物列車も高山本線を走ることはなくなったので使用されることはない。しかし、北陸本線の米原—富山間が災害によって不通になったとき日本海縦貫線への迂回路として高山本線経由になることもあるかもしれないために残してあるといえる。今後、貨物のモーダルシフトとして高山本線に貨物列車が走る可能性もなくはないといえよう。

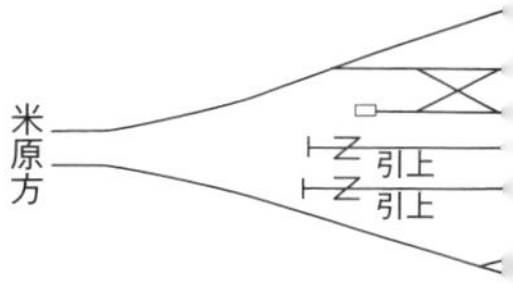

西岐阜・岐阜貨物ターミナル

島式ホーム1面2線の西岐阜駅の米原寄りの途中から岐阜貨物ターミナルの上り引上線が始まり、西岐阜駅のホームがなくなると海側に片側式の岐阜貨物ターミナルが広がる。2線の着発線の間にコンテナホームがある。

ヤード仕訳方式を全廃して直行方式に転じた昭和61（1986）年11月に開業した新しい貨物ターミナルである。着発線そのものが荷役線にしたE＆S方式にしているために線

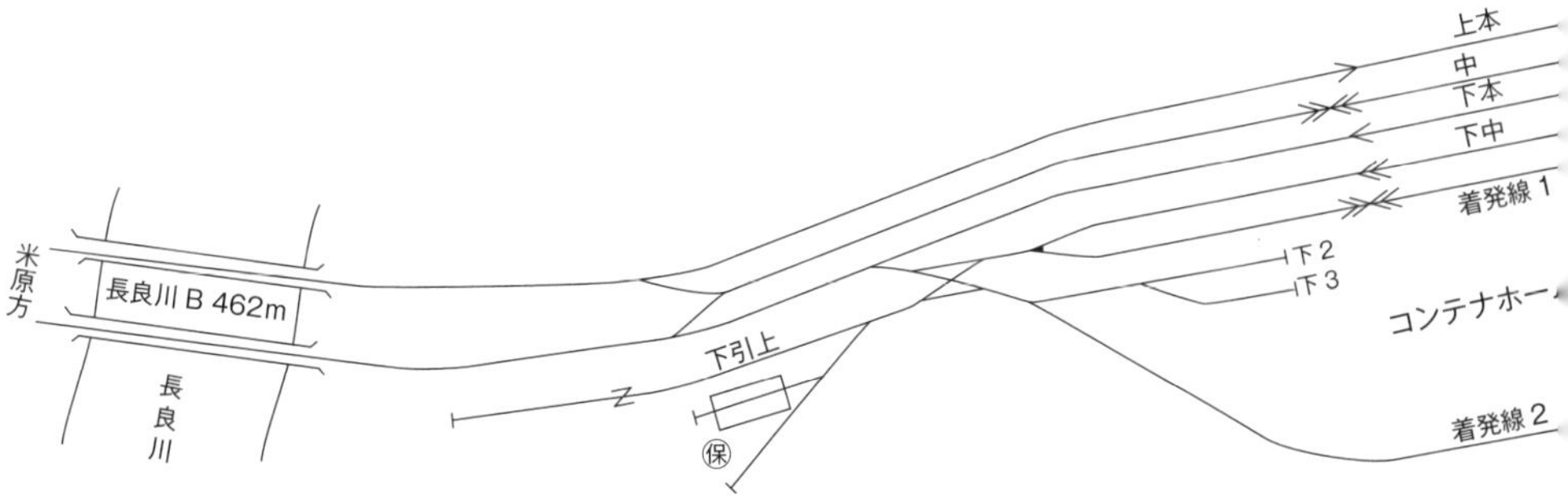

路の数が少なくなっている。

着発線のほかには山側に機回線を兼ねた下り中線、下り本線と上り本線の間に中線、それに貨車突込線や機待線を兼ねた短い線路が両端にある。岐阜寄りは上り1～3番線の3線、米原寄りは下り2、3番線となっている。これに岐阜寄りに上り引上線、米原寄りに下り引上線があるだけの貨物駅としては非常にシンプルな配線になっている。

保守材料線（保材線）も米原寄りに2線しかない。西岐阜駅の米原寄りにある上下渡り線を兼ねた乗上式の横取線はJR東海の所属である。

岐阜貨物ターミナルの中線が上下本線に合流した先で長良川を渡るが、この長良川橋梁は単線並列複線のために上下線が広がったまま長良川を渡る。

渡るとすぐに穂積駅となる。島式ホーム1面で上下線の両外側に貨物着発用の下り1番線と上り1番線がある。貨物取扱用の貨物側線は保守用の横取線になっている。

大垣

大垣駅は長良川鉄道と接続し、養老鉄道と連絡しているほかにJR東海の大垣車両区が米原寄りにある。JR東海所属の大垣車両区は寝台夜行電車285系、中距離電車の313

名古屋寄りから見た穂積駅は島式ホームの両端に貨物着発待避線がある

系、311系、213系が合計380両近く配置されている大きな車両区である。

ただし285系の整備等はJR西日本の後藤総合車両所出雲支所（旧出雲電車区）で行われて大垣車両区に入区することは少ない。中距離電車も各駅に隣接している各車庫で滞泊する車両が多い。

養老鉄道は近鉄養老線だったのを分社化したものである。ヤード仕訳方式の貨物列車が走っていたころは、国鉄と近鉄養老線とで貨車の授受をしていたが、直行方式に切り替えたときに授受線を撤去した。

このため養老鉄道とは連絡運輸をするだけになっている。連絡改札口はあるが、自動改札機による無人のJR改札口と養老鉄道の有人改札口に分かれている。基本的に連絡乗車券あるは両鉄道に有効な定期券を含む乗車券（ICカードのTOICA等で入場したものと養老鉄道の乗車券）を持っていない場合は通過できない。そのような場合は別々になっているそれぞれの改札口を通ることになる。

養老鉄道は頭端島式ホーム1面2線で2番線の山側に機回線と授受線があったが、接続線は撤去されている。機折線は2番線の電車が冒進したときに備えて残っている。ただし機折線部分のホーム面には柵がしてある。

7線の貨車留置線があるものの現在は使用されておらず、線路上に雑草が生えている個所もある。

その山側にJRと樽見鉄道のホームが並ぶ。1番乗り場は片面ホームに面している下り1番線で両方向に出発できる。次に米原寄りに切り欠きホームがある島式ホームの2番乗り場の下り本線、切り欠きホームに面した3番乗り場の中線、そして山側に4番乗り場の上り本線がある。2番乗り場は米原方面しか出発できない。4番乗り場は名古屋方面しか

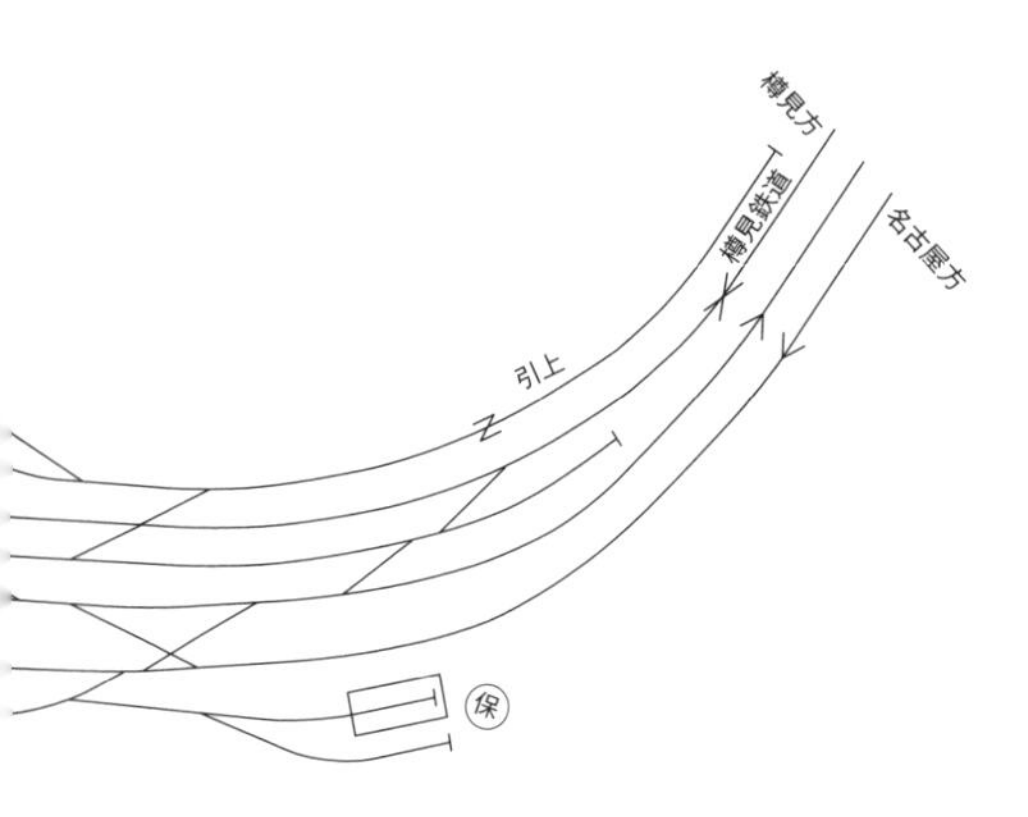
樽見方
樽見鉄道
名古屋方
引上
保

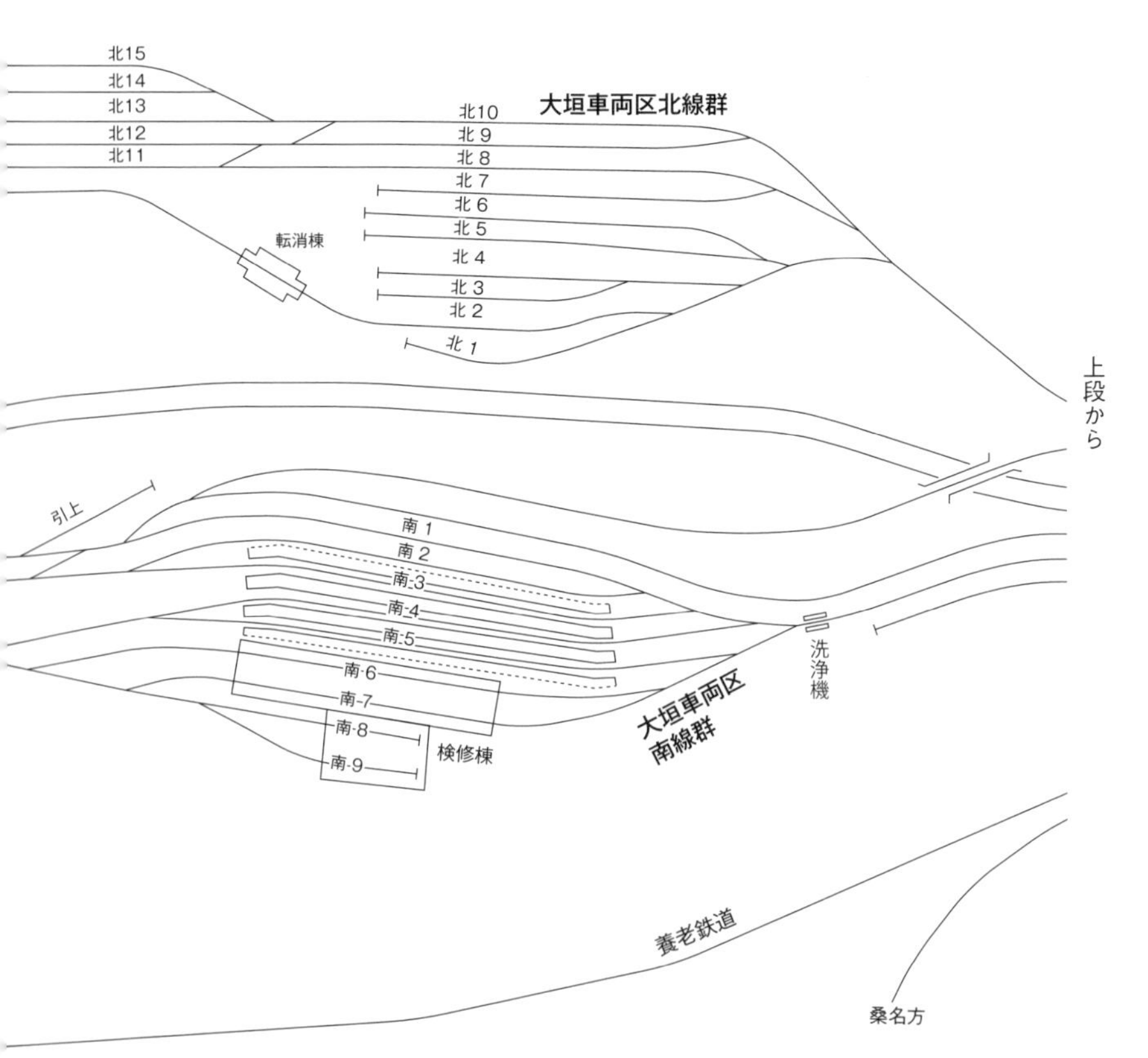
大垣車両区北線群
北15
北14
北13
北12
北11
北10
北 9
北 8
北 7
北 6
北 5
北 4
北 3
北 2
北 1
転消棟
上段から
引上
南 1
南 2
南-3
南-4
南-5
南-6
南-7
南-8
南-9
検修棟
大垣車両区
南線群
洗浄機
養老鉄道
桑名方

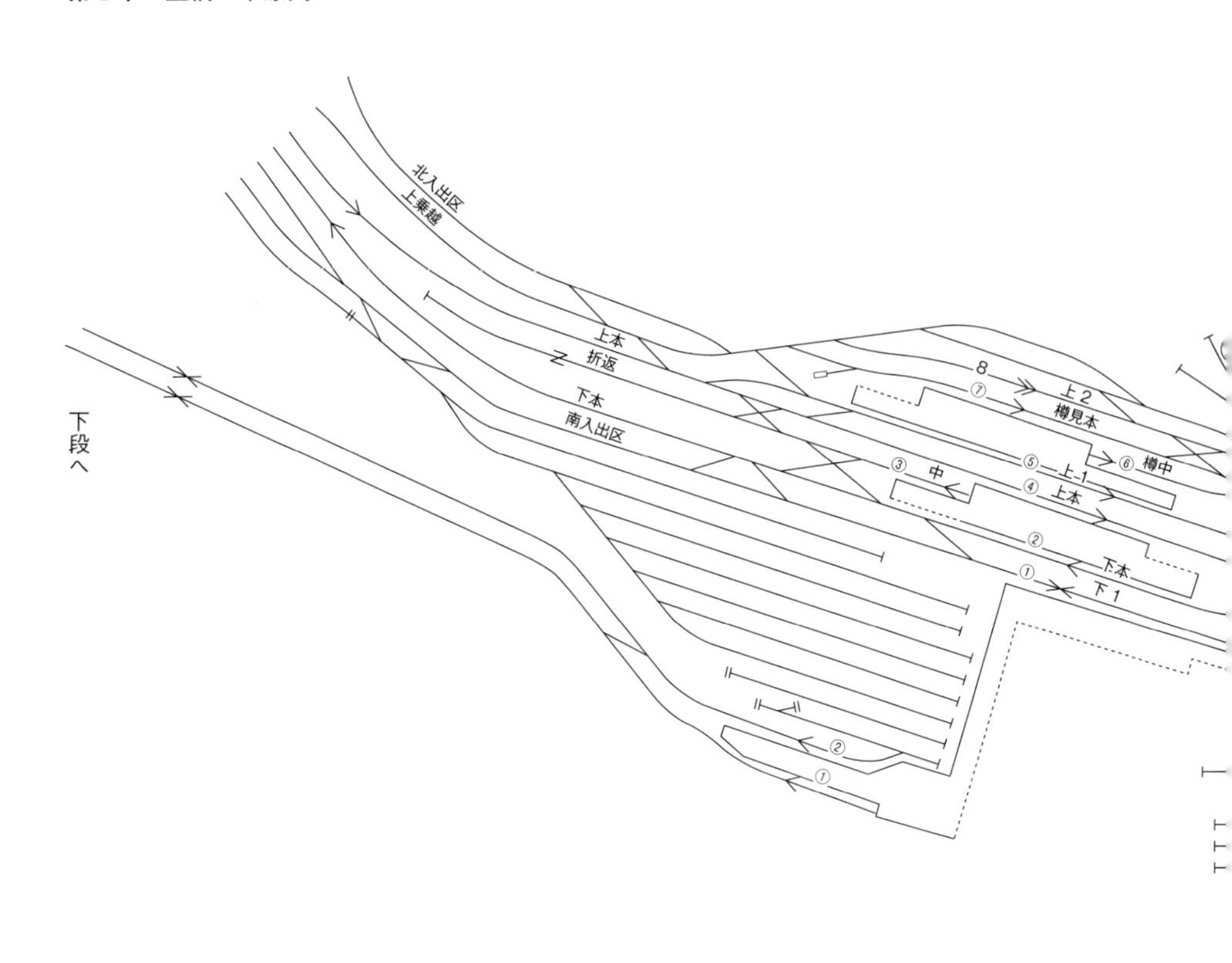
北入出区
上乗越
上本
折返
下本
南入出区
8
上2
樽見本
⑦
③
中
⑤
上1
⑥
樽中
④
上本
②
下本
①
下1
②
①
下段へ

大垣

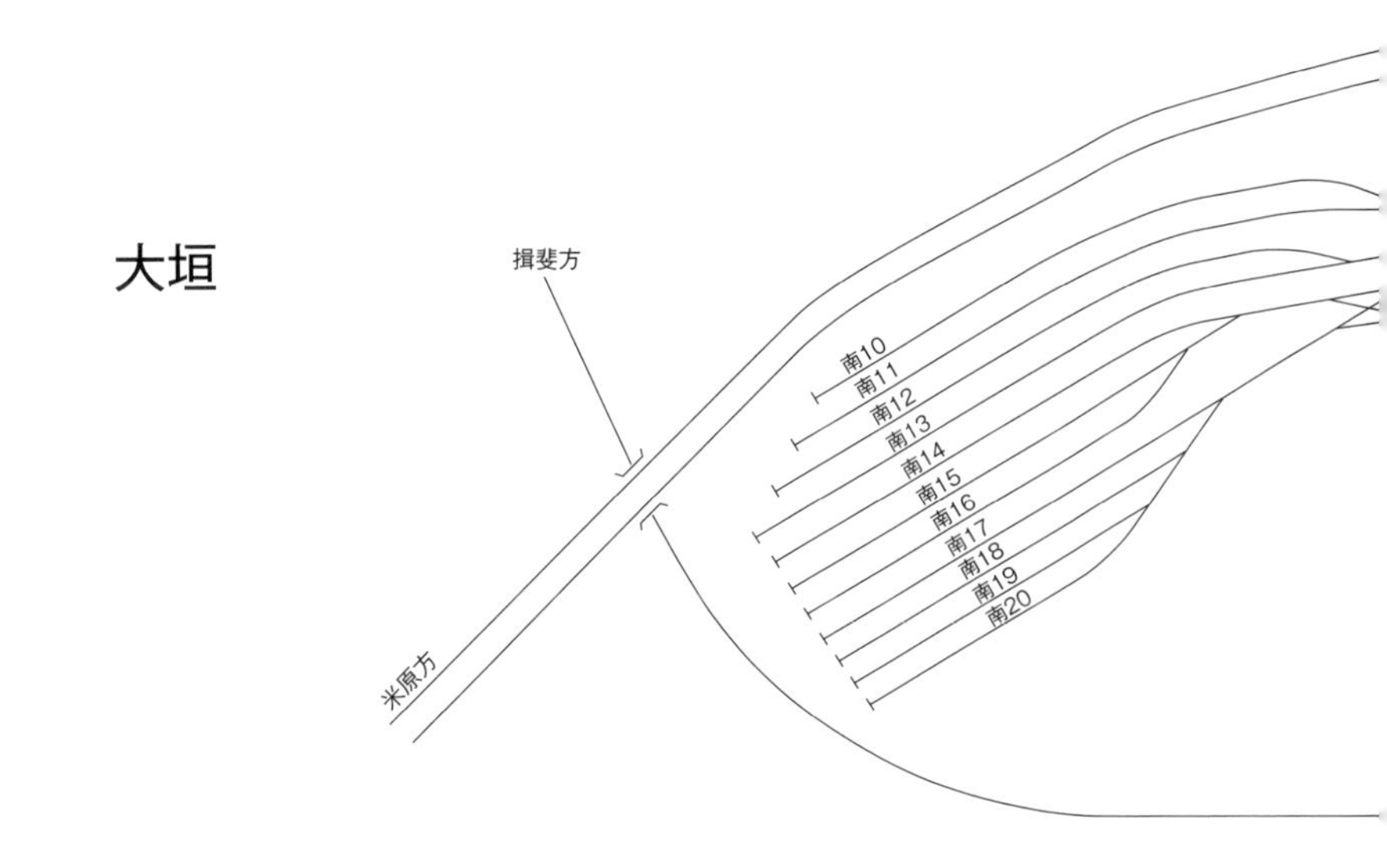
揖斐方
米原方
南10
南11
南12
南13
南14
南15
南16
南17
南18
南19
南20

出発できない。

ただし、2、4番乗り場と山側にある5～7番乗り場へは名古屋方面から進入できて折り返しや樽見鉄道への直通は可能である。また、名古屋寄りもホームが切り欠いてあり、かつては機待線として線路が敷かれていた。

山側の島式ホームも切り欠きホームがあり、海側の5番乗り場は上り1番線、名古屋寄りの切り欠きホームは樽見中線で切り欠きホームとしては結構長く、また気動車しか発着しないので架線が張られていない。そして山側に面した7番線は樽見本線である。

同じ改札内にあるが、樽見鉄道はTOICA対応していないので、そのまま乗り換えると面倒なことになる。一度改札口を出たほうが面倒なことにならない。同じ改札内にあるのは国鉄樽見線だったのを樽見鉄道に転換したためである。

7番乗り場の山側に貨物着発線の上り2番線があり、さらに2線の留置線がある。米原寄りにも切り欠きホームに面した機待線があった。

大垣駅を出ると上下本線の間に折返線（引上線）がある。また下り本線の海側に大垣車両区の南線群との南入出区線、上り本線の山側に上り乗越線と北入出区線がある。

南線群は岐阜寄りに1～9番線があり、1番線は通路線、2番線は留置線、3～5番線は洗浄線、7～9番線は検修線である。その奥に10～20番の11線の留置線があり、上り乗越線からも入線できる。その先で養老鉄道の揖斐方面の線路が通り抜けており、東海道本線上下本線の下をくぐっていく。

北線群は1～15番線まであり、北1番線は試運転線、北2番線は車輪転削線、北3～9番線は留置線、北10番線は通路線である。北8、9番留置線は北10番通路線とともに名古屋寄りに延びて、北11～15番線の留置線につながっている。

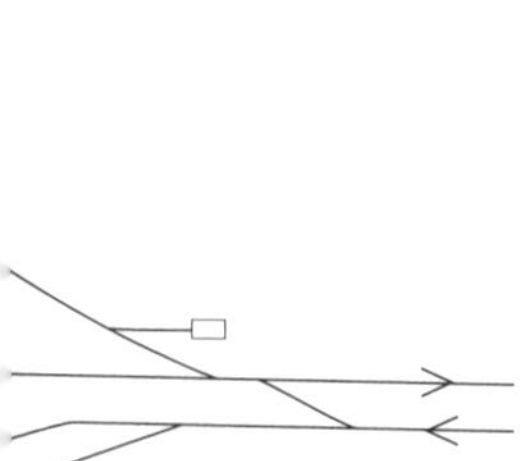

岐阜方

南荒尾(信)―関ヶ原間関係図

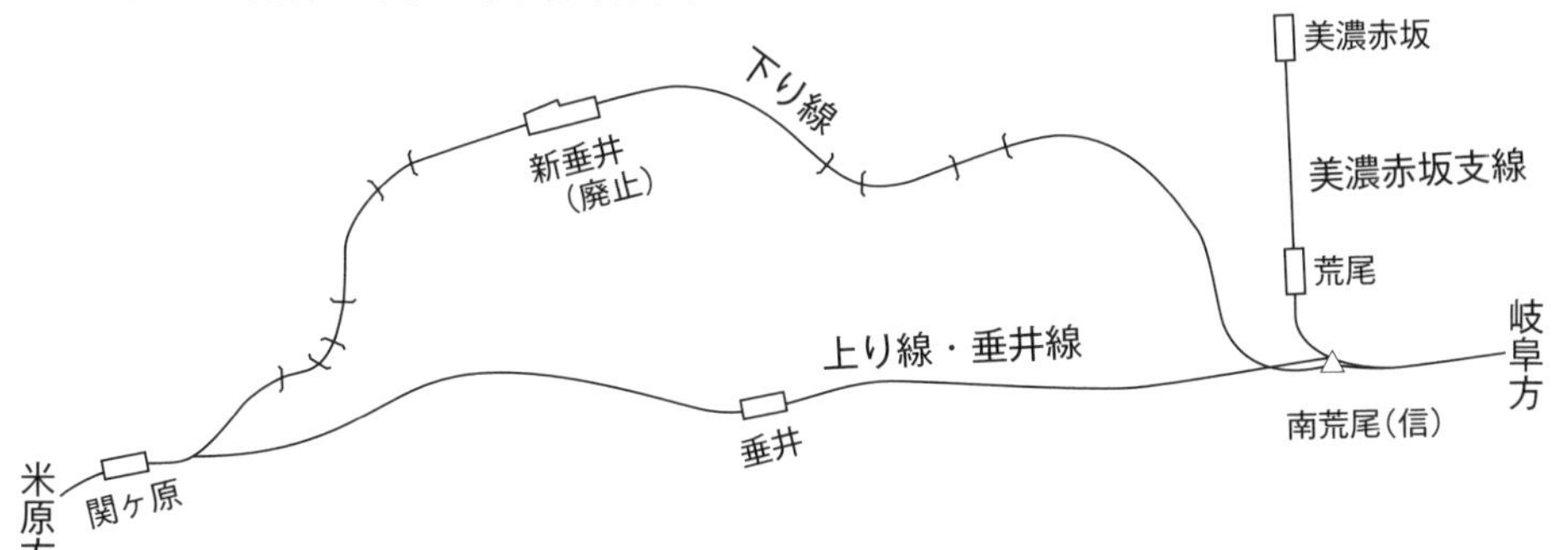

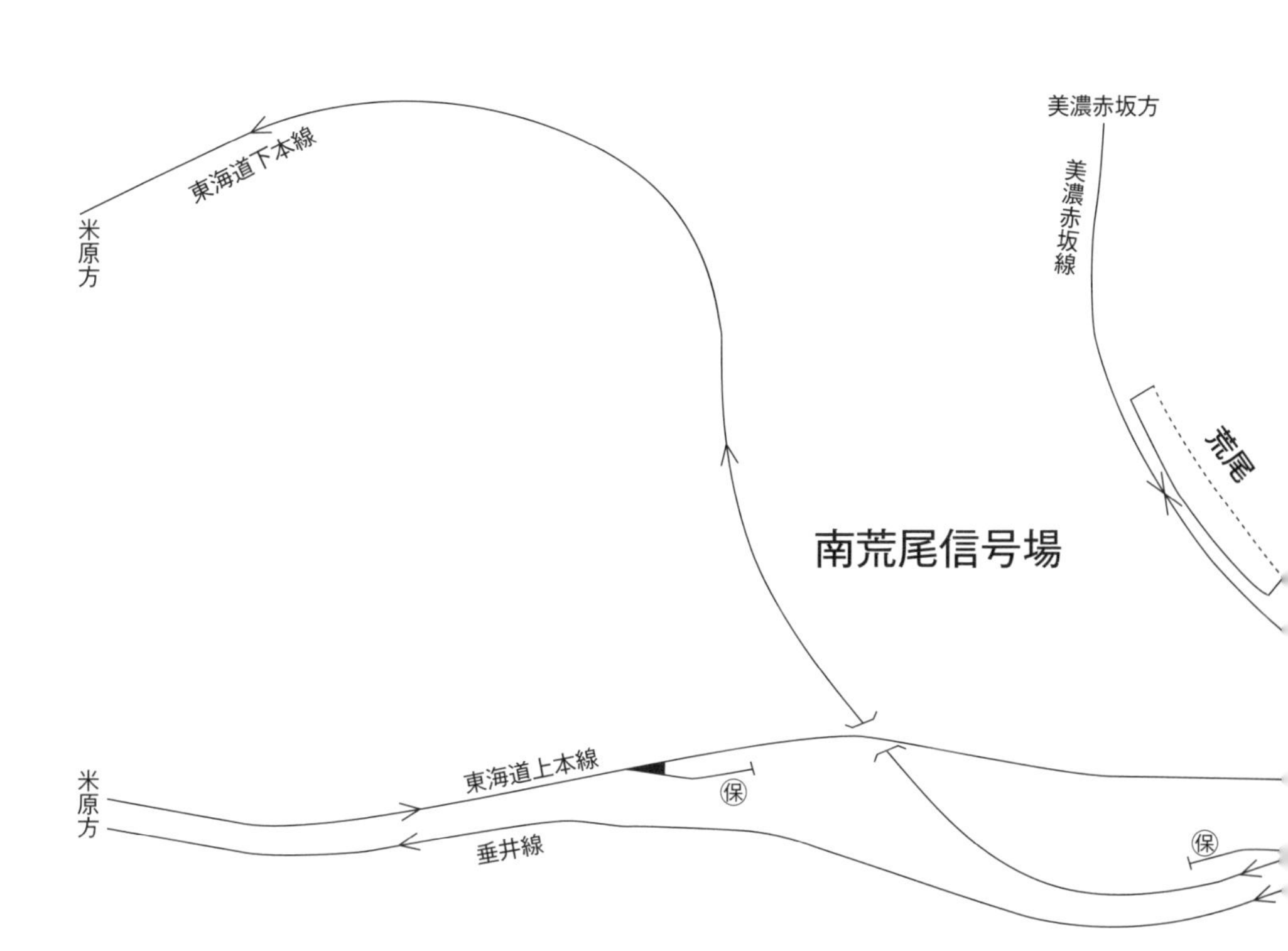

南荒尾信号場

東海道本線は関ケ原越えのために神戸に向かって20～25‰の上り勾配になっていた。上り本線は勾配を降りるので問題はないが、下り本線では蒸気機関車列車が喘いで走っていた。そこで下り本線を10‰の勾配に緩和すべく、昭和19（1944）年11月に上り本線よりも3㎞ほど長い迂回ルートをとるようにした。その分岐点が南荒尾信号場である。

垂井駅を通らないために下り線に新垂井駅を設置した。新垂井駅は町はずれに設置したため不便だったので、垂井駅まで連絡バスの運転を行ったりしていた。それでも不便なので普通列車用に、昭和21年11月に元の下り線を垂井線として復活して下り普通列車の多くが垂井駅経由になった。利用が少なかった新垂井駅は分割民営化目前の昭和61年11月に廃止した。

東海道本線の下り本線は特急「しらさぎ」（名古屋―金沢間）と「ひだ」（大阪―名古屋―高山間）と貨物列車が走る。最高速度は120㎞である。垂井線は下り普通列車だけでなく関ヶ原始発の上り普通列車も垂井駅まで走る。垂井線の最高速度は85㎞である。

南荒尾信号場では美濃赤坂支線も分岐する。当初は赤坂町で産出する石灰の輸送のために東海道本線の支線として大正8（1919）年8月に開通したもので、現在も石灰貨物列車が走っているとともに、大垣―美濃赤坂間運転の区間普通電車も走っている。

南荒尾信号場ではまず美濃赤坂支線が分岐する。分岐してすぐに片面ホームの荒尾駅がある。

美濃赤坂

美濃赤坂支線の終点が美濃赤坂駅で、西濃鉄道市橋線と接続している。かつては西濃鉄

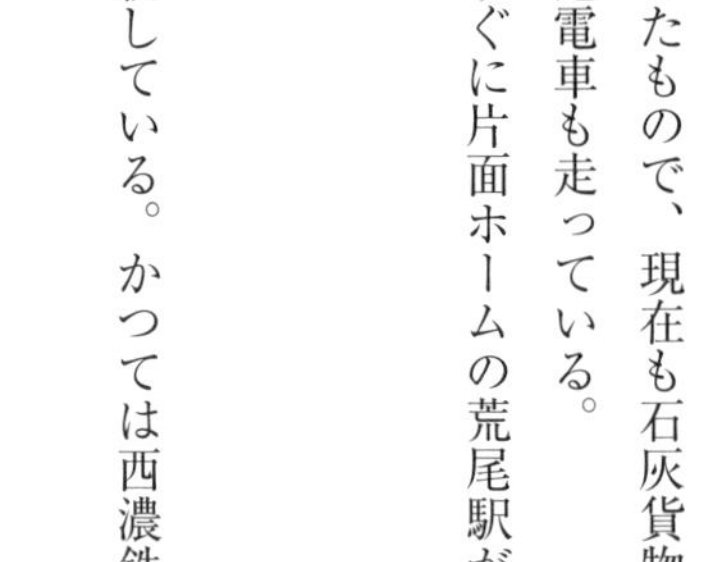

南荒尾(信)方

道昼飯線も接続していたが廃止された。

美濃赤坂駅で西濃鉄道市橋線と接続して貨物列車の授受を行っている。西側の下り本線に面して片面ホームがあり旅客列車が発着する。東側に下り1番線から7番線と貨物本線がある。下り1番線は機回線、下り2番線は上り貨物出発線、下り3番線は荷役線である。現在は貨物の荷役はないが、貨物ホームに面している。下り5番線は仕訳線、6番線は通路線、7番線は上下出発線、貨物本線は西濃鉄道出発線だが、西濃鉄道はスタフ閉塞のために出発信号機はなく、機回線として入換機関車が通ることが多い。

西濃鉄道市橋線は乙女、猿岩、市橋の三つの貨物駅と乙女坂駅手前に赤坂本町の旅客駅があったが、昭和20年に旅客運輸を廃止し、続いて平成18（2006）年に市橋駅を廃止、猿岩駅は乙女駅の構内に含むことで廃止扱いにした。赤坂本町の片面ホームは現在も残っている。石灰貨物列車は名古屋貨物ターミナル―市橋間を平日1日3往復が運転されている。

垂井

垂井駅は上り本線と下り普通列車専用の垂井線が通っている。1番線が上り本線、2番線が中線で上り貨物着発線になっていて1300t牽引の貨物列車が入線できる長さになっている。3番線が垂井本線である。

関ケ原始発の名古屋方面の上り電車も垂井駅まで垂井線を走り、同駅で中線の2番線に進入して停車、上り本線に転線する。このため垂井―関ケ原間の垂井線は垂井本線と称して上下の電車が走る。

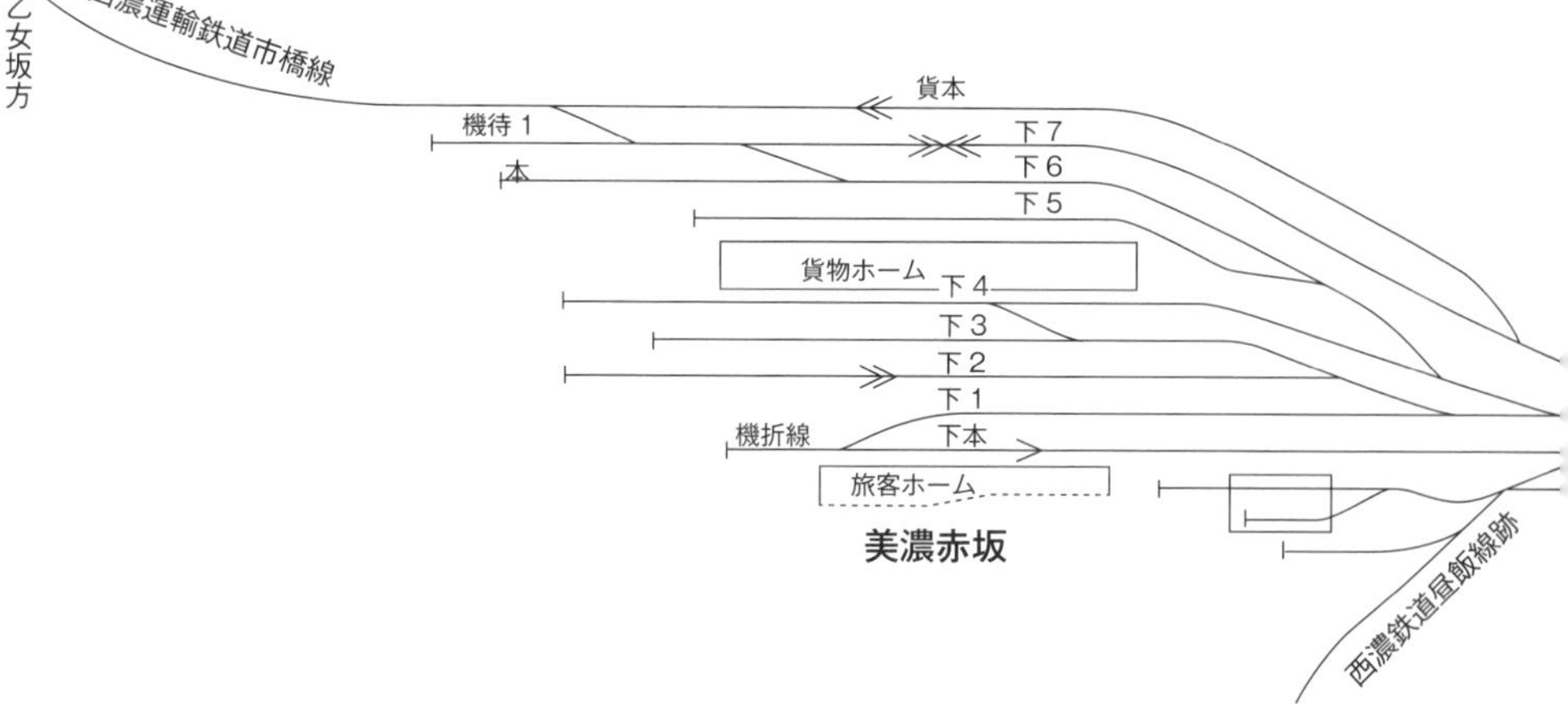

垂井駅から関ケ原駅までが25‰の上り勾配になっているために下り普通列車が蒸気機関車牽引時代には列車編成が長い場合は補機（補助機関車）を後部に連結していた。そのために中線の岐阜寄りに機折線があった。現在でも安全側線代わりに機折線は残っている。下り本線にあった新垂井駅の片面ホームは残っているが、ホームに面していた下り1番線は撤去され横取線として使用する部分だけが残っている。

関ケ原

垂井線と上り本線が広がって、下り本線が上り本線を斜めに乗り越して垂井線との間に割り込んでから関ケ原駅のホームに各線路が進入する。

海側から1番乗り場で、1番乗り場は垂井本線、2番乗り場は下り1番線で、現在は同駅始発の垂井本線を走る名古屋方面の普通が停車する。3番乗り場は下り本線で特急と貨物列車が通る。4番乗り場は同駅始発以外の上りの電車と貨物列車が通る。さらに山側に上り1番線の貨物着発線がある。

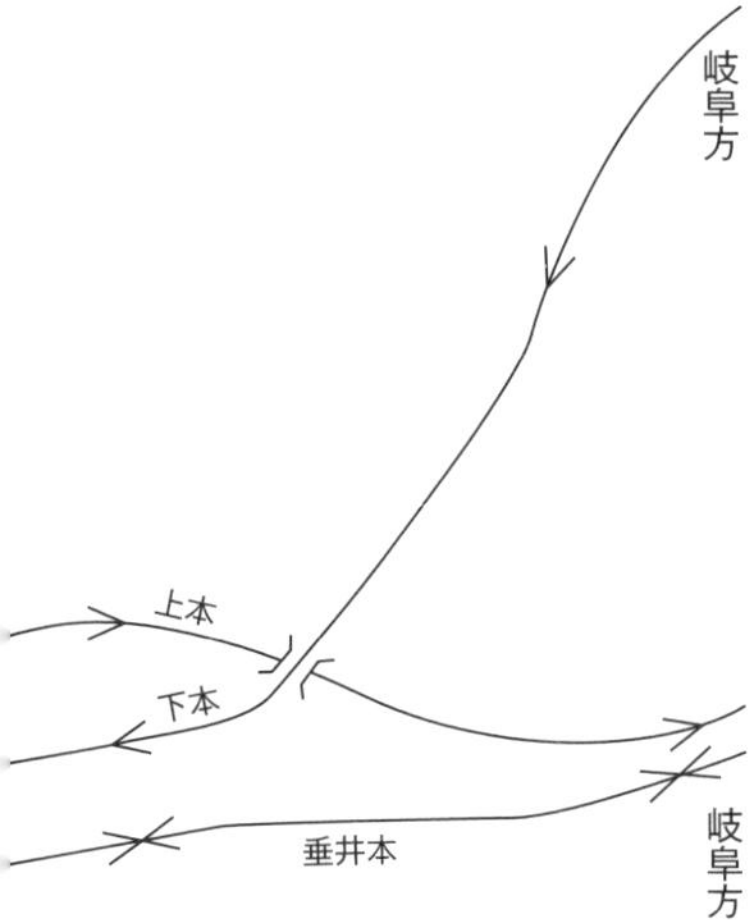

岐阜方
上本
下本
垂井本
岐阜方

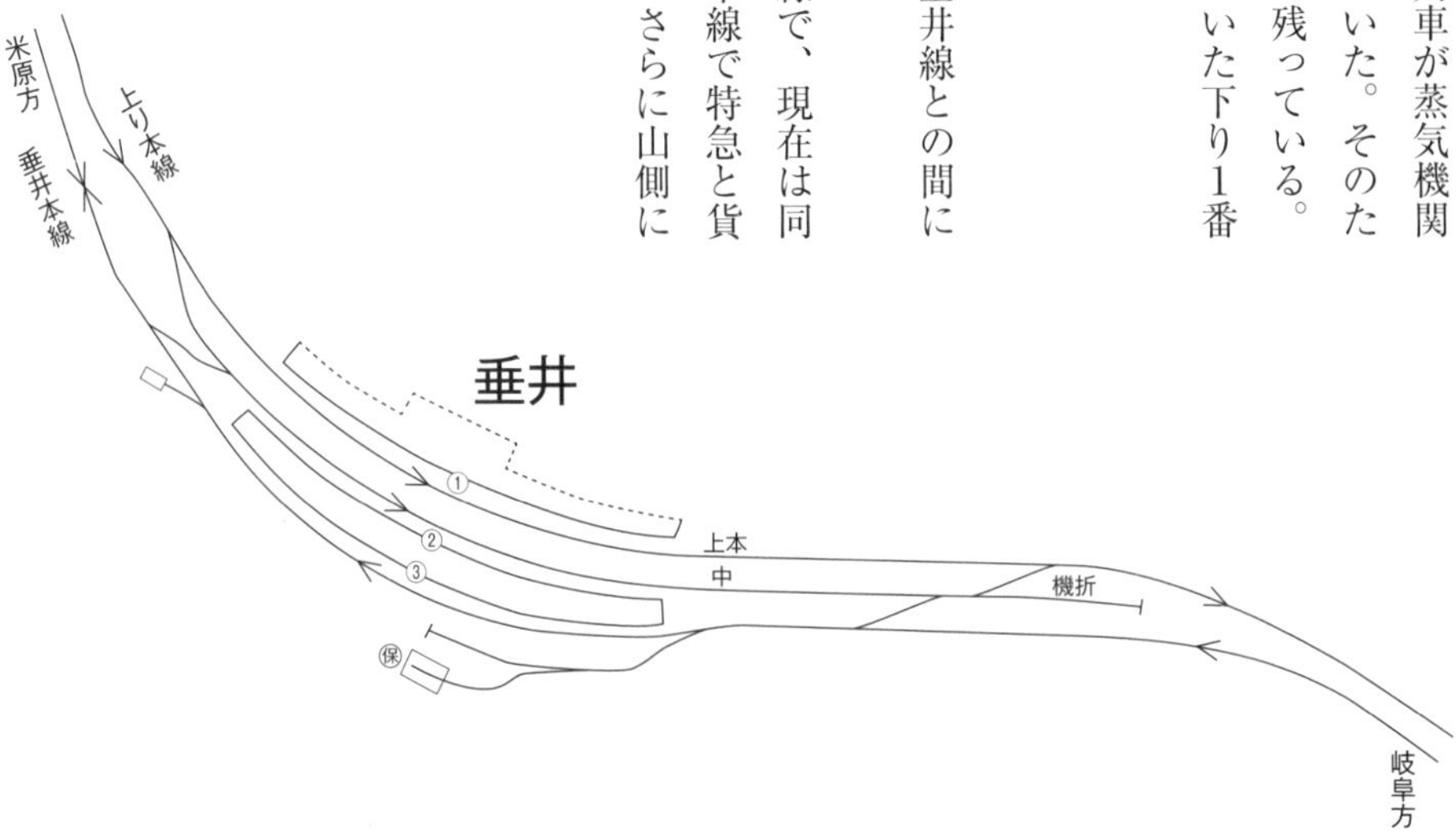

垂井

米原方
上り本線
垂井本線
①
②
③
上本
中
機折
保
岐阜方

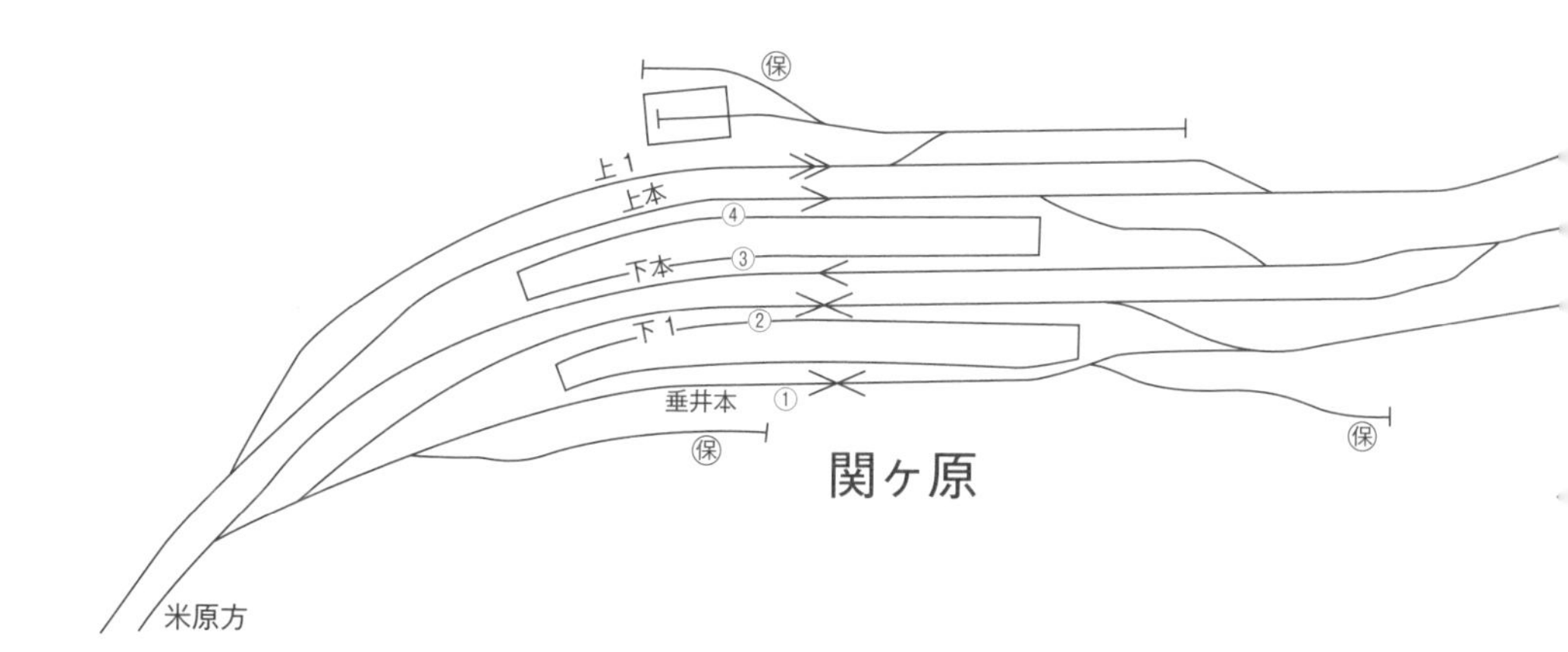

名古屋寄りから見た柏原駅

柏原駅は島式ホーム2面4線で内側が下り本線と上り本線、外側の海側が下り1番線、山側が上り1番線である。両副本線は岐阜寄りを延ばして１３００ｔ牽引の貨物列車が着発できるようにしている。

近江長岡駅も島式ホーム2面4線だが、両側の副本線は米原寄りを延ばしている。海側で近江鉱業の専用線がバックする形で、山側の岐阜寄りで住友セメント専用線が延びていた。住友セメント専用線のほうは自転車道に転用された。同駅構内の専用側線はまだ残っているが、朽ち果てている。

醒ヶ井駅は島式ホーム1面4線で、両外側に貨物着発線の下り1番線と上り1番線がある。醒ヶ井駅がJR東海の駅である。

次の米原駅にJR東海の電車が乗り入れて共同使用駅となっているが、管理はJR西日本が行っている。

住友セメント専用線跡を転用した自転車道は新幹線を横切って北上する

名古屋寄りから見た近江長岡駅

醒ヶ井駅を名古屋寄りから見る

第4章　米原―神戸間

米原駅からはＪＲ西日本の区間になる。米原駅で北陸本線と接続、近江鉄道本線とは連絡するだけで東海道本線と線路はつながっていない。かつては彦根駅で近江鉄道本線と接続していた。東海道本線下り線の米原寄りに近江鉄道の接続線が並行していて途中に渡り線がある。しかしその先で近江鉄道本線との接続していた線路が撤去されて接続しなくなった。近江八幡駅でも近江鉄道八日市線と連絡するだけである。

野洲駅には隣接して車庫（正式には網干総合車両所宮原支所野洲派出所、国鉄時代は野洲電車区）がある。

草津駅で草津線が分岐合流し、同駅から山陽本線長田駅まで方向別複々線になる。両外側に長距離列車が走るので外側線、内側に近距離電車が走るので内側線と呼ばれている。

山科駅で湖西線が分岐合流する。

京都駅で山陰本線、奈良線と接続するとともにＪＲ貨物のコンテナ取扱駅でもある。さらに貨物ヤードに隣接してＪＲ西日本の京都鉄道博物館がある。ここには旧梅小路機関区の大規模な扇形車庫と転車台が置かれ、各種機関車が動態あるいは静態保存で置かれ展示されている。

向日町―長岡京間の海側に京都総合運転所、要するに国鉄時代の向日町運転所がある。

高槻駅には網干総合車両所高槻派出所、国鉄時代の高槻電車区がある。

千里ヶ丘手前から吹田駅にかけて吹田貨物ターミナルがある。かつて日本三大貨物操車場の中で一番規模が大きく東洋一とも言われた大きな操車場である。現在は規模が縮小されたものの、それでも貨物ターミナルとしては大規模である。京都寄りで大阪貨物ターミナルへの大阪ターミナル線、大阪寄りで北方貨物線と梅田貨物線が分岐合流する。

大阪貨物ターミナルは新幹線鳥飼基地に隣接している。もともとは新幹線に貨物電車を走らせて新幹線の貨物駅にしようとしていた用地を流用して大阪貨物ターミナルを開設したものである。

吹田駅―東淀川間は方向別複々線と梅田貨物線、北方貨物線の8線、さらに東淀川の京都寄りでおおさか東線が合流してきて新大阪駅手前までは一時的に10線の線路が並ぶ。

新大阪駅手前で北方貨物線が分かれる。新大阪駅は新幹線の連絡駅だが、西側の山陽新幹線の海側に旧宮原客車操車場、現在の網干総合車両所宮原支所のヤードが広がっている。そこから梅田貨物線を斜めに乗り越して方向別複々線になっている東海道本線の上下両外側線と内側線の間に宮原東回送線が割り込んで分岐合流する。

梅田貨物線は淀川を上淀川橋梁で渡ると、分かれて阪急電車の下を通って地下にもぐる。以前は梅田貨物駅があったが貨物取扱をすべて吹田貨物ターミナルに移転して廃止した。跡地はうめきた地区として再開発中で、地下にもぐった梅田貨物線に大阪駅うめきたホームが新設された。おおさか東線の電車は同ホームで折り返し、特急「はるか」「くろしお」はさらに西九条に向けて進む。

梅田貨物線は大阪環状線福島駅近くで単線になって地上に出て西九条駅まで環状線と並行する。西九条駅までが東海道貨物支線といえる。

大阪駅から先も方向別複々線で進み、淀川を下淀川橋梁で渡って、塚本駅の先で宮原西回送線、続いて北方貨物線と分岐合流する。

尼崎駅ではＪＲ東西線と福知山線が分岐合流する。そして新快速が停車する芦屋、三宮を経て終点神戸駅となる。東海道本線の終点駅だが、山陽本線の起点駅でもある。現在はすべての列車が通り抜けるだけで折り返す電車はほとんどないが、下関寄りの内側線の上下線の間に引上線があるとともに、山側に片面ホームの1番線があって、東海道新幹線が開業する前は神戸駅を始終発駅とした東京発着の特急が運転されていた。

米原

米原駅はＪＲ東海とＪＲ西日本の境界駅だが、実際の境界は岐阜寄りで上下線が分かれる地点である。管理運営はＪＲ西日本が行っている。北陸本線との分岐接続駅で東海道本線と北陸本線との直通列車は頻繁に運転されている。

名古屋方面からは特急「しらさぎ」、大阪方面からは新快速が直通する。貨物列車は湖西線経由もあるが米原経由の北陸本線直通も頻繁に走る。「しらさぎ」とともに名古屋方面からの貨物列車はないが、走る可能性もありうるので米原駅でスイッチバックできるようにしている。

貨物列車は機関車の付け替えが必要なので神戸寄りに機待線や機折線、機留線がある１３００ｔ牽引対応の着発線が設置されている。また、岐阜寄りには電留線が置かれており、駅の長さは３㎞近くにもなる。

旅客ホームを含むこれら各線群は東海道本線の上下本線間に置かれる抱き込み式になっている。

電留線は2群に分かれ、岐阜寄りは7～17番の11線、北陸本線に沿って1～6番の6線がある。北陸本線が東海道本線上り線をくぐって東海道本線の上下線間に割り込んでくる。北陸本線の上下線は駅中心のすべての発着線に進入、進出が可能な配線になっている。このためにホームに達する間は複雑で長い配線になっており、その間に保守基地が置かれている。この保守基地からの1線が新幹線米原保線所に乗り入れている。保線所構内にある砂時計形転車台につながっており、転車台のプレートガーターは狭軌・標準軌併用の3線軌になっている。

旅客ホーム部分には島式ホーム3面8線になっている。線路名はなく、すべて番号が付され、乗り場案内も共通に付番されている。

1番線は下り1番線で下り貨物列車の通過用なのでホームに面していない。2番線が下り本線で主として名古屋方面からの快速、新快速等の到着用になっている。3番線は主として大阪方面の普通（京都または高槻以西快速）と新快速の出発用である。

4番線は神戸寄りにある貨物着発線と北陸本線とを行き来する上下の貨物列車通過用でホームに面していない。

5番線は北陸本線普通の発着用、6番線は「しらさぎ」のスイッチバック用、7、8番線は名古屋方面新快速等の出発用だが7番線は大阪方面からの普通、新快速が到着し、8番線は上り東海道貨物列車が通過する。

神戸寄りにある貨物着発線群は海側の下り本線の次に下り貨物1〜6番線があり、うち3〜5番線は北陸本線方面と東海道本線神戸方面の両方に出発できる。山側の上り本線に続いて上り貨物1〜4番線、そして通路線がある。岐阜寄りに機留線2線があり、機待線と機折線の役目もする。神戸寄りには機待線と機折線があって、上り貨物4番線の海側にある通路線は基本的に機回線である。

下り貨物着発線群と上り貨物着発線群の間に空間が広がっている。ここにコンテナホームを設置して米原貨物ターミナルにする予定になっているが、ずっと荒れ地のままでコン

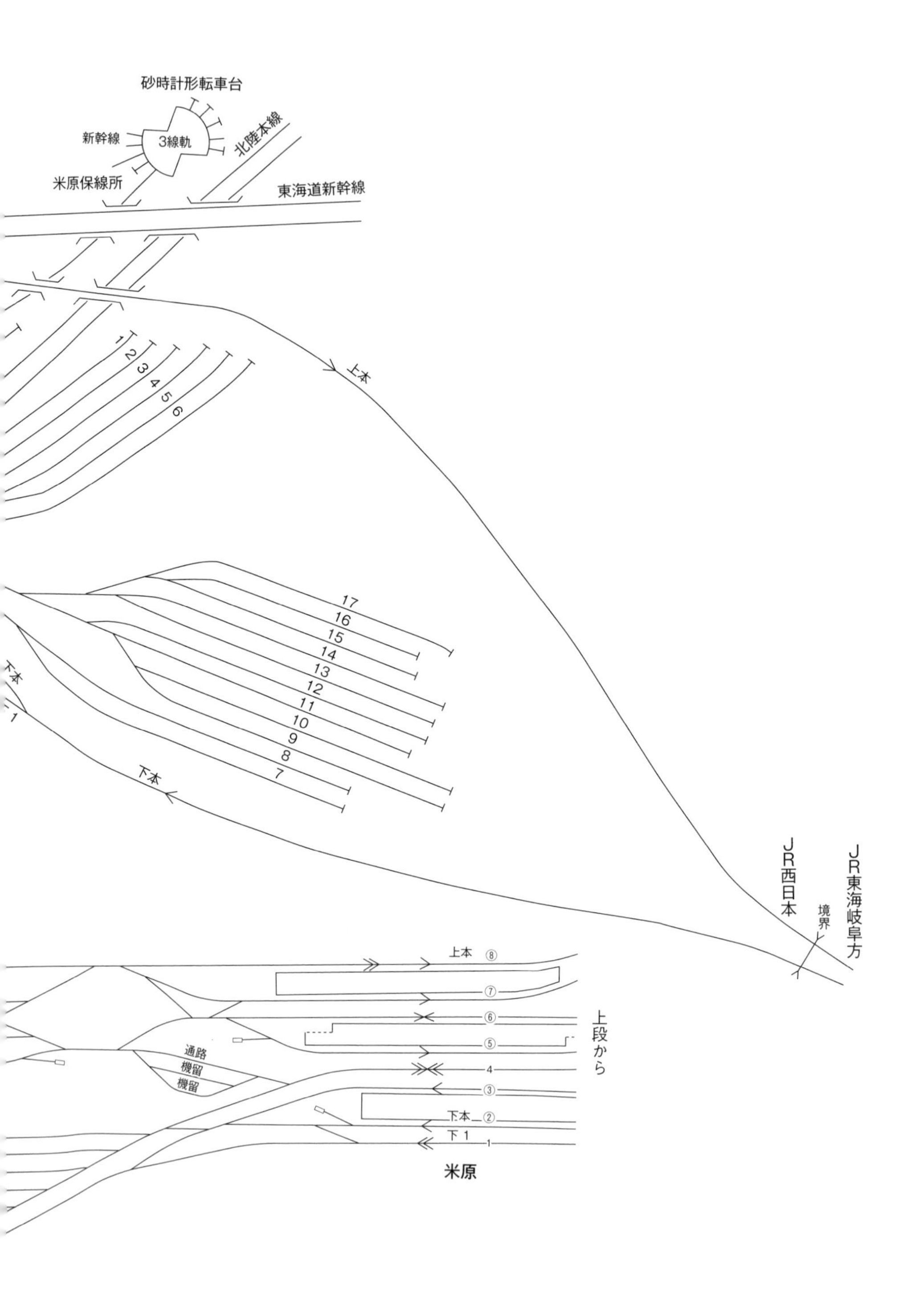
砂時計形転車台
新幹線
3線軌
米原保線所
北陸本線
東海道新幹線
上本
1
2
3
4
5
6
17
16
15
14
13
12
11
10
9
8
7
下本
1
JR西日本
JR東海岐阜方
境界
上本 ⑧
⑦
⑥
⑤
4
③
下本 ②
下1 1
通路
機留
機留
上段から
米原

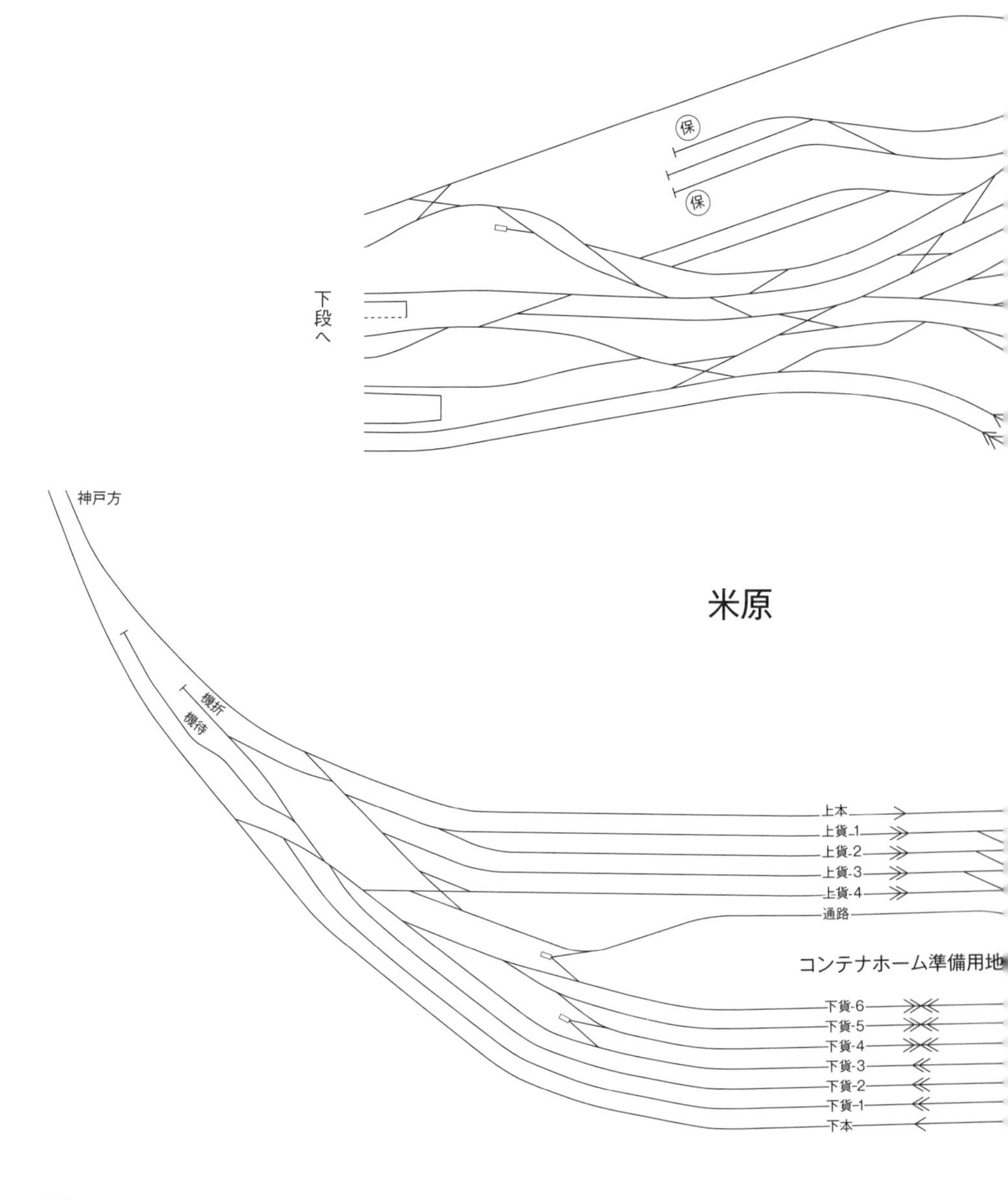

保
保
下段へ
神戸方
米原
機折
機待
上本
上貨-1
上貨-2
上貨-3
上貨-4
通路
コンテナホーム準備用地
下貨-6
下貨-5
下貨-4
下貨-3
下貨-2
下貨-1
下本

テナホームの設置はなされていない。そして令和4（2022）年になって米原貨物ターミナルの設置は採算がとれないとして中止になった。とはいえ令和5年に貨物列車へのモーダルシフトが国の方針になったことから米原貨物ターミナルの再整備事業が復活する可能性はある。

彦根—篠原間

彦根—篠原間で掲載している各駅の写真は彦根駅を除いて神戸寄りから見たものである。

彦根駅は相対式ホーム2面3線で、中線は1300t対応の上下貨物着発線になっている。上り本線は線路番号1番で乗り場番号も1番だが、下り本線は線路番号3番で乗り場番号2番と異なっている。線路番号2番は上下本線に挟まれた中線である。米原寄りで近江鉄道本線との接続線は残っているが、近江鉄道本線の彦根駅の近くでは線路が撤去されて行き来できなくなっている。

南彦根駅は相対式ホーム2面2線である。

次の河瀬駅は海側に片面ホームがあるJR形配線に山側に上り1番貨物着発線がある。1番線が下り本線、2番線が中線の貨物上下着発線、3番線が上り本線、そし

彦根駅。左端の線路が近江鉄道との接続連絡線だった

てホームに面している4番線は上り1番線である。2番線と4番線は１３００t牽引貨物列車対応の長さがある。中線は2線あったが下り線側の中線は撤去されている。

稲枝駅も相対式ホーム2面2線だが、かつては中線があった。そのため上下線の間が広くなっている。

能登川駅は河瀬駅と同じ海側に片面ホームがあるＪＲ形配線で山側にある島式ホームの外側が上り1番着発線（3番乗り場で4番線）、内側が上り本線（2番乗り場で3番線）である。2番線である中線は下り着発線だけになっていて神戸寄りでは上り線との渡り線はない。片面ホームに面した下り本線は乗り場番号も線路番号も1番である。中線と上り1番線は１３００t牽引対応の着発線にするために米原寄りを延ばしている。

安土駅は山側に片面ホームがあるＪＲ形配線だが、中線は2線あったのを1線に減らしているので現中線と上り本線の間が広くなっている。

近江八幡駅は近江鉄道八日市線と連絡しているが、レールはつながっていない。山側に片面ホームがあるＪＲ形配線になっており、中線は2線あって海側のほうは下り本線（2番乗り場で3番線）、山側のホームに面していないほうは上下貨物着発線（2番線）とした副本線である。島式ホームの外

河瀬駅

能登川駅

安土駅

近江八幡駅

篠原駅

側は下り1番副本線で普通が停車して新快速と緩急接続をするとともに下り貨物着発線でもある。上下副本線の中線は米原、神戸両側を延ばし、下り1番副本線は神戸寄りだけを延ばして1300t牽引の貨物列車に対応している。

篠原駅は相対式ホーム2面2線だが、かつては中線があったために上下線間の幅は広く、神戸寄りは中線を流用したY形横取線が設置されている。

野洲派出所・野洲

野洲駅の手前に野洲派出所という電車庫がある。国鉄時代は野洲電車区と呼ばれていた。正式名は網干総合車両所宮原支所野洲派出所という。

抱き込み式車庫で神戸寄りに1〜19番線が並び、奥に洗浄線と20〜23番の始業点検線がある。1〜6番線は行き止まりになっている。7〜18番線は通り抜け式になっていて、1線に収束してから米原寄りの洗浄

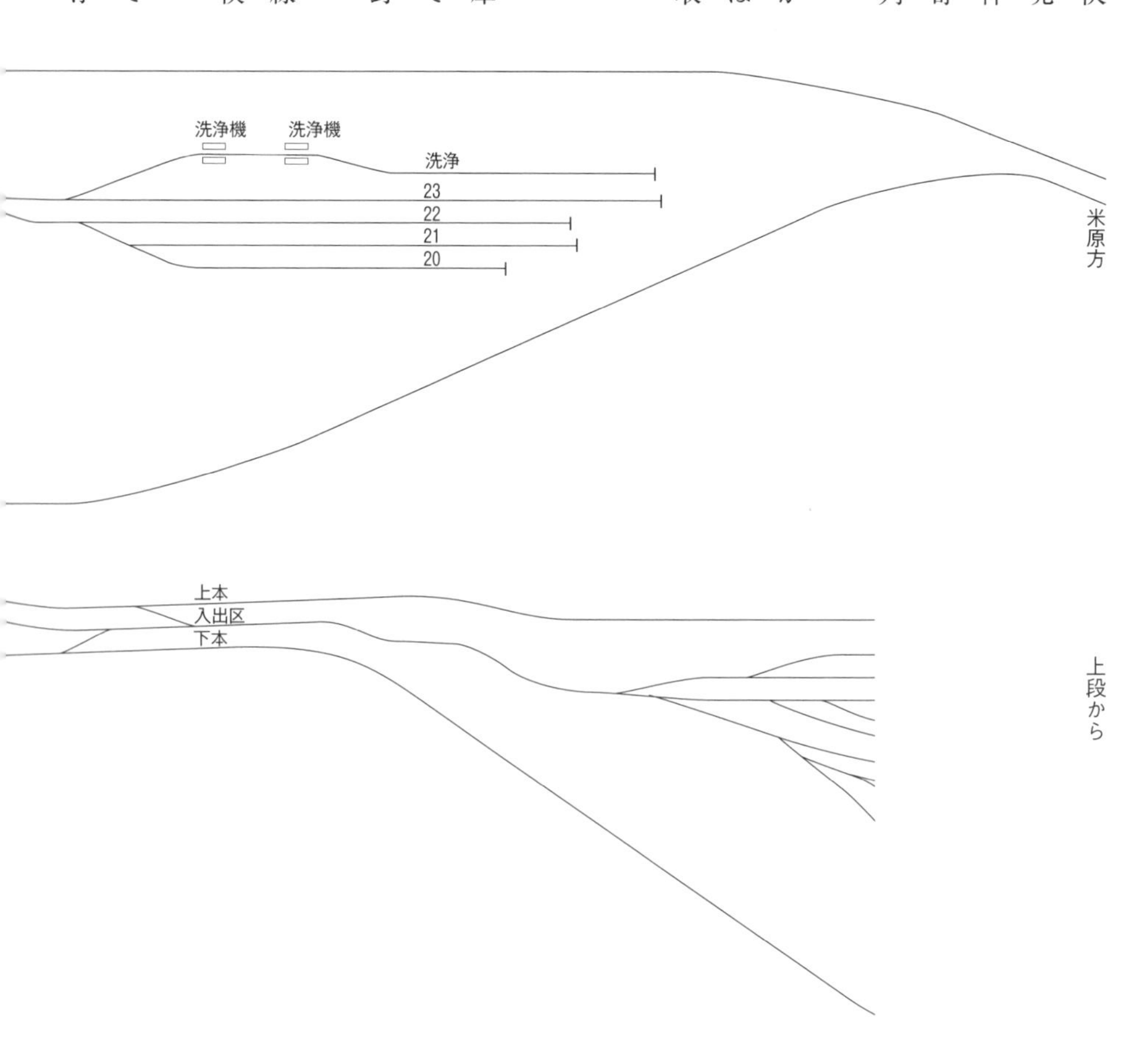

線と点検線につながっている。19番線が通路線で引上線が置かれている。

1～18番線は神戸寄りで収束して1線の入出区線になる。入出区線は上下本線の間で並行して野洲駅になる。海側に下り本線に面した片面ホームがあり、山側に島式ホームがある。島式ホームの内側は中線、外側上り本線になっている。上り本線の山側には1300t牽引対応の貨物着発線の上り1番線がある。

JR西日本は下り本線とか中線とは呼ばず、番号で付番しているのが基本であり、それとは別に乗り場案内番号がある。下り本線が1番線、上り1番線が4番線である。

かつては1番線と2番線の間にホームに面していないもう一つの中線があったが撤去された。このため下り本線と中線との間が広くなっている。

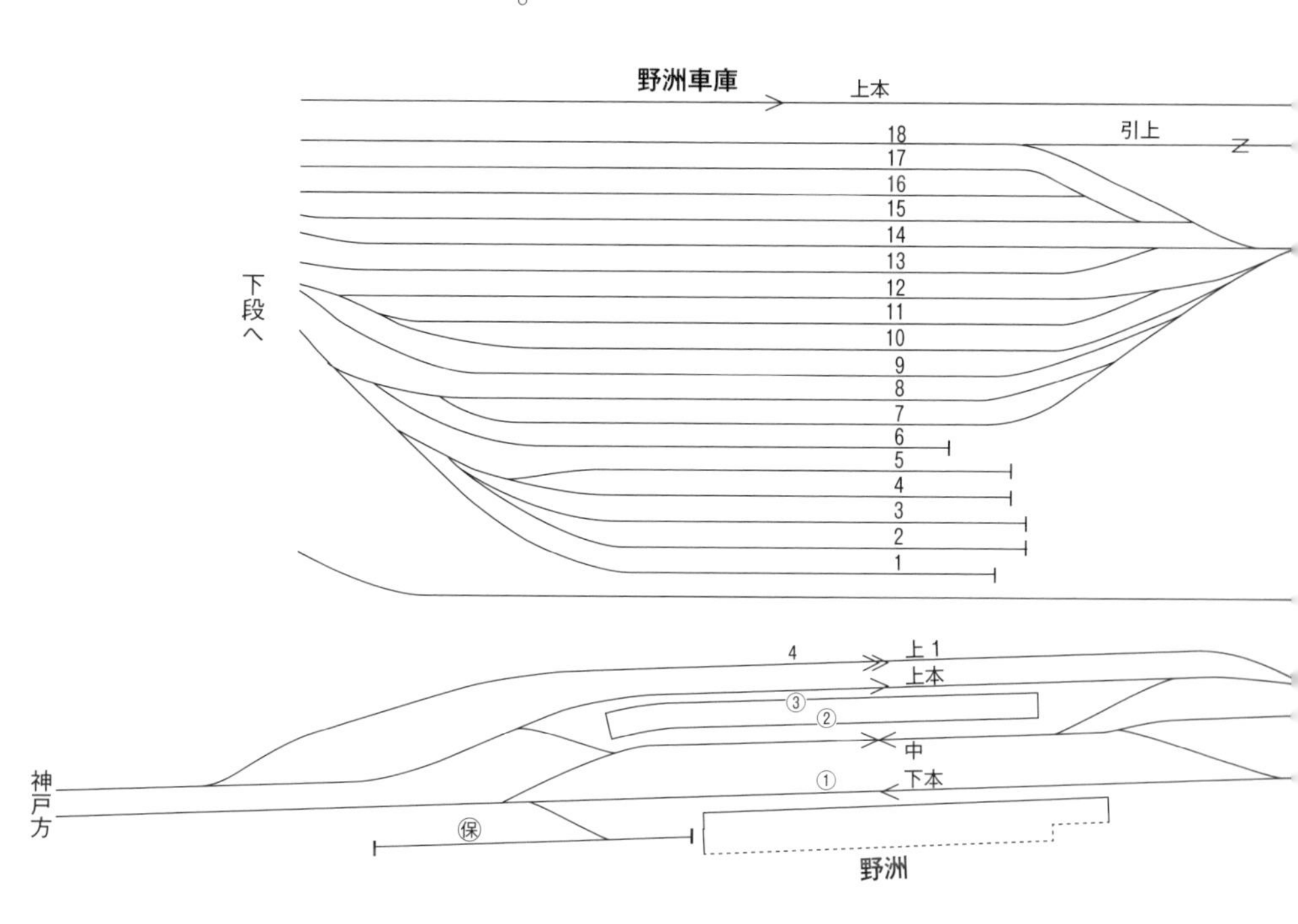

守山

次の守山駅は相対式ホーム2面2線だが、かつては海側の下り線側は島式ホームだった。内側が下り本線、外側が下り1番線だった。さらに下り本線と上り本線の間に中線があった。貨物列車が直行方式になったのちも車扱貨物を取り扱っていた。

海側に上原成商事の専用線があって四日市駅から石油貨物列車が平成15（2003）年まで運転されていた。仕訳方式の時代には旭化成や富士車輛などの専用線もあった。これら専用線は広い駐車場になっている。

栗東駅は単純な相対式ホーム2面2線である。

草津

草津駅で柘植(つげ)駅からの草津線が分岐合流する。草津駅の米原寄りで草津線の上り線が斜めに乗り越して東海道本線と並行する。草津線は基本的に単線だが、東海道新幹線の栗東保守基地へのレール搬入線があったために搬入線が分岐するところまで複線だった。

しかし、栗東保守基地でのレール搬入は廃止され、搬入線も撤去されている。もともと、上下線が合流した先で順逆二つの渡り線があって、その先は線路別複線だった。廃

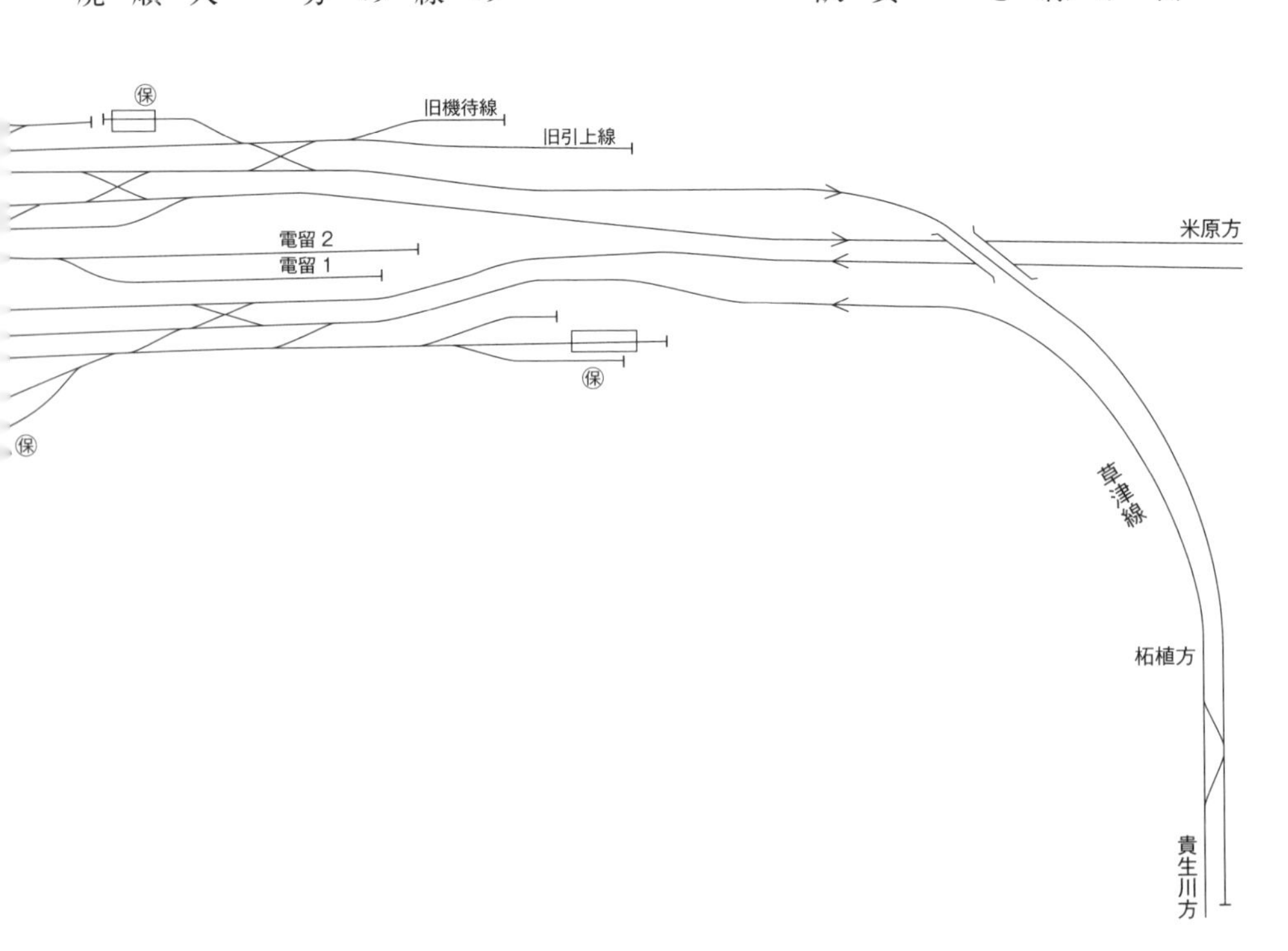

守山駅

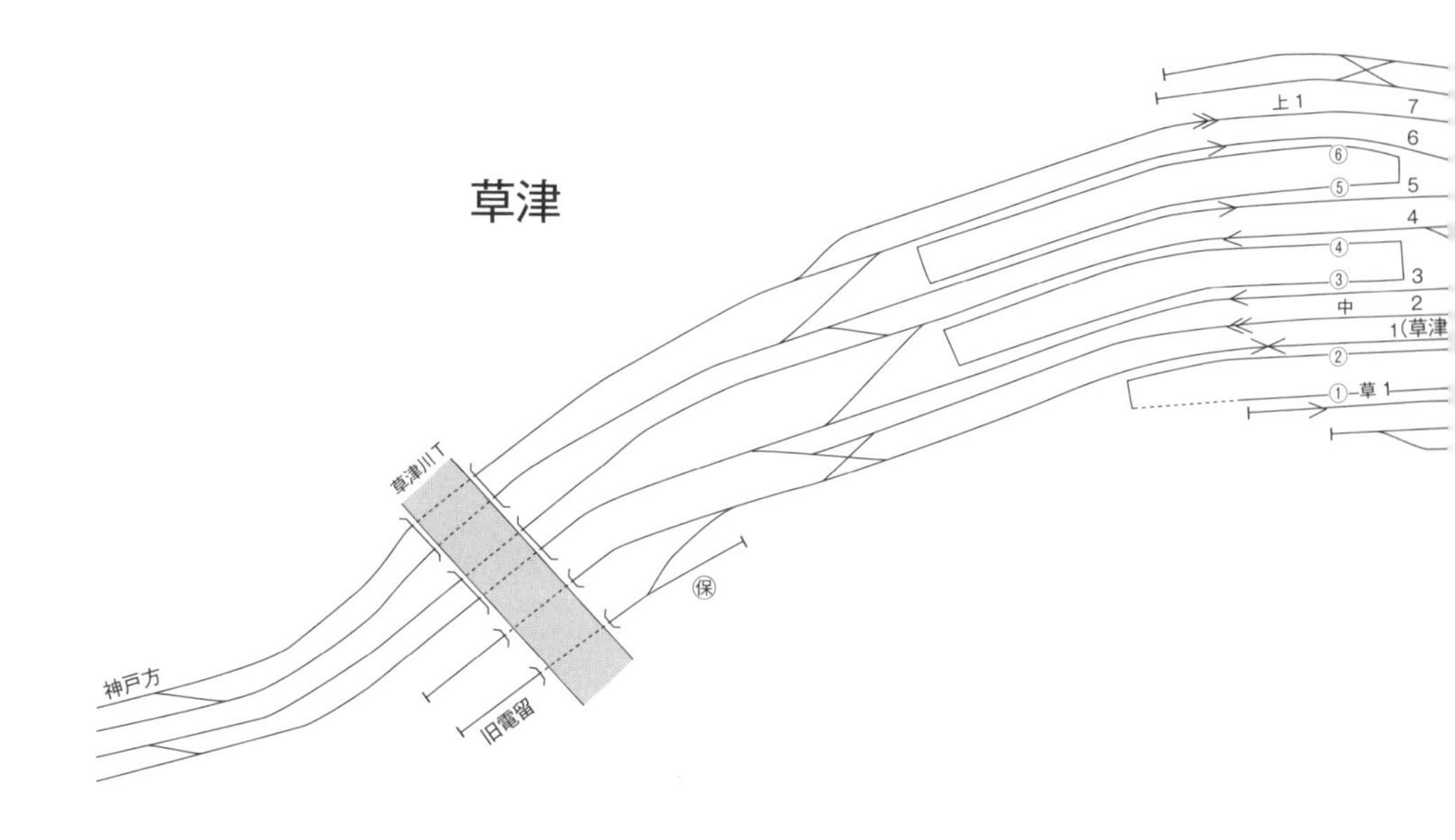

止後は順逆渡り線の元搬入線を引上線代わりに少し残して順渡り線の先は単線になっている。

草津駅は島式ホーム3面8線になっている。海側から1番乗り場になっているが、上下貨物着発線があるために線路番号と乗り場番号は必ずしも合致していない。

1番乗り場の線路番号は草津1番線になっている。2番乗り場は1番線もしくは草津本線、そして下り貨物着発線の2番線がある。3番乗り場から6番乗り場までは線路番号と合致している。さらに山側に上り貨物着発線で上り1番線の7番線がある。

1番乗り場は神戸寄りで停まっている。草津線電車の京都行は線路がつながっている2番乗り場で発着する。また草津線の折返電車は1、2番乗り場に停車する。米原寄りに電留線2線が置かれているが、引上線として利用されている。

3～6番乗り場のホームの長さは12両編成対応（260m）、上下貨物着発線は1300t牽引貨物列車対応である。海側の米原寄りに転車台も設置されていたが撤去され保守基地になっている。また新幹線用の草津レールセンターが神戸寄りに隣接していた。

山側には7線の仕訳線などがあったが、撤去された。ただし、上り貨物留置線と荷役線、米原寄りで上り引上線と機待線は残っている。

神戸寄りには天井川の草津川が流れており、その下を70mの草津川トンネルでくぐる。草津駅から方向別複々線になるので複線トンネル2本がある。それとは別に最初に造られたトンネル2本も残っていて駅側の下り仕訳線との留置線が抜けていた。現在は保守線になっている。

草津川トンネルを抜けて少し進んだところに上下線とも外側線から内側線への渡り線がある。

南草津─大津間

南草津駅と瀬田駅は島式ホーム２面４線の東海道本線草津─神戸間に見られる標準的に方向別複々線になっている。国鉄時代は外側線が長距離列車用で国鉄本社が直轄して管理、内側線が近距離列車用として大阪鉄道管理局が管理していた。ＪＲ化後も基本的にはそうなっているが、草津線直通の普通電車が外側線に走ったり、昼間の新快速電車は内側線を走ったりしているので島式ホームの外側線側に安全のための仕切りが設置されていない。

石山駅は外側線の両外側に貨物着発線の下り１番線と上り１番線がある。このためホームに面していない下り１番線が線路番号１番、下り外側線の１番乗り場が線路番号２番、下り内側線の２番乗り場が線路番号３番、上り内側線の３番乗り場が線路番号４番、上り外側線の４番線が線路番号５番、そして上り１番着発線が線路番号６番となっている。

膳所駅もほぼ同じ配線になっているが、米原寄りで下り側は内側線から外側線へ、上り側は外側線から内側線への渡り線がある。膳所駅の神戸寄りで外側線、米原寄りで内側線に転線して普通は新快速や特急の待避ができるようにしている。

石山駅

線路番号は上り1番線が1番、下り1番線が6番、発着番線は山側の上り外側線が1番、海側の下り外側線が4番乗り場になっている。また、貨物を取り扱っていたために海側の貨物側線があった。現在は保守基地として転用されている。

大津駅は島式ホーム2面4線の単純な方向別複々線の駅である。

山科

山科駅は湖西線と分岐合流駅である。島式ホーム2面6線で、線路番号は海側の下り1番線から1番になっているため乗り場番号とはあっていない。

線路番号1番線は東海道外側線の下り特急・貨物列車の通過用でホームに面していない。2番線は下りの湖西線電車と外側線を走る東海道線電車、3番線は東海道線の内側線を走る電車、4番線は上りの東海道線内側線を走る電車、5番線は湖西線普通と東海道線外側線を走る山科駅停車列車がそれぞれ停車、6番線は湖西線と東海道外側線の山科駅通過列車が通る。

京都

京都駅では奈良線と山陰本線と分岐接続をしている。両線と東海道本線とは直通する列車はないが、本来、山陰線ホームであるはずの30番線は関空特急「はるか」の始終発電車

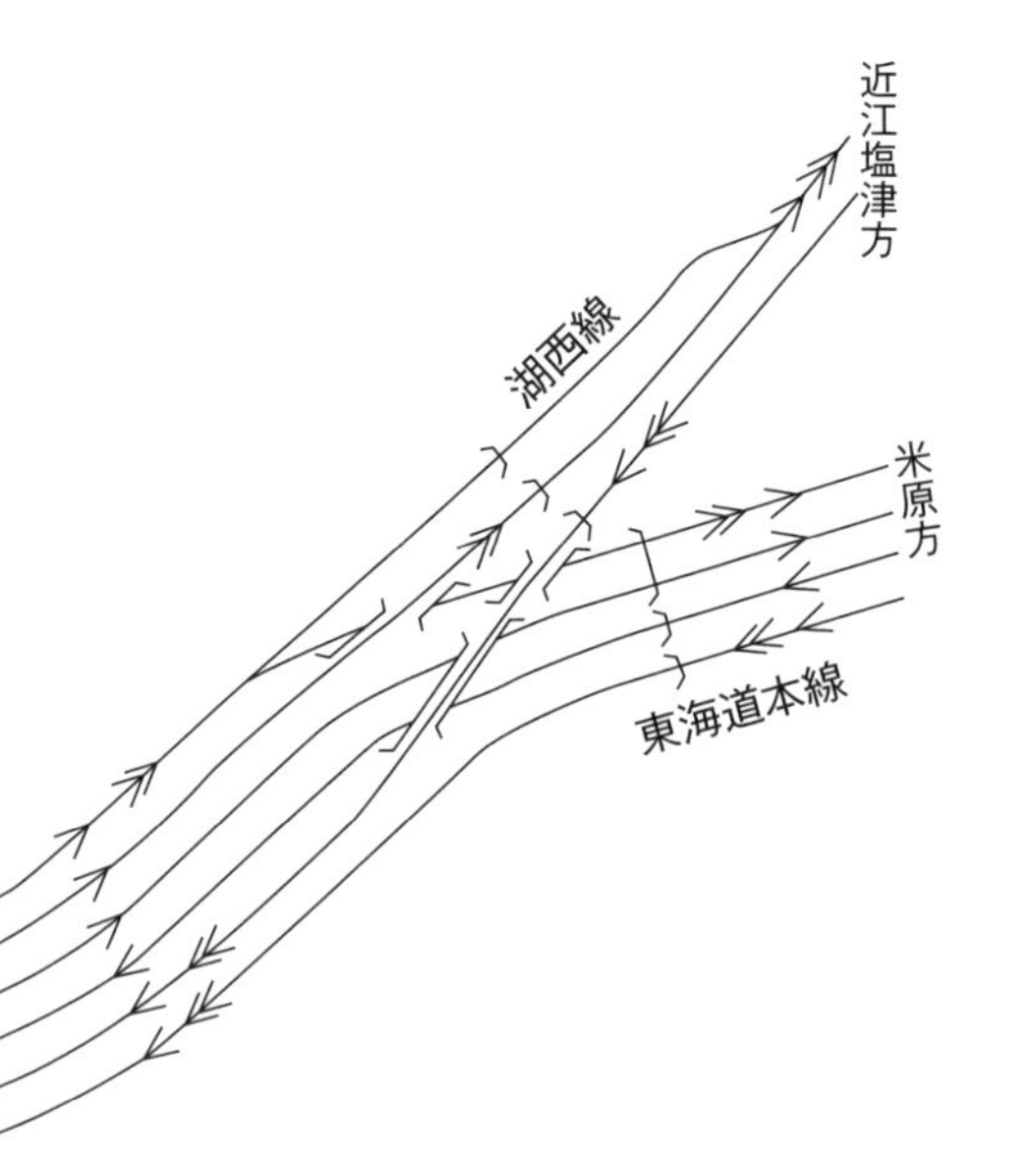

のためのホームである。

東海道本線を走る列車で京都駅を始終発にしているのは「はるか」のほかに「スーパーはくと」、紀州方面の「くろしお」がある。「くろしお」と「はくと」は米原寄りにある上り引上線で折返整備をする。また「はるか」は朝の関空行、夕夜間の関空発の一部は京都駅を通り越して最遠で米原発着もある。

京都駅を通り抜けるのは北陸特急「サンダーバード」と高山線特急「ひだ」、それにかつて米原―大阪間を走る通勤ライナーだった「びわこライナー」は特急に格上げされ「びわこエクスプレス」がある。

一般列車では草津線直通と湖西線直通の普通が京都駅折返である。湖西線直通と東海道本線を走る新快速。それに普通（朝ラッシュ時上りは京都駅から快速）は京都駅を通り抜ける。朝ラッシュ時上りを中心に京都折り返しの通勤形を使う各停もある。各停ではあるが呼称としては普通と呼んでいる。

このため京都駅の配線や発着番線は複雑である。京都駅でも各線は番号が付番されている。しかも乗り場案内の番号と共通にしている。

0番線は京都駅の玄関口の烏丸口から階段なしでストレートに行けるメインとの線路である。京都駅を通り抜ける上り特急のすべてと朝の上り新快速、夕方の草津線直通普通が発着する。もともと1番線と名乗っていて、ホームの長さは５５８ｍもあって東海道新幹線や東北新幹線（盛岡以南）、上越新幹線の４２０ｍより長く日本一長いホームと言われていた。しかし、これは切り欠きホームの30番線を合わせたものである。0番線は３２３ｍ、30番線は２３５ｍとなっている。

以前は0番線が1番線、30番が山陰1番線とされていた。1番線と2番線の間に2線の

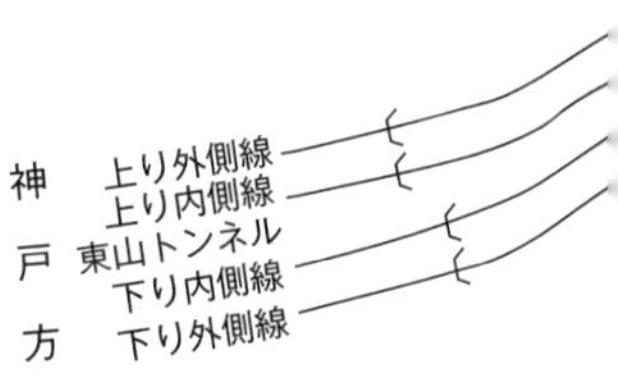

神戸方
上り外側線
上り内側線
東山トンネル
下り内側線
下り外側線

線路があった。1番線寄りは貨物列車通過用の上り中線、2番線は留置線だった。

京都駅の改築時に1番線と30番線を廃止してホームを拡幅、上り中線を現0番線とした。山陰1番線も廃止してホームを拡幅、旧1番線を30番線にした。また中線の留置線を貨物列車通過用の1番線にした。

このため1番線はホームに面していない。2、3番線は湖西線と米原方面の新快速、普通が発着する。3番線と4番線の間に電留1番と2番の2線の電留線がある。4、5番線は下り新快速（朝夕は除く）、快速（朝ラッシュ時のみ）、普通（朝ラッシュ時を除き高槻駅から快速）が発着する。新快速、普通は主として5番線から発車する。

6、7番線は京都駅を通り抜ける各種特急と「はるか」を除く京都始発の特急が発着する。ただし、朝夕の上り新快速も6番線から発着する。7番線は貨物列車が通過する。

8番線は通り抜け式、9、10番線は頭端相対式ホームでこの3線は奈良線電車の折り返し発着線になっている。

10番線の上に東海道新幹線の上り1番副本線である11番線がある。ホーム下の新幹線コンコースから在来線への連絡改札口と階段があり、奈良線に乗り換えるには新幹線連絡改札口から1分以内、東海道本線の5番線へも2分もかからずに行ける。

新大阪駅では乗り換えに5分以上はかかる。京都―新大阪間の「のぞみ」の所要時間は13分、新快速は24分で11分の差があるが、「のぞみ」の京都駅到着後、すぐに5番線に行き新快速に乗れたとすると大阪以遠に行く場合は新大阪駅で乗り換えるのと、ほぼ同じ新快速に乗ることになる。

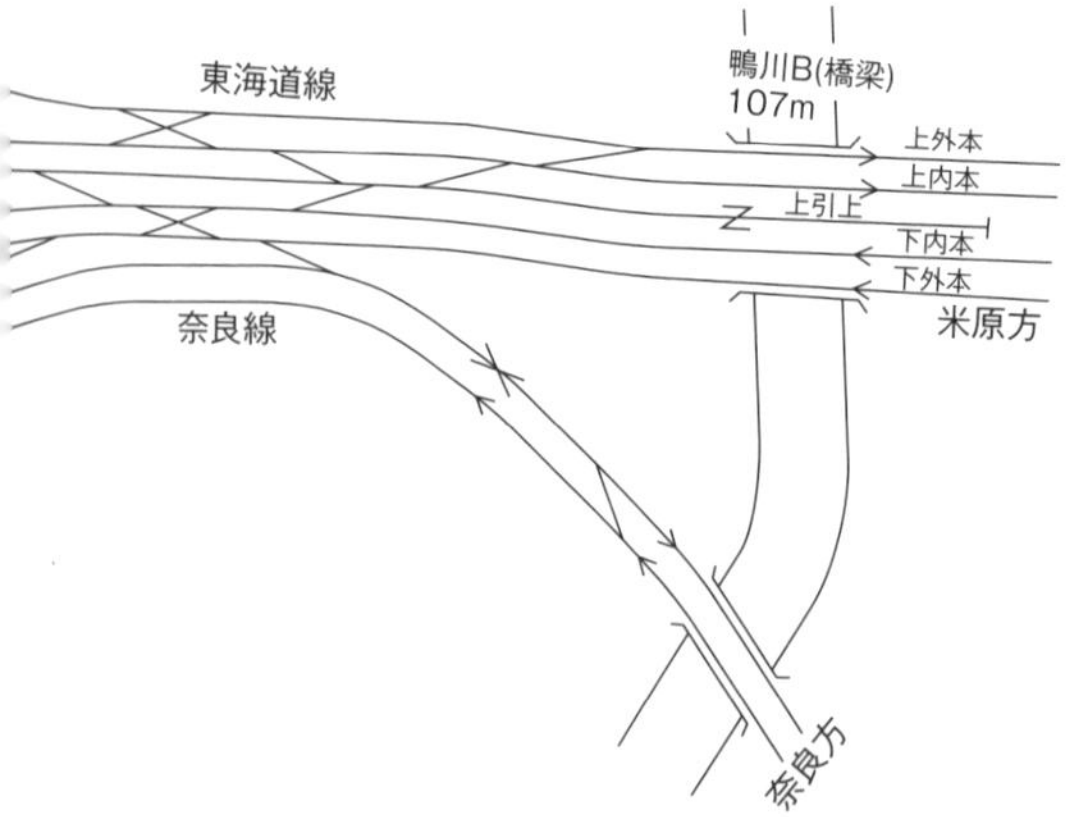

京都

乗り換え距離が短いだけでなく、新横浜駅から京都駅までの「のぞみ」料金（通常期指定席）は5470円、新大阪駅までは5810円と京都乗り換えのほうが340円安い。新快速は15分ごとに走っているから、新快速の待ち時間は最大でも15分であるので、そんなに差はない。

　とはいえ京都駅でも新大阪駅でも新快速は混んでいるから座れないことが多い。新快速の8分後に発車する高槻駅から快速になる普通に乗れば、空いていて確実に座ることができる。山崎駅付近で後続の新快速に走行中に追い抜かれるが大阪到着は新快速よりも7分後になるだけである。尼崎以遠に行く場合で急ぐことがなくゆったりと座りたい人は快速利用もいいといえる。

　話を発着線に戻して、0番乗り場と同じ平面になっていて神戸、福知山寄りには頭端櫛形ホーム3面4線の30～33番線がある。10番台は新幹線乗り場だから20番線にするのがセオリーだが30番台にしている。これは山陰線専用の乗り場なので山陰の「サン」を掛け合わせてわかりやすくしたものである。

　ただし「はるか」の運転開始で30番線は京都駅始終発の「はるか」の発着線になっている。また、山陰線特急は31番線で折り返している。「はるか」の京都以西での通過する経路は複雑である。とくに関空行は貨物本線を多用して走っている。

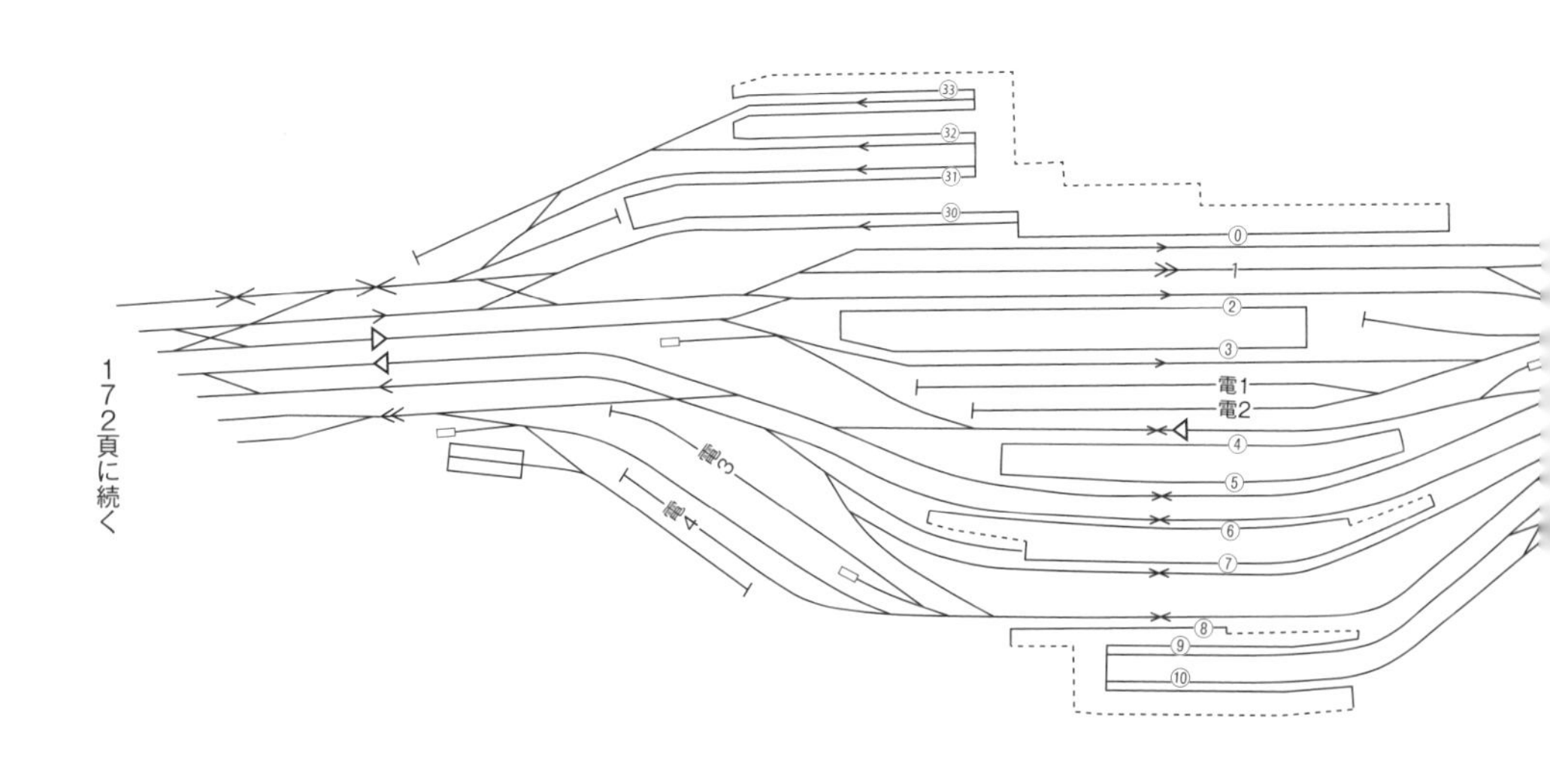

172頁に続く

京都貨物・桂川

京都貨物駅は京都駅の神戸寄りで隣接している。平成23（2011）年3月までは梅小路駅だった。京都貨物駅と京都駅の間には京都鉄道博物館があり、旧梅小路機関区の大きな扇形車庫と転車台が残っていて、各種種機関車が動態または静態で保存展示されている。さらに山陰本線に沿ってSLスチーム号体験乗車線もある。

山陰本線と東海道本線神戸方を短絡する東海道支線（通称京都市場線）があったが、山陰本線との接続地点付近に旅客駅の梅小路京都西駅を平成31（2019）年3月に開設したために、その前の平成28年3月に廃止した。

京都鉄道博物館の扇形車庫の南側にはJR西日本の客車留置線の6番から13番の9線が置かれている。うち13番線は蒸気機関車第2検修線への通路線、8番線は京都鉄道博物館への保存展示車両などの搬入線につながっている。

続いて1番から5番の電留線が離れてあり、その海側に上り貨物本線が置かれている。さらに上り貨物留置線が10線あったが、7番線から10番線は撤去されている。ただし一部の線路は寸断されながらも残っている。上り貨物留置線のさらに海側に1番から5番の5線の着発線がある。先ほどの上り貨物本線ともつながっているが上り貨物線は神戸寄りで6、7番の着発線にもつながっている。すべての着発線は両方向に発車できる。

これとは別に京都駅の4～7番線と接続している下り貨物本線が複々線の旅客線の海側で並行して進み、途中から地下にもぐって1～5番の着発線とつながるようになっている。

5番着発線と6番着発線の間にコンテナホームがあり、5、6番着発線は着発荷役方式になっている。7番着発線の山側にはコンテナ積載線の貨物1番線（米原寄り）、貨物3番線（神戸寄り）に直列で並んでいる。さらに貨物荷役線と貨物ホームがあるが、コンテナだけ扱うようになって廃止された。ただし線路とホームは他の線路との接続はなくなったものの残っている。

神戸寄りには1～3番の下り貨物留置線と保守用車両留置線（保材線）1線がある。着発6、7番線から伸びてきた線路はE線とM線に分かれ、E線は海側の各着発線とともに下り引上線につながって各着発線間との転線ができるようにしている。

この付近の旅客線には西大路駅がある。上下線の内側線と外側線の間に島式ホームがある2面4線になっているが、外側線側には柵がしてある。外側線の列車が西大路駅に停車することがないためである。

以前は主として修学旅行用電車「きぼう」号がときおり停車して駅近くの中学校の修学旅行生を乗り降りするために柵がなかったが、すでに「きぼう」号がなくなったために柵を設置したのである。柵の設置は近年になってのことで、それ以前はロープを張って転落を防いでいた。外側線を走る団体列車の停車を考慮するためだったが、もうそんなことはないということで柵を設置した。西大路駅から灘駅までの各停だけが停まる島式ホーム2面2線の駅の多くも同様になっている。

先述のM線は海側の着発線との間でシーサスポイント介して上り外側線と下り貨物本線に分かれる。下り貨物本線は桂川を渡った先で神戸寄りから上り外側線への渡り線が置かれている。下り貨物本線は向日町駅の先で下り外側線につながっているとともに京都総合運転所（旧向日町運転所）の車両基地の入出区線にもつながっており、京都駅との間で上下回送列車が走る。そのため逆行列車が桂川付近の渡り線まで上り回送列車が走って外側線に転線する。そのための渡り線である。

その先桂川駅の手前で東海道旅客線を斜めに乗り越して桂川駅の先で複々線の東海道本

京都貨物―桂川

福知山方
梅小路京都西
扇型車庫
京都鉄道博物館
蒸気機関車第2検修庫
搬入線
山陰本線
客留13
通路
客留12
客留11
客留10
客留9
客留8
客留7
客留6
電留5
電留4
電留3
電留2
電留1
上貨本
上貨留10～7
(廃止)
留置 5
留置 4
留置 3
留置 2
留置 1
廃止
SLスチーム号走行線
上引上
機折
上貨物本
上外本
上内本
下内本
下外本
下貨物本
下引上
169頁から
M線
E線
下引上
下貨本
西大路
保材
下留置3
下留置2
下留置1
上段から

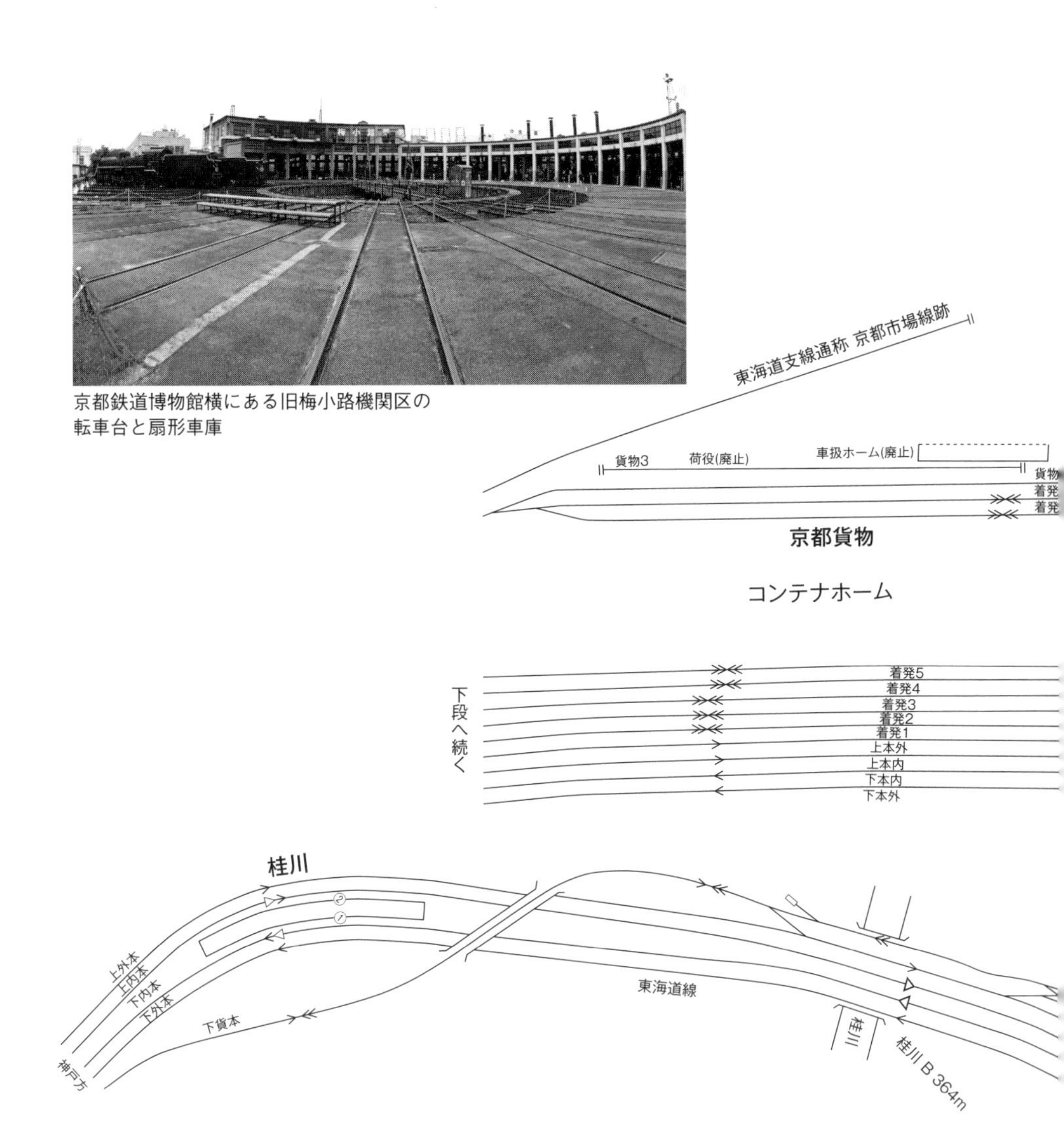

京都鉄道博物館横にある旧梅小路機関区の
転車台と扇形車庫

線と並行するようになる。

桂川駅は平成20（２００８）年10月に開設された新しい駅である。既設の多くの各駅が島式ホーム２面４線にしているのに対して、内側線の間に島式ホーム１面がある。

下り貨物本線は上り線の複線と下り線の複線の間を広げて乗り越していた。その先でカーブしながら通常の複々線になっていたが、上下複線を通って、京都貨物の間を広げてその間に島式ホームを置いたのが桂川駅である。そのため神戸に向かって左にカーブしている。

関空行「はるか」は京都駅の30番線を出発すると上り貨物本線を通って、京都貨物の着発１番線を経由、下り貨物本線を通って、向日町駅の先で下り外側線に転線する。

向日町・京都総合運転所

桂川駅から向日町駅までは方向別複々線に加えて下り外側線の海側に下り貨物本線が並行する。向日町駅自体は他の普通しか停まらない駅と同様に島式ホームが２面あって外側線に面したほうは柵がしてある。

本線路は７線があって、山側から１番となっている。

桂川駅の京都寄りで京都貨物ターミナルからの下り貨物本線（上）は旅客線を乗り越して海側で並行して向日町駅に向かう。奥が内側線の間に島式ホームがある桂川駅

1番線は上り貨物着発1番線、2番線は上り外側線で1番乗り場にしているが柵があって乗降はできない。3番線は上り内側線で乗り場番号は2番、4番線は下り内側線で乗り場番号は3番、5番線は下り外側線で乗り場番号は4番だが柵があって乗降はできない。6番線は下り貨物1番線、7番線は京都総合運転所の上り入出区線である。

関空行「はるか」は6番線を通ってから下り外側線に転線するが、6番線に貨物列車が停車しているときは手前の渡り線で外側線に転線する。

京都総合運転所は国鉄時代には向日町運転所と呼ばれ全国有数の長距離列車の車両基地として昭和39（1964）年に本格運用が始まった。昭和39年10月に東海道新幹線が開通すると新大阪駅で新幹線と連絡する各方面の長距離列車が発着するようになった。

新幹線開業1年後の昭和40年10月の時刻表を見てみると、下りの連絡列車は新大阪発9時30分の広島行の特急第1「しおかぜ」、50分には博多行の急行第2「つくし」（下関―博多間交直両用急行電車落成まで運休）、10時22分に宇野行の準急「鷲羽」2号、20分に佐世保・大分行の特急「みどり」（気動車）、47分に急行第1「関門」、55分に大社行（京都発）の急行「だいせん」（気動車）、11時31分に熊本行（名

向日町駅の手前で下り貨物線は下り外側線へ転線できるとともに京都総合運転所の入出区線が分岐する

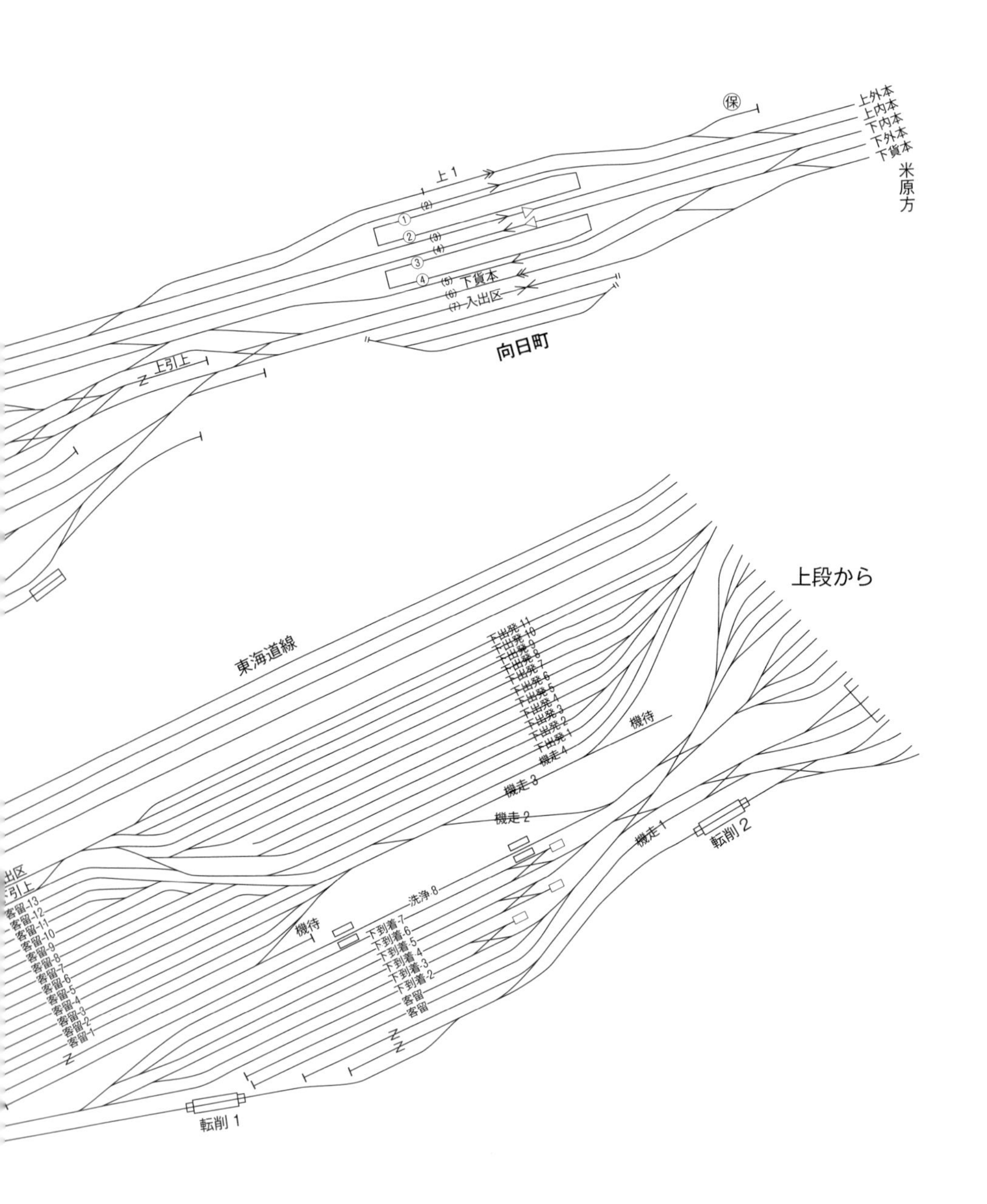
上外本
上内本
下内本
下外本
下貨本
米原方
保
上1
下貨本
入出区
向日町
上引上
上段から
東海道線
下出発-11
下出発-10
下出発-9
下出発-8
下出発-7
下出発-6
下出発-5
下出発-4
下出発-3
下出発-2
下出発-1
機走4
機待
機走3
機走2
機走1
転削2
洗浄-8
機待
下到着-7
下到着-6
下到着-5
下到着-4
下到着-3
下到着-2
客留
客留
出区
下引上
客留-13
客留-12
客留-11
客留-10
客留-9
客留-8
客留-7
客留-6
客留-5
客留-4
客留-3
客留-2
客留-1
転削1

向日町・京都総合運転所

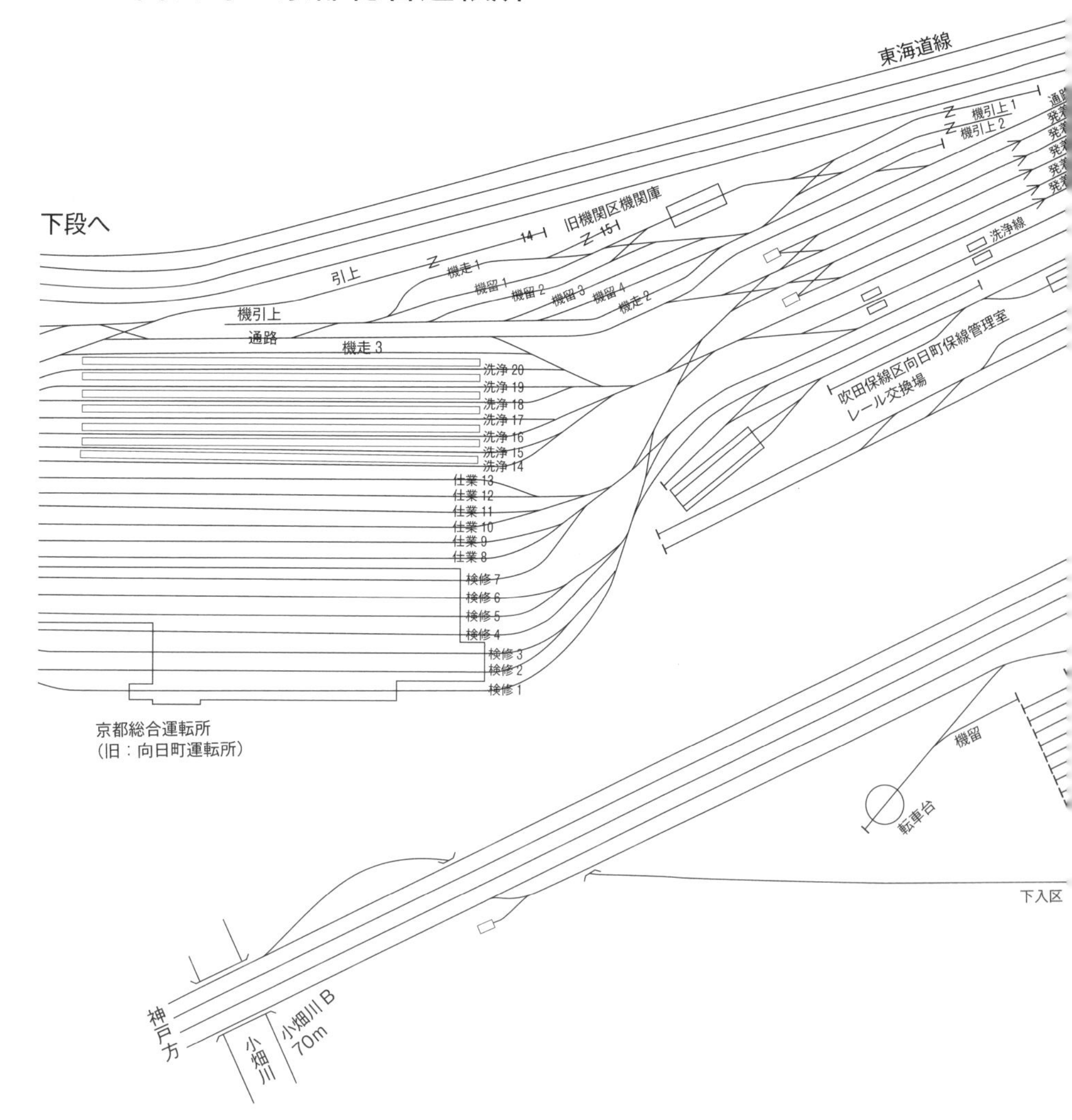
東海道線
下段へ
旧機関区機関庫
機引上 1
機引上 2
14
15
引上
機走 1
機留 1
機留 2
機留 3
機留 4
機走 2
機引上
通路
機走 3
洗浄線
洗浄 20
洗浄 19
洗浄 18
洗浄 17
洗浄 16
洗浄 15
洗浄 14
仕業 13
仕業 12
仕業 11
仕業 10
仕業 9
仕業 8
検修 7
検修 6
検修 5
検修 4
検修 3
検修 2
検修 1
吹田保線区向日町保線管理室
レール交換場
京都総合運転所
(旧：向日町運転所)
機留
転車台
下入区
神戸方
小畑川
小畑川 B
70m

古屋発）の特急「つばめ」、52分に宇野行の急行「鷲羽」4号、12時0分に浜田行の特急「やくも」（気動車・11月1日のみ運転）、12時30分に下関行の特急第1「しおじ」、44分に博多行（名古屋発）の急行「はやとも」、13時30分に博多行の特急「はと」、14時30分に宇野行の特急「ゆうなぎ」、15時2分に宇野行（京都発）の急行「鷲羽」6号、30分に下関行の特急第2「しおじ」、16時55分に広島行の急行「宮島」、17時30分に広島行の特急第2「しおかぜ」、55分に三原行の急行「びんご」2号と昼行列車が多数走る。

気動車と特記している以外は電車である。九州島内は交流電化で特急用481系は登場しているが、急行用の471系は昭和40年にすべて出そろっていなかった。また、東海道新幹線が開業する前に東海道本線に走っていた151系特急電車は昭和39年開業時には481系が落成していなかったために、471系電動車を電源車にして九州島内に乗り入れていた。その471系の旅客車改造が間に合わなかったのである。

昭和40年に481系が登場したので九州行特急は481系を使用するようになり、151系は本州内運転になった。481系には食堂車と1等車（現グリーン車）はあった。151系にはこれに加えてビュッフェ車、パーラーカー（個室と1人掛け1等展望車）が連結されていた。

18時以降は夜行列車が新幹線に連絡していた。18時30分に長崎・西鹿児島（現鹿児島中央）行の寝台特急「あかつき」、45分に宮崎行寝台急行「夕月」、19時34分に熊本行寝台急行「ひのくに」、20時4分に長崎行（京都発）寝台急行「玄海」、55分に佐世保行（京都発）寝台急行「平戸」、21時29分に都城行（京都発）寝台急行「日向」、34分に熊本行（名古屋発）寝台急行「阿蘇」、22時4分に博多行寝台急行「海星」、50分に下関行寝台急行「音戸」、23時0分に宇野行夜行電車「鷲羽」8号、29分に広島行夜行準急「ななうら」（2等寝台車連結）といった具合である。

名古屋発は別にして京都発も含めて向日町運転所を出発して回送で新大阪または京都に向かっていた。その後、新幹線連絡列車は増加していき、昼行、夜行ともに続々と向日町運転所を出発、あるいは入庫していた。

山陽新幹線岡山開業で宇野行は全廃になり、博多開業で夜行列車は激減した。ただし東京発着の九州、四国、下関方面、山陰方面は増強されるようになった。

博多開業までの向日町運転所は昼夜問わず列車の整備が行われた。とくに昼行・夜行兼用の５８３系電車については座席の寝台転換、寝台の座席転換をしつつ始業点検をするので大忙しであった。

ＪＲとなった今では定期の夜行列車は出雲鉄道部所属の「サンライズ」しかなく京都総合運転所で受け持っていない。特急の受け持ちは京都発の「はるか」と「くろしお」「スーパーはくと」や山陰方面の各種列車など京都始発が多い。新大阪駅への回送列車は播但線経由の「はまかぜ」程度しかない。北陸特急用の６８１・６８３系も京都総合車両所の所属だが、宮原支所で車内清掃をされて大阪駅まで回送されることが多い。

一般電車は湖西線や草津線、山陰本線用の車両と一部の東海道本線中距離電車が留置されている。やはり京都まで回送されるか、野洲や米原の電留線を寝ぐらにしているのが多い。

このため新大阪発よりも京都駅への回送列車のほうが多くなっている。

とはいえ、新幹線接続列車全盛時代以来配線はほとんど変わっていない。向日町寄りには5線の着発線があって、京都発着の特急列車はこの着発線で出発待機するか入線待機する。

次に東海道本線寄りに旧機関区の機関庫とゼブラ配線の3線の機留線と2線機走線がある。団体臨時列車の牽引がある可能性もあるため1両の電気機関車が庫内に置かれていることが多い。

その次に検修1～7番線、始業検査8～13番線、洗浄14～20番線、機走線、通路線、機引上線、引上線が並んでいる。

そして神戸寄りに1～11番の11線の出発線が並んでいる。新大阪駅へ向けて次から次に長距離列車の回送が発車できるためである。現在はそれほど出発線で待機することはないので一部留置線として使われているもののガランとしている。

海側には到着線が6線、洗浄線、留置線等が並んでいる。出発線よりも到着線のほうが少ないのは、到着してからすぐに洗浄線に向かって清掃等をすることが多いからである。清掃整備を終えると引上線経由で一番神戸寄りに並ぶ13線の留置線に向かって次の出番まで留置される。また、出発線と到着線あたりの海側には二組の車輪転削線がある。

出発線群は下り出区線に収束して神戸寄りで外側線に接続する。その途中で転車台への接続線が分かれるが、転車台はほとんど使われず放置されている。

下り入区線のほうは神戸寄りで出区線と東海道本線の下を斜めにくぐって上り外側線とつながっている。その先長岡京駅、元神足(こうたり)駅がある。

長岡京—島本間

長岡京駅は島式ホーム2面4線で外側線側は柵がしてある。神戸寄り少し進んだところで外側線と内側線との間に渡り線がある。下り線側は外側線から内側線へ、上り線側は内側線から外側線に転線できる渡り線である。

阪急京都線が右手から近寄ってきて並行、海側には少し離れて新幹線が並行する。その向こうに桂川と宇治川、木津川が合流して淀川になる。その対岸に京阪本線が走っている。

長岡京駅の神戸寄りに外側線と内側線との間に渡り線がある

山崎駅の海側に貨物着発待避線の下り1番線（左端）が置かれている

京都寄りから見た島本駅

道路も名神高速、京滋バイパス、国道171号、東岸に旧京阪道などが集まり、交通の隘路(あいろ)でここが天王山である。

阪急京都線は掘割になって東海道本線を斜めに横切って海側に出て新幹線と並行する。その先に山崎駅がある。

山崎駅も島式ホーム2面だが、外側線に面した柵はブロックごとに置かれて各ブロックの間にはロープが張られている。他の駅と同様に外側線にも乗り場番号の1番(上り)と4番(下り)が振られている。下り線側に外側線から海側に分岐している貨物着発線の1番線(下り1番線)がある。このため乗り場番号と線路番号はずれている。下り内側線の線路番号は3番、乗り場番号は2番といった具合である。神戸寄り下り外側線の海側に横取線がある。

島本駅は平成20(2008)年3月に開設された新しい駅なので上下内側線の間に島式ホームが1面ある。上り内外側線を山側に移動させて島式ホームのスペースを設けた。このために下り線は緩い曲線、上り線が山側に膨らんだ曲線になっている。

高槻

高槻駅の京都寄りに旧高槻電車区、現在の網干総合車両所明石支所高槻派出所がある。主として高槻—西明石間を走る4扉通勤形の207系と321系の車庫である。入出区は高槻駅の引上線

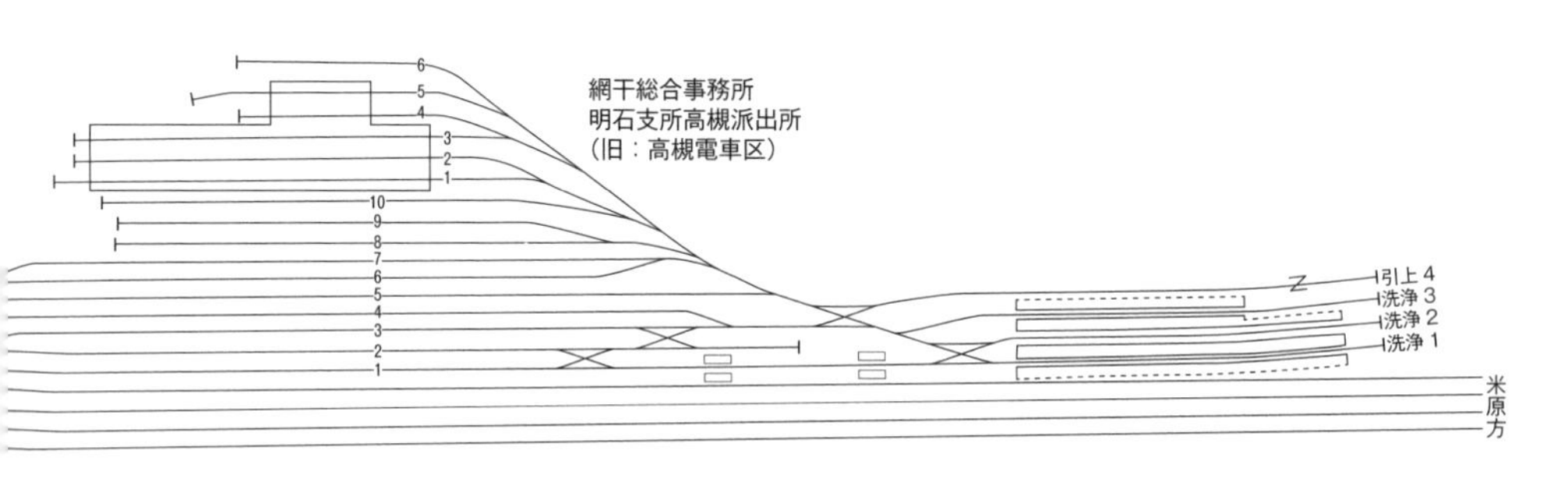

を経由する。

京都寄りに端部に洗浄線3線と引上線がある。次に1~10番の電留線、1~5番の検修線、6番の試運転線がある。そして1線の入出区線になって東海道本線上り内外側線を斜めに乗り越して高槻駅の2番引上線につながるとともに1番引上線が分岐する。両引上線は入出区線を兼ねている。

高槻駅は朝ラッシュ時を除いて各停（案内は普通）の始発駅である。京都方面から来た近郊形を使用する普通は同駅から明石駅まで快速となる。朝ラッシュ時は出区電車以外は京都駅を始発駅にした各停と、京都以遠の駅発着の普通は京都駅以西明石駅まで快速になる。停車駅は長岡京、高槻、茨木、新大阪、大阪、尼崎、西宮、芦屋、住吉、六甲道、三ノ宮、元町、神戸、兵庫、明石以遠の各駅である。昼間時の高槻―明石間の快速はこれに須磨、垂水、舞子にも停車する。

高槻駅は平成28（2016）年3月までは外側線に面してホームはなく、新快速は内側線の待避線に転線して発着していた。しかし、ラッシュ時にはホームの混雑が激しくなってきたために上下線とも外側線に面して片面ホームを設置した。同時にきた西口とみなみ西口改札口を新設、両改札口と各ホームは結ばれるようになった。

そのため上下貨物着発線の1番線（上り）、7番線（下り）は

高槻

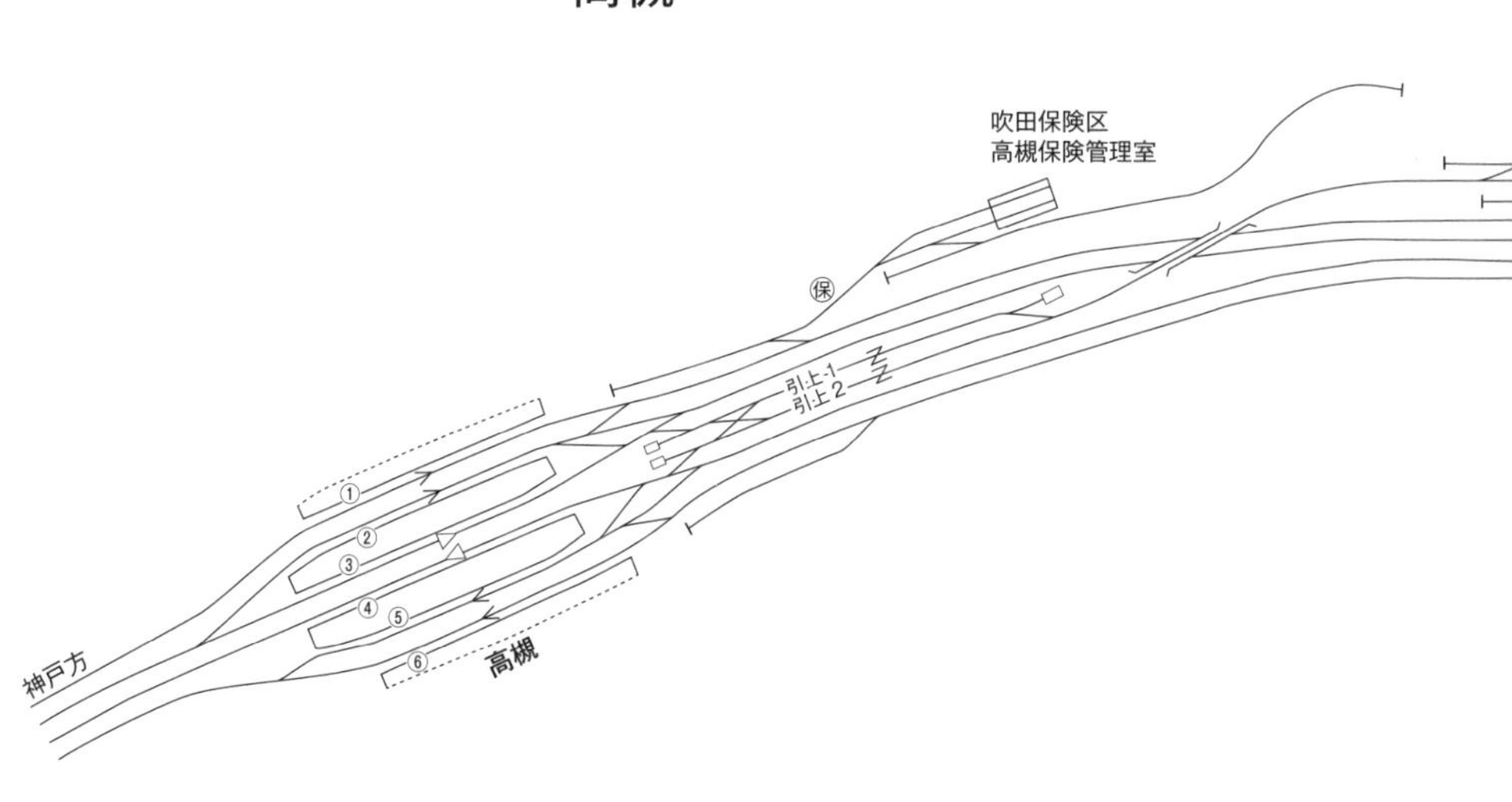

撤去されて、そこに片面ホームが設置された。それまでは乗り場番号と線路番号がずれていたが、片面ホーム設置後は線路番号と乗り場番号は統一され、山側から1番線、海側が6番線になった。

片面ホームの1、6番線にはロープ昇降式可動柵が設置された。ロープ昇降式は車両の扉がどこにあっても線路に転落しないようになっている。1、6番線には3扉の新快速電車のほかに、朝夕に特急「はるか」が停車するので両方に対応できるのはロープ昇降式しかない。

ただし、ロープで仕切っているので隙間があって、上昇時に手足や衣服、カバンが絡みついて持ち上がってしまう危険がある。やはり一般的な横スライド式可動柵がいい。

そこで従来の内側線側のホームには横スライド式可動柵、つまり通常のホームドアを設置したが、各停用の通勤形は4扉、快速用の近郊形は新快速と同じ3扉なので、従来の内側線副本線の2、5番線は3扉対応、3、4番線は4扉対応にして発着電車を固定した。高槻駅はJR西日本が採用しているホーム可動柵の見本市みたいな駅になっている。

新快速を1、6番線に停車するようになったために快

高槻駅の外側線の片面ホーム（左）にはロープ昇降式ホーム柵、内側線の快速用ホーム（右）の5番乗り場には3扉対応のホームドアが設置されている

速や普通との乗り換えは別ホームになってしまった。エレベータやエスカレータ、階段の近くに停まる車両に乗れば1分もかからないで別ホームに行けるが、足が悪いお年寄りや身障者、それに階段などから遠い位置にある車両に乗っている人は乗り換えに時間がかかる。

新快速は山崎駅付近で普通を走行中に追い抜いているために高槻駅では3分で新快速と普通（高槻以西快速）と連絡しているので、新快速から快速への乗り換えを見送ってしまう乗客も多い。快速と外側線の間に島式ホームを設置すればホームを介して乗り換えができたが、そのスペースはなく、このようなことになってしまった。

外側線から内側線旧待避線（快速発着線）への転線ポイントは残っているのだから、現在でもほとんど変わっていない閑散時の新快速は以前のように2、5番線発着にしてもいいと思われる。

摂津富田―茨木間

摂津富田駅は外側線に柵がある島式ホーム2面4線になっている。

ＪＲ総持寺駅は平成30（２０１８）年3月に開設された新しい駅で上下内側線の間に島式ホームがある。開設当初から4扉車対応のホームドアが設置されている。両側の内外側とも上下線の間を広げて島式ホームのスペースを造ったが、下り線のほうが大きく海側に寄っている。

茨木駅は両外側に貨物着発線の下り1番線と上り6番線がある島式ホーム2面6線になっている。乗り場案内番号は下り外側線から1番になっていて、線路番号は下り1番線が1番になっているためにずれている。外側線側は朝ラッシュ時に快速が停車するので、柵は

摂津富田駅は京阪神間の方向別複々線で最もポピュラーな島式ホーム2面4線になっていて外側線は柵が設置されている。右は上り外側線を走る特急「はるか」京都行

JR総持寺駅は内側線の間に島式ホームが設置されている

茨木駅は上下着発待避線が両側にある

なく、各ホームを含めてホームドアはまだ設置されていないが、朝ラッシュ時以外は外側線との間にロープ1本が張られている。

吹田貨物ターミナル・千里ヶ丘―吹田間

吹田貨物ターミナルは東洋一の操車場として誇った吹田操車場を縮小転用した貨物ターミナル駅である。とはいっても大阪駅北側にあった梅田貨物ターミナルを廃止したことで梅田貨物ターミナルの機能を加えている。

このため日本三大操車場を転用した新鶴見信号場や稲沢駅よりも規模が大きい。もともと吹田操車場は東海道旅客線の千里丘駅の北方１・５㎞地点から旅客線と分かれ吹田駅南方までの南北に５・５㎞も広がっている。

吹田操車場時代は再組成する仕訳線が下り線で33線、上り線で37線もあり、それに付随して貨物本線や機回線、機走線などが加わっていたために東西方向も広かった。

吹田操車場は昭和59（１９８４）年2月に機能を停止して着発待避用と大阪ターミナル線の分岐点として吹田信号場となったが、梅田貨物ターミナルの閉鎖に伴い、平成25（２０１３）年3月に吹田貨物ターミナルとして格上げされた。

千里丘駅北方１・５㎞地点で東海道本線下り外側線から下り貨物本線が分岐するとともに大阪ターミナル線がその上を斜めに乗り越していく。吹田貨物ターミナル駅は上下貨物本線の間に置かれている抱き込み式になっている。上り貨物本線を内側に移設して細長にした。吹田操車場の敷地面積は50ヘクタールほどあったが、吹田貨物ターミナルは27ヘクタールとスリムになった。余った23ヘクタールは吹田まちづくり用地として主に公的機関の建物や公園になっている。移設しなかった下り貨物本線は吹田操車場時代とほとんど変

岸辺駅から見た吹田貨物ターミナル

吹田貨物ターミナル北部

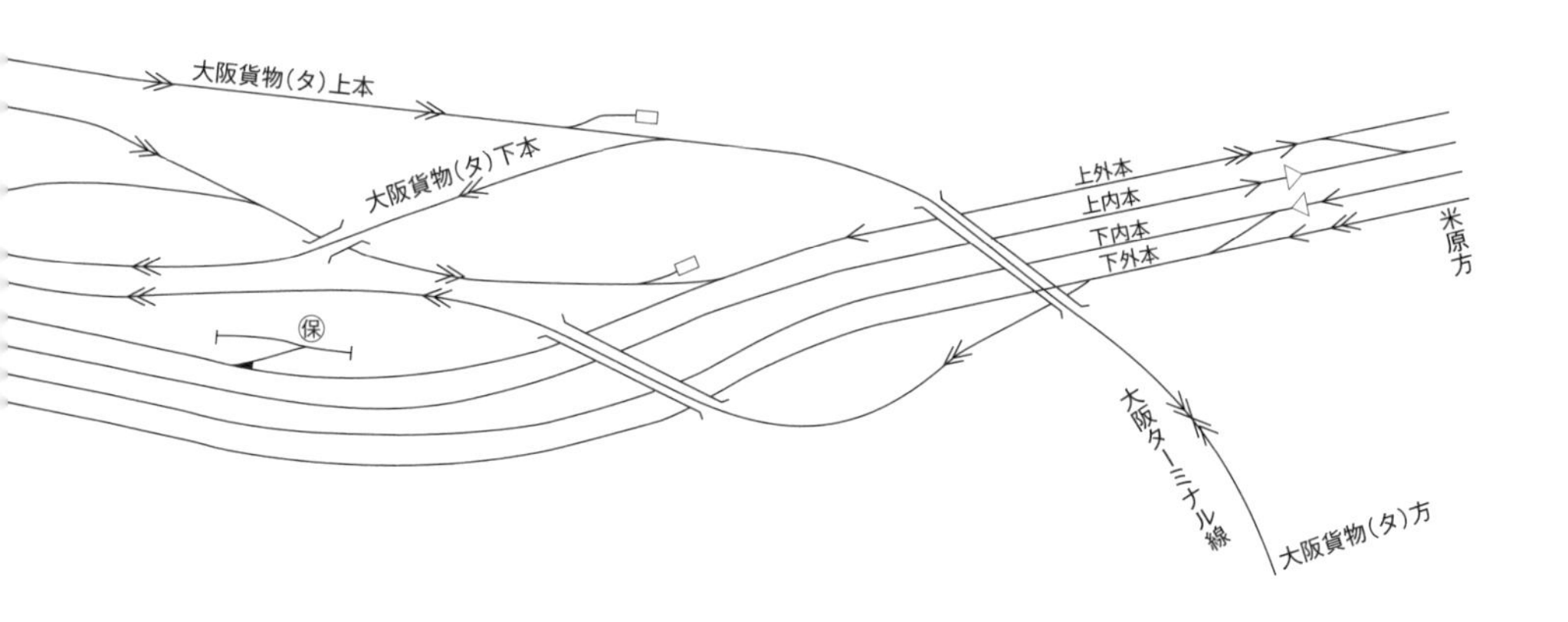

吹田貨物ターミナル中部

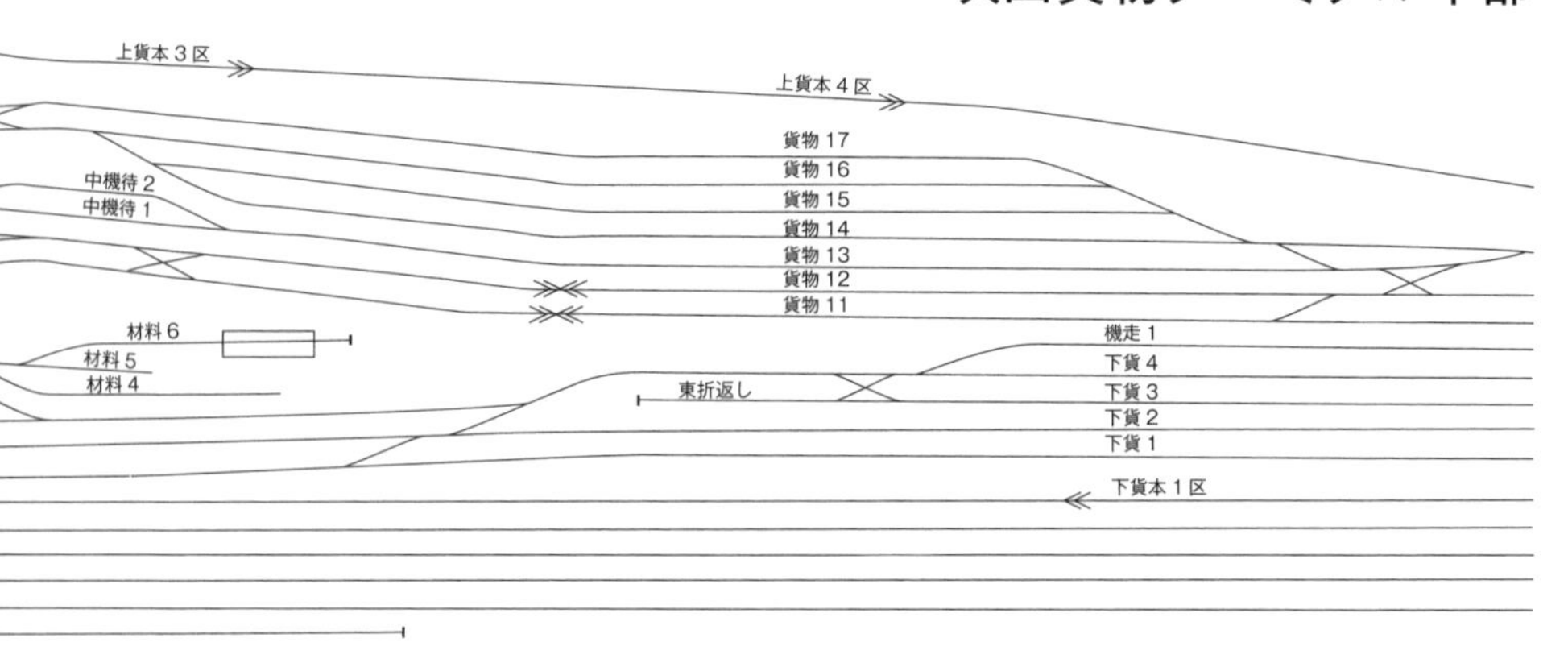

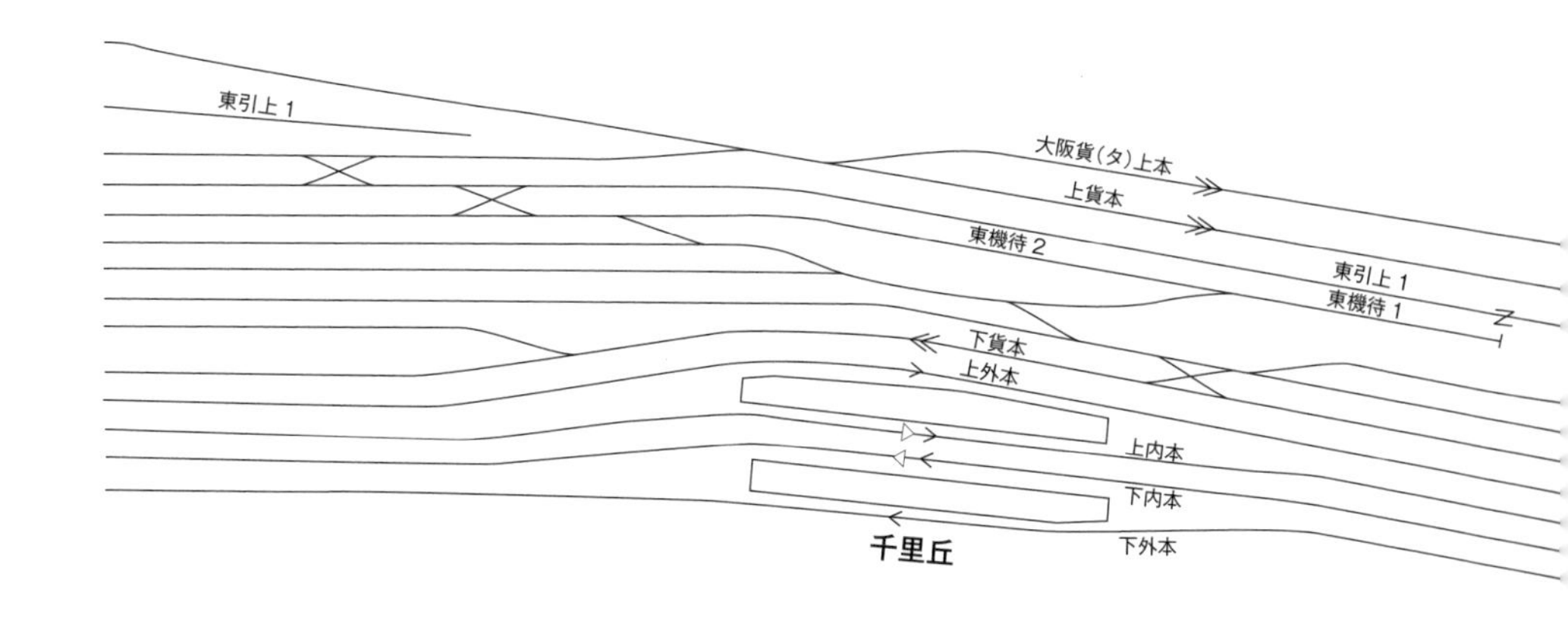
東引上 1
大阪貨(タ)上本
上貨本
東機待 2
東引上 1
東機待 1
下貨本
上外本
上内本
下内本
下外本
千里丘

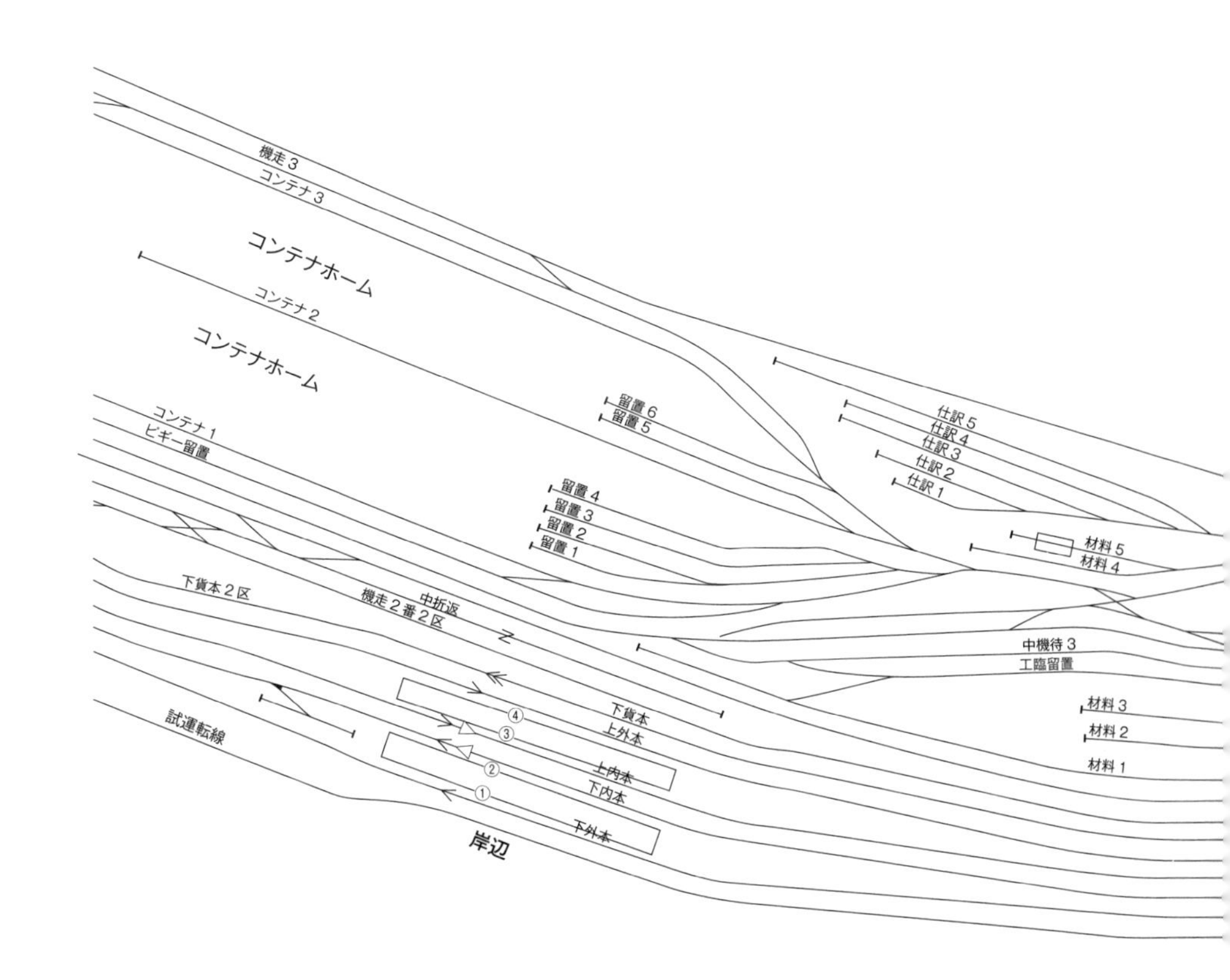
機走 3
コンテナ 3
コンテナホーム
コンテナ 2
コンテナホーム
コンテナ 1
ピギー留置
留置 6
留置 5
仕訳 5
仕訳 4
仕訳 3
仕訳 2
仕訳 1
留置 4
留置 3
留置 2
留置 1
材料 5
材料 4
下貨本 2 区
機走 2 番 2 区
中折返
中機待 3
工臨留置
下貨本
上外本
上内本
下内本
下外本
材料 3
材料 2
材料 1
試運転線
岸辺

吹田貨物ターミナル南部

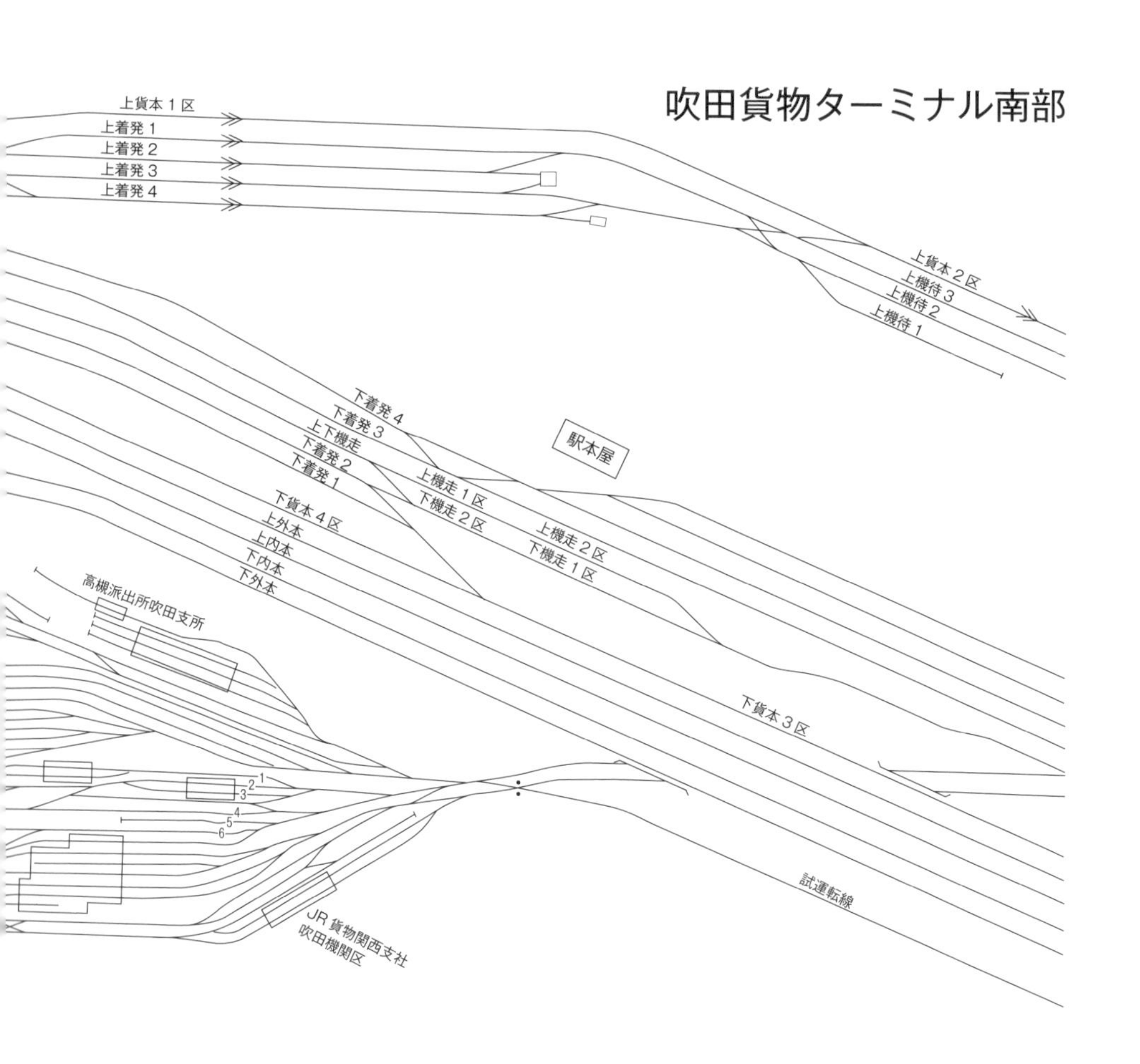

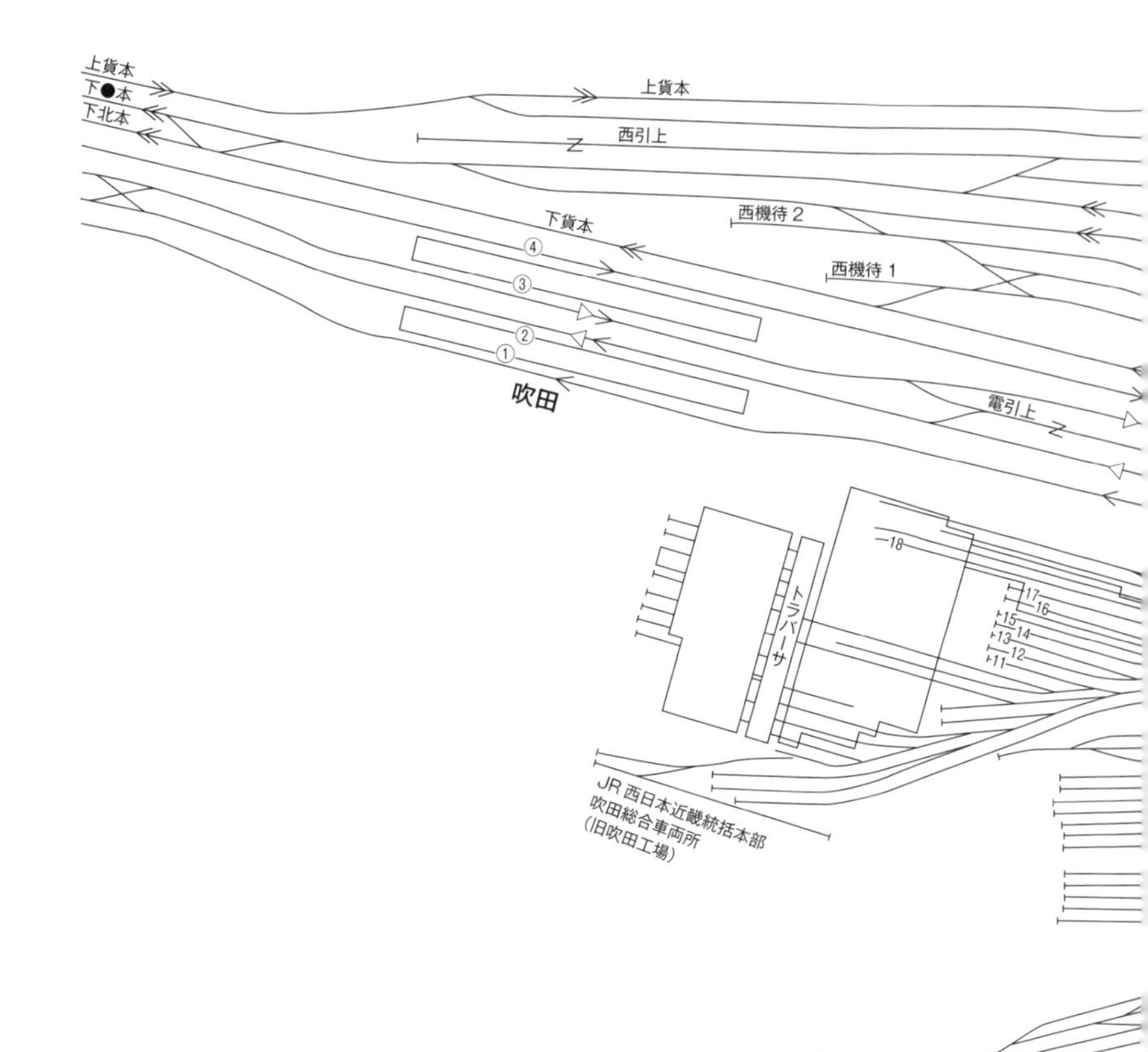

左が吹田工場に隣接する改築中の吹田支所。
右が吹田貨物ターミナル。
中央は複々線の東海道本線と単線の下り貨物本線

わりがない。

旅客線の千里丘駅南側で貨物到着線が広がり、岸辺駅付近では仕訳線や機待線、貨物線保守用の線路である材料線があり、その南に貨物留置線が置かれている。

そしてコンテナホーム2面がある。2面の間にコンテナ2番線、海側にコンテナ1番線、山側にコンテナ3番線がある。

コンテナ1番線の隣にはピギーバック留置線が置かれている。ピギーバックとはトラックを貨車に直接載せて輸送する方式だが、現在は行っていない。このためピギーバック輸送が再開されるまでは貨物電車で佐川急便が借り上げているスーパーレールカーゴ（東京貨物（タ）―吹田貨物（タ）間運転）の荷役・着発線として停車している。

岸辺―吹田間の海側にJR西日本の車両を改造したりする吹田工場とJR貨物の吹田機関区、各停電車用車庫の高槻派出所吹田支所の各ヤードが広がる。現行、交番検査等を行う吹田派出所付近が改築中で、配線変更がなされる模様である。

山側には上下着発線が置かれ吹田駅の南側では単線の上り貨物本線と複線の下り本線（梅田貨物線と北方貨物線）の3線になって旅客線とは別になる。その手前で上下貨物本線（下りは梅田貨物線）から城東貨物線（片町線の支線、後述）が分岐する。

北方貨物線は宮原操車場（旅客用）の北側、山陽新幹線と並行して塚本付近で旅客線と合流する。このため貨物列車は大阪駅を通らない。梅田貨物線は大阪駅うめきたホームを経由して西九条駅で環状線と合流する。

吹田操車場

貨車操車方式時代にあった東洋一と言われていた吹田操車場の配線を紹介する。現行吹田貨物ターミナルの配線図とくらべて南北を縮めているデフォルメした配線図なので複々線の旅客線はきついカーブで描かれている。

大阪貨物ターミナルができていなかった昭和50年代の配線である。東海道旅客線との分岐合流付近の配線は今と変わっていない。

その先、上下とも到着線群がある。下り到着線は７線あって吹田寄りの下りハンプにつながっている。

貨車操車方式とは貨物列車に連結されていた貨車を１両１両方面別線路に切り離して再組成する方式である。解体線があって、そこから貨車を切り離して各方面別に仕訳しなおすことである。

切り離す方式として平面操車方式、ハンプ方式、重力方式がある。平面操車方式では切り離す貨車と機関車に連結された他の貨車との間の連結器を解放する。そして押し進んでいた機関車が急に停まると、連結器を外された貨車だけが仕訳線に入る方式で、別名突放方式という。

昭和49年になって、リニアモーターによって貨車の加減速を制御する平面操車方式を塩浜操車場（現川崎貨物駅）に導入した。

ハンプ方式は１両の貨車の連結器を解放するのは同じだが、その先に丘を設けて、そこを貨物列車が登っていくと切り離された貨車だけが坂を下って仕訳線に入る方式である。上り勾配を押上線、貨車１両だけが下っていく区間を転走線という。日本の操車場はこのハンプ方式が多い。

重力式は下り勾配しかないところで連結器を切り離す方式だが、ブレーキが故障したりするとすべての貨車が転走することになって危険なために日本にはない方式である。

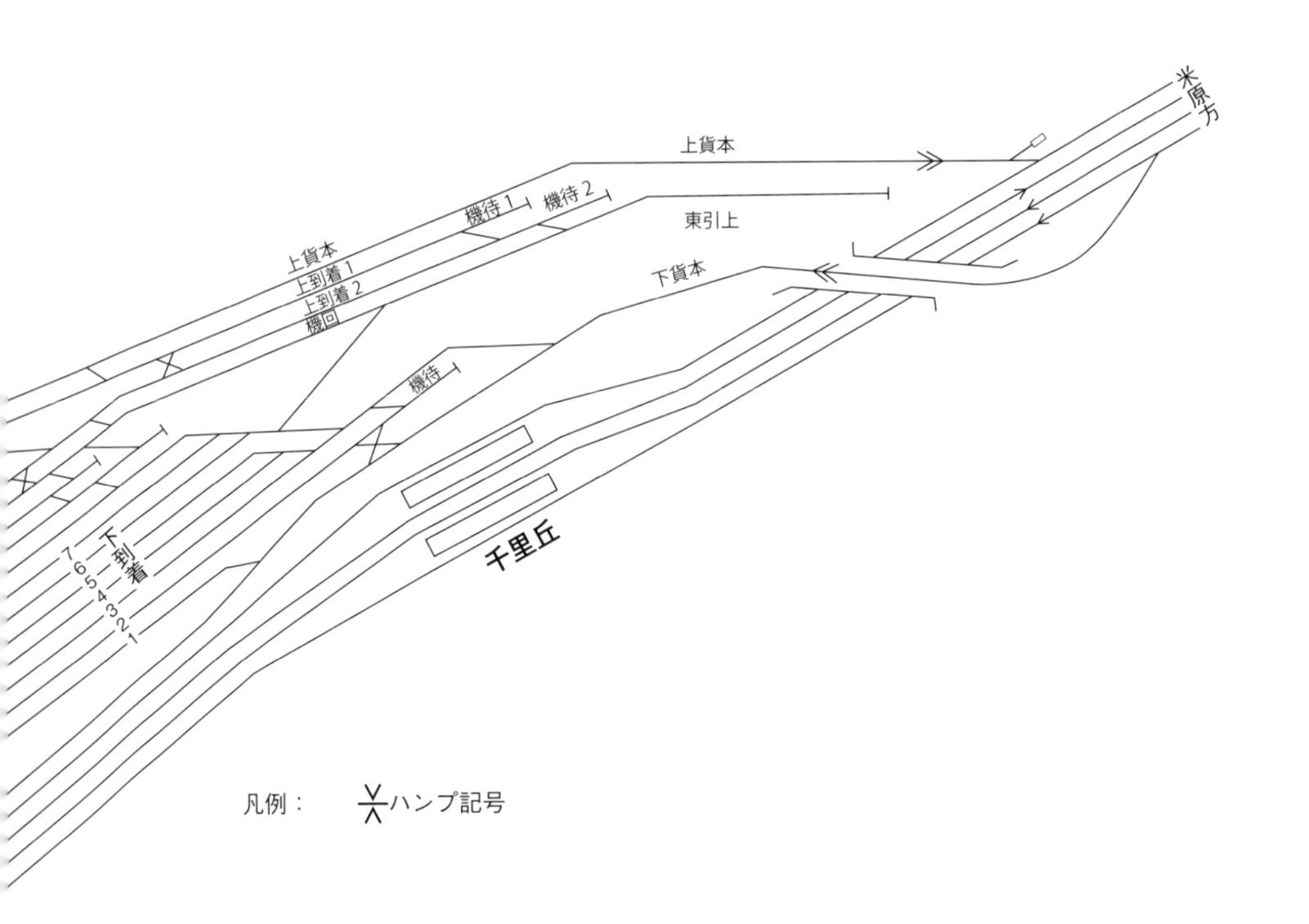
米原方
上貨本
機待1
機待2
東引上
上貨本
上到着1
上到着2
機回
下貨本
機待
下到着
7
6
5
4
3
2
1
千里丘
凡例：
ハンプ記号

吹田操車場北側

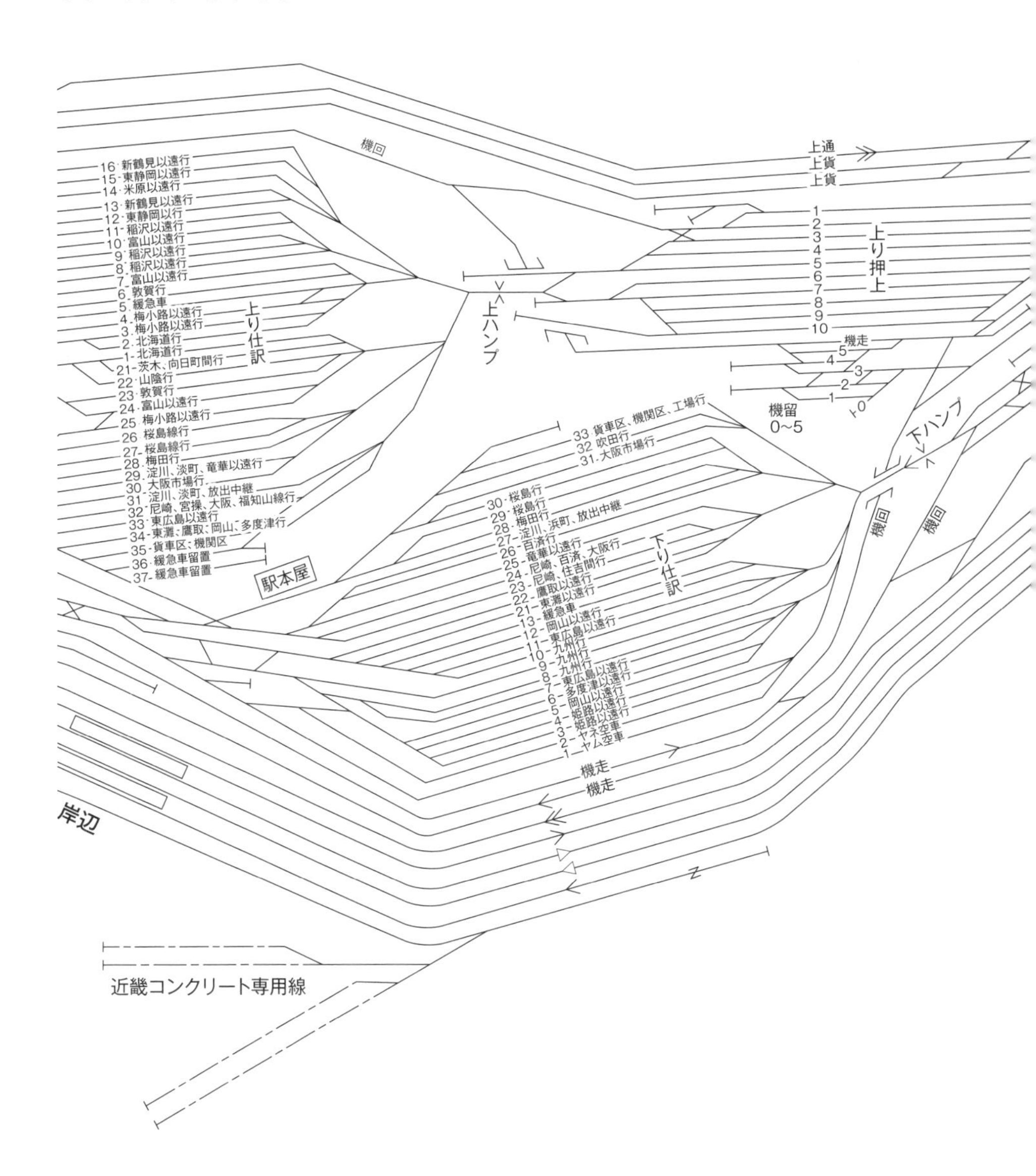
機回
上通
上貨
上貨
16·新鶴見以遠行
15·東静岡以遠行
14·米原以遠行
13·新鶴見以遠行
12·東静岡以行
11·稲沢以遠行
10·富山以遠行
9·稲沢以遠行
8·稲沢以遠行
7·富山以遠行
6·敦賀行
5·緩急車
4·梅小路以遠行
3·梅小路以遠行
2·北海道行
1·北海道行
21·茨木、向日町間行
22·山陰行
23·敦賀行
24·富山以遠行
25·梅小路以遠行
26·桜島線行
27·桜島線行
28·梅田行
29·淀川、淡町、竜華以遠行
30·大阪市場行
31·淀川、淡町、放出中継
32·尼崎、宮操、大阪、福知山線行
33·東広島以遠行
34·東灘、鷹取、岡山、多度津行
35·貨車区、機関区
36·緩急車留置
37·緩急車留置
上り仕訳
上ハンプ
1
2
3
4
5
6
7
8
9
10
上り押上
機走
5
4
3
2
1
0
機留
0~5
33·貨車区、機関区、工場行
32·吹田行
31·大阪市場行
下ハンプ
機回
機回
駅本屋
30·桜島行
29·桜島行
28·梅田行
27·淀川、浜町、放出中継
26·百済行
25·竜華以遠行
24·尼崎、百済、大阪行
23·尼崎、住吉間行
22·鷹取以遠行
21·東灘以遠行
13·緩急車
12·岡山以遠行
11·東広島以遠行
10·九州行
9·九州行
8·九州行
7·東広島以遠行
6·多度津以遠行
5·岡山以遠行
4·姫路以遠行
3·姫路以遠行
2·ヤネ空車
1·ヤム空車
下り仕訳
機走
機走
岸辺
N
近畿コンクリート専用線

吹田操車場南側

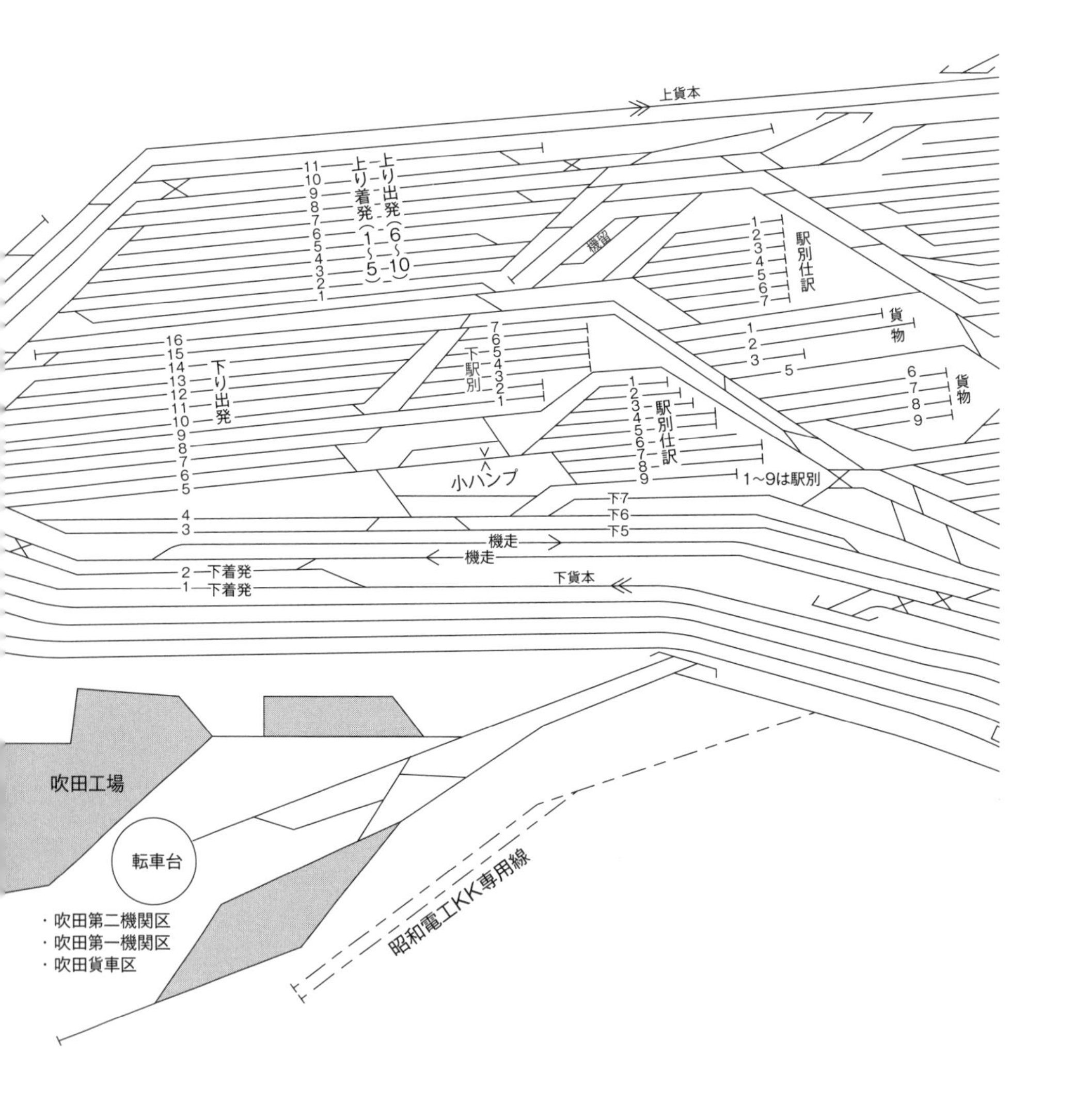

上貨本
11
10
9
8
7
6
5
4
3
2
1
上り着発（1～5）
上り出発（6～10）
機留
1
2
3
4
5
6
7
駅別仕訳
貨物
16
15
14
13
12
11
10
9
8
7
6
5
4
3
下り出発
下駅別
小ハンプ
駅別仕訳
1～9は駅別
下7
下6
下5
機走
機走
2 下着発
1 下着発
下貨本
吹田工場
転車台
・吹田第二機関区
・吹田第一機関区
・吹田貨車区
昭和電工KK専用線

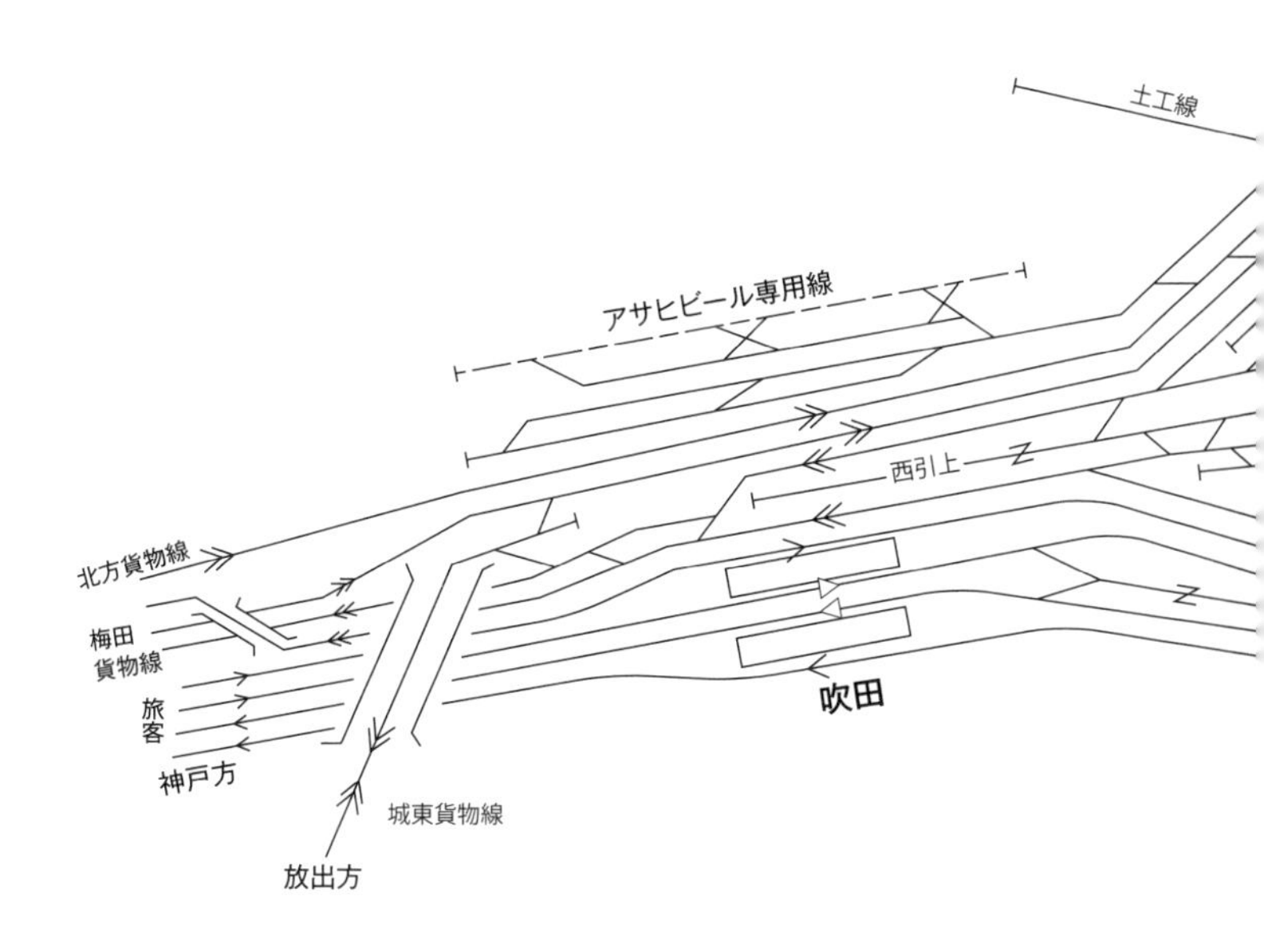
土工線
アサヒビール専用線
西引上
北方貨物線
梅田
貨物線
旅
客
神戸方
吹田
城東貨物線
放出方

下りハンプ線と下り到着線の間には機回線がある。下り到着線で貨物列車の先頭にある本線走行の機関車を切り離して機回線を通って機留線に入る。そして後方に機待線で待機していた機関車を連結して押上線に入ってハンプで貨物列車を解体して貨車両が指定された仕訳線に入る。仕訳線群の手前には貨車のスピードを減速するカーリターダが置かれている。下り仕訳線は33線がある。なお、リニアモーター式は貨車の減速も制御するのでカーリターダーがない。

吹田操では神戸、放出（はなてん）側から来た上り貨物列車は上り貨物1番線を通って米原寄りにある上り到着1、2番線に入ってスイッチバック、1〜10番の上り押上線に入る。そして上りハンプで仕訳作業を行う。上り仕訳線は37線もある。

上下仕訳線の間に吹田操車場の駅本屋（えきほんや）がある。駅本屋とは別に本屋さんがあるわけではなく駅長室がある駅の中心の建物のことである。これも鉄道用語独特の言い方である。

仕訳が終わった貨物列車は神戸寄りの貨物留置線に入るが、近くの各駅に行く貨物列車の場合、各駅で切り離しを効率よくするためにもう一度、小ハンプ線で仕訳をしなおすこともある。

そして貨物留置線から上下着発線に入って各目的地の駅に向けて出発する。

大阪貨物ターミナル

東海道新幹線鳥飼車両基地の北側に大阪貨物ターミナルがある。もともと

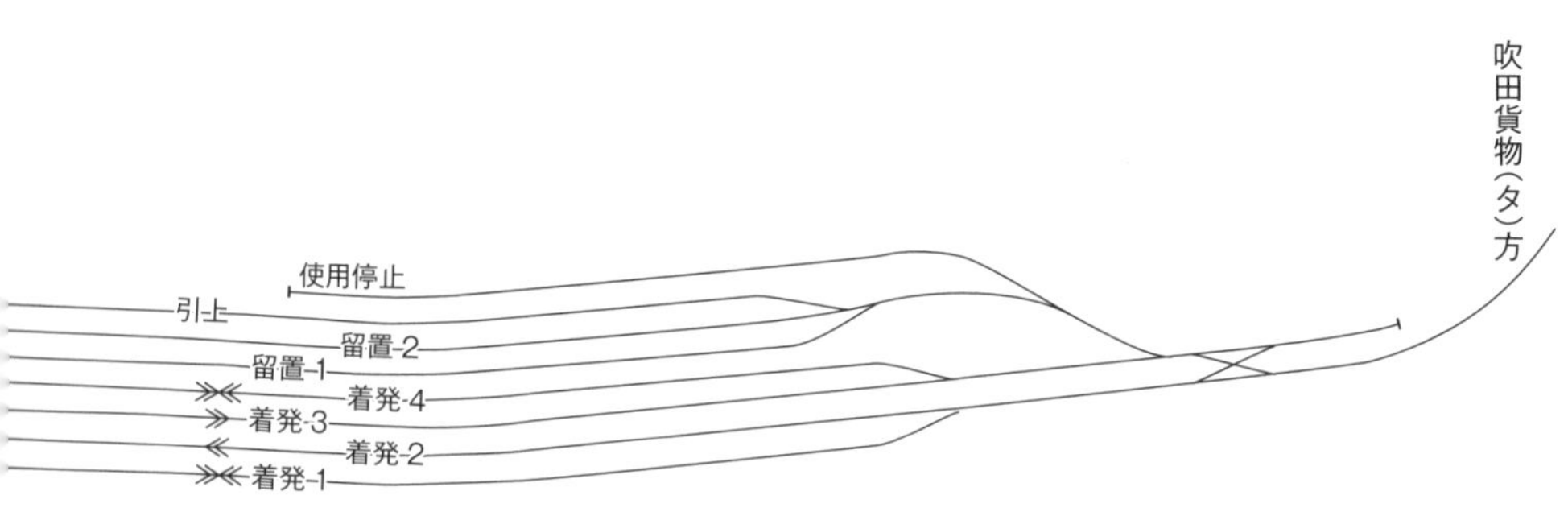

吹田貨物(タ)方
使用停止
引上
留置-2
留置-1
着発-4
着発-3
着発-2
着発-1

は東海道新幹線の貨物駅として用地を確保していたものを、東海道新幹線での貨物列車の運転は中止したために在来線の貨物ターミナルにしたものである。

吹田操車場から大阪貨物ターミナルまでの東海道支線である単線の大阪ターミナル線を高架で敷設して、昭和57（１９８２）年11月に開業した。

駅自体は地平にあり、３面のコンテナホームと６線の荷役線、２線の仕訳線、１線の検修線があり、その吹田貨物ターミナル寄りに４線の着発線と留置線、引上線各１線がある。到着線群と荷役線群の間に機待線があり、着発２番線は到着のみ、３番線は出発のみである。

吹田貨物ターミナル南端

吹田駅の神戸寄りで梅田貨物下り線と上り貨物本線の間から片町線貨物支線が分岐する。元の通称城東貨物線で、関西線の部に所属する片町線の貨物支線として分類されている。城東貨物線の大半の区間を複線化して、おおさか東線として開通したことで取り残された吹田貨物ターミナル―神崎川信号場間と正覚寺信号場―平野（関西本線）間は片町線貨物支線とするようになった。

また、多くの配線図等では吹田貨物ターミナル（操車場）から分かれる城東線の方向を放出（はなてん）としている。最初に片町線の放出と吹田操車場間が開業したためである。

その片町線貨物支線は神崎川信号場でおおさか東線と合流する。

その先で上り貨物本線は北方貨物線方向からと梅田貨物線方向からの２線になる。さらに下り梅田貨物線が並行する。そして下り北方貨物線が上下梅田貨物線を斜めに乗り越していく。

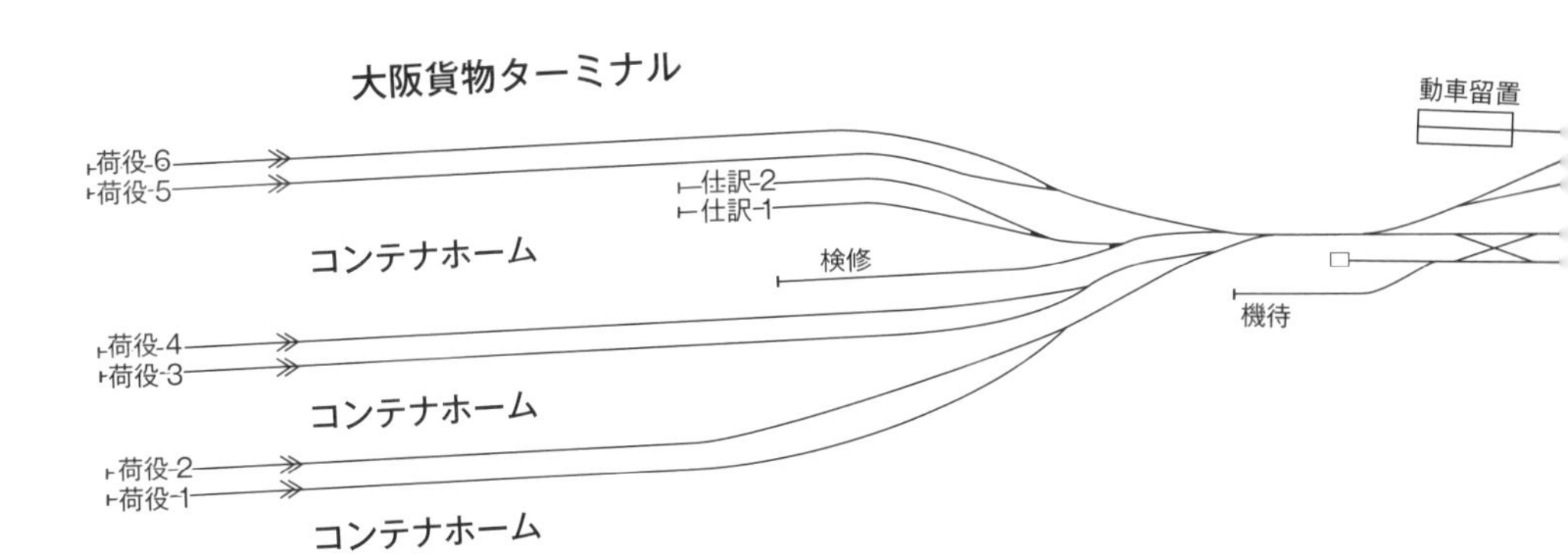

その先は山側から上下の北方貨物線、上下の梅田貨物線、方向別複々線の旅客線の８線が並ぶとともに梅田貨物線の両側から上下のおおさか東線が合流して新大阪駅に向かう。

吹田駅南部

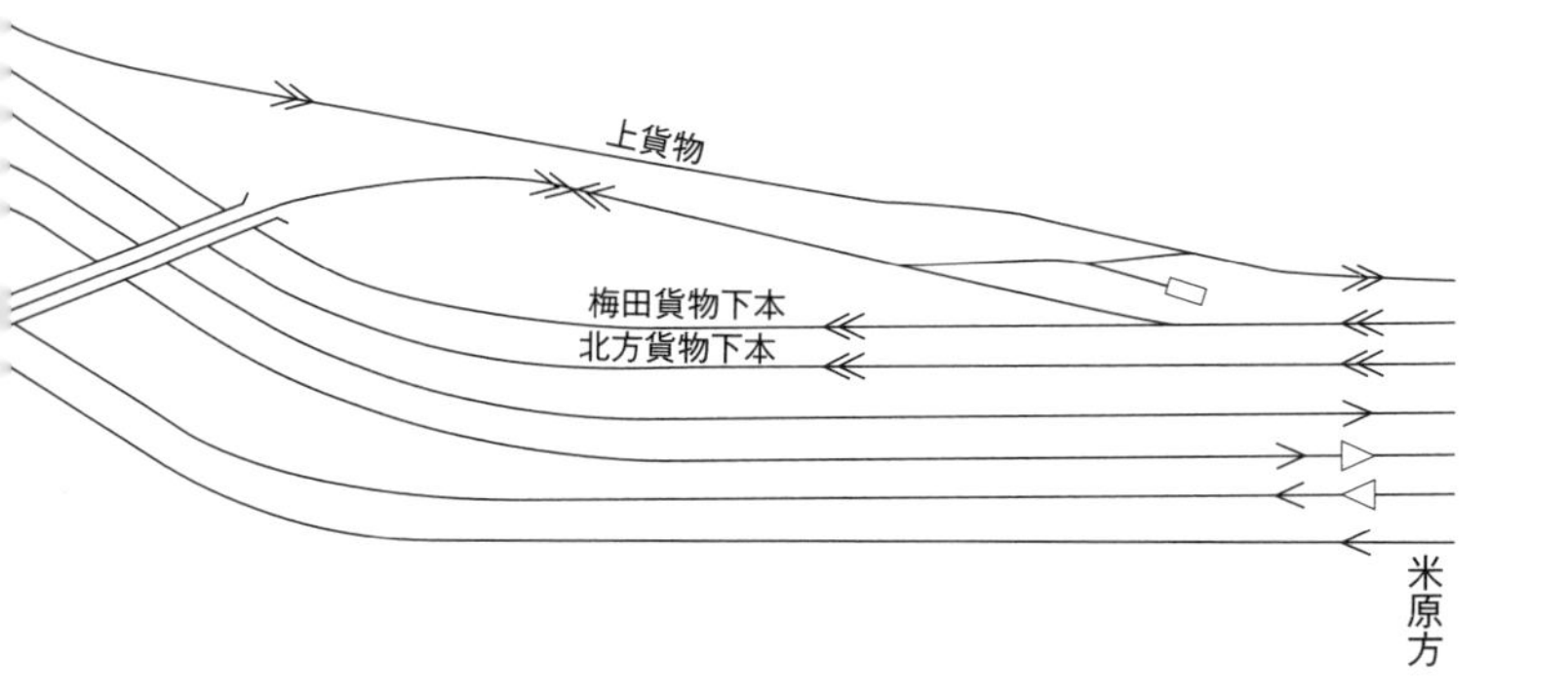

吹田貨物ターミナル南端

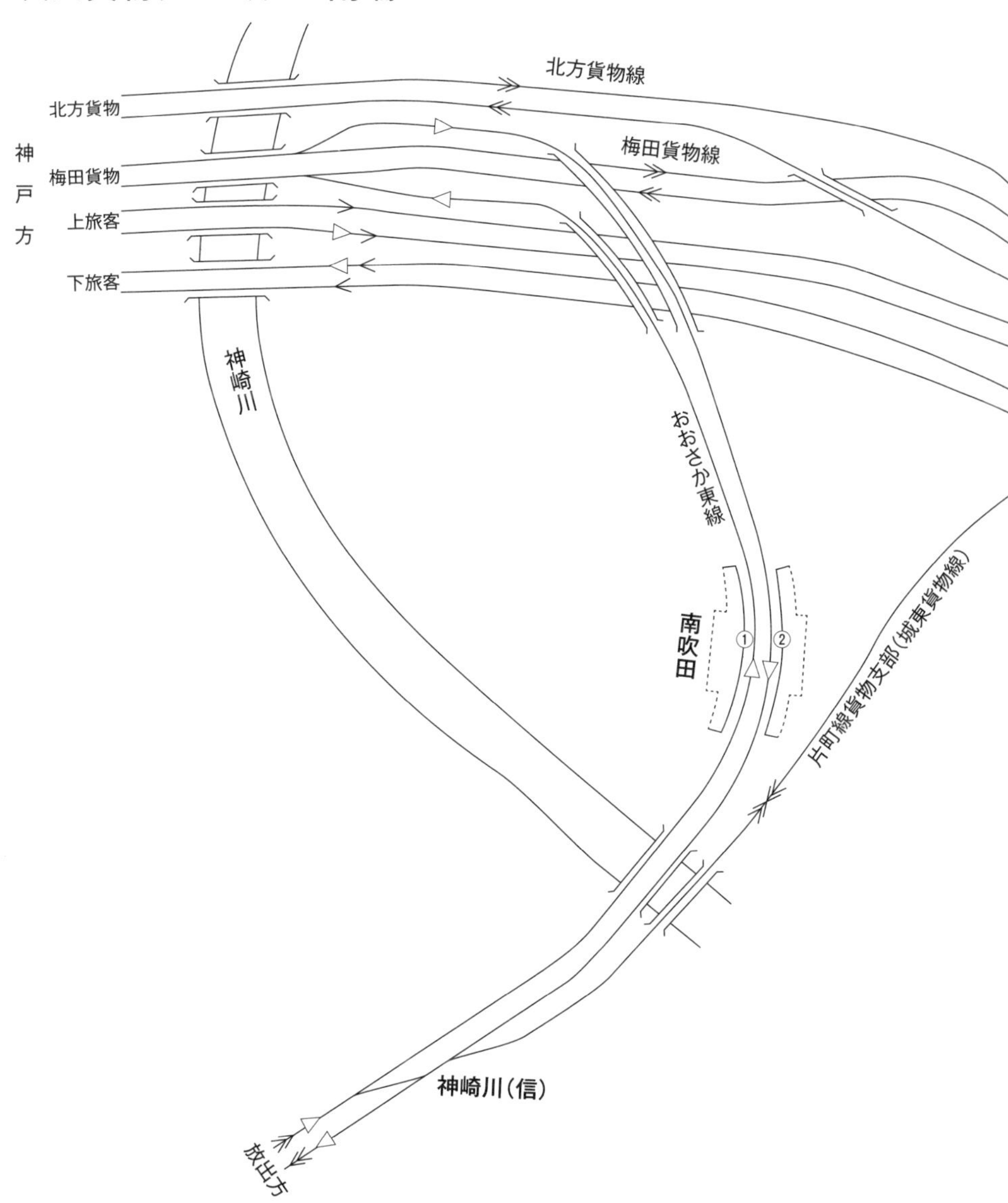

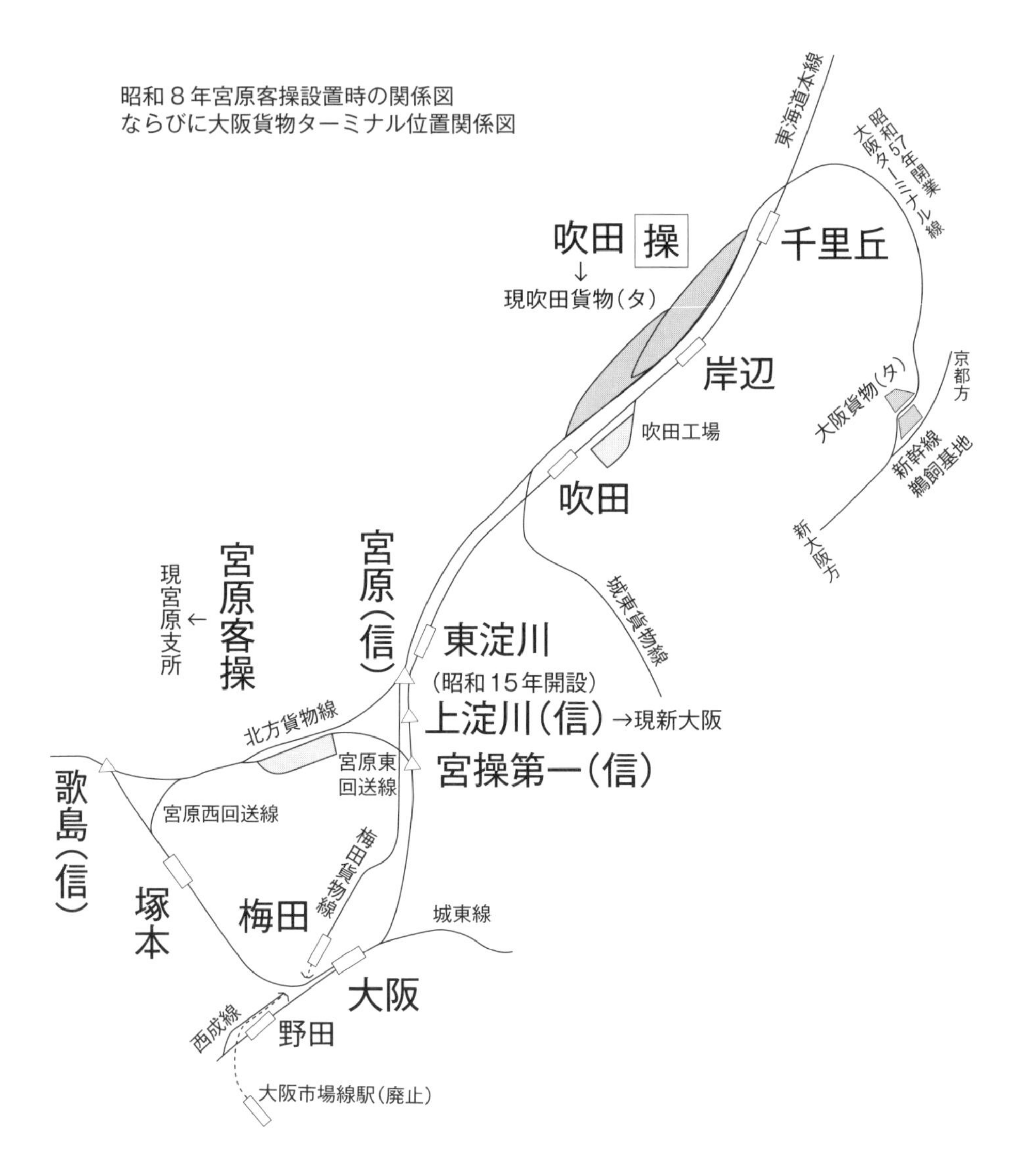

昭和８年宮原客操設置時の関係図
ならびに大阪貨物ターミナル位置関係図
東海道本線
昭和57年開業
大阪ターミナル線
吹田
操
↓
現吹田貨物(タ)
千里丘
岸辺
吹田工場
吹田
京都方
大阪貨物(タ)
新幹線
鵜飼基地
新大阪方
城東貨物線
宮原(信)
宮原客操
現宮原支所←
東淀川
(昭和15年開設)
上淀川(信)→現新大阪
宮操第一(信)
北方貨物線
宮原東
回送線
宮原西回送線
歌島(信)
梅田貨物線
塚本
梅田
城東線
大阪
西成線
野田
大阪市場線駅(廃止)

東淀川―新大阪間

山側から北方貨物線、梅田貨物線、複々線の旅客線の８線が並行して進んで東淀川駅となる。島式ホーム２面４線で外側線のほうは柵がしてある。

東淀川駅を出るとすぐに新大阪駅の構内になる。両駅間は０・７㎞と非常に短い。戦前の弾丸列車着工時、つまり戦前の新幹線着工時には今の東淀川駅付近で東海道本線と交差した地点に新大阪駅を造る予定だった。このため新幹線着工時の昭和15（１９４０）年４月に東淀川駅が開設された。

しかし、戦後になって東京―大阪間の新幹線は造るが、大阪以西は保留された。以西の新幹線の建設をしないならば東淀川以遠で用地買収された元の地権者から返還要求が出て返還されてしまった。そこで東海道新幹線が着工されると、大阪以西の山陽新幹線の用地取得がしやすい北方貨物線の直上に建設するということで新幹線新大阪駅は宮原操車場の北側に設置することに変更したため、在来線の新大阪駅も東淀川駅ではなく宮原操車場の北側に設置することになった。このために駅間が非常に短くなったのである。

東淀川駅の先で北方貨物線が大きく右カーブして新幹線の下を走るようになる。梅田貨物線と東海道旅客線の６線が新大阪駅に入る。

開設時の在来線の新大阪駅は島式ホーム４面８線と梅田貨物線の２線が山側で貫通していた。発着線は11～18番があり、11、12番線は上り長距離列車、13、14番線は上り近距離電車、15、16番線は下り近距離電車、17、18番線は下り長距離列車の発着用だった。

梅田貨物線にはホームがなかったが、島式ホーム１面を設置できるように上下線間の幅は広げていた。また、海側（東側）には城東貨物線を旅客化して外環状線の島式ホーム１面２線ができる５号ホームのスペースを開けていて、２階コンコースにも新設ホームへの

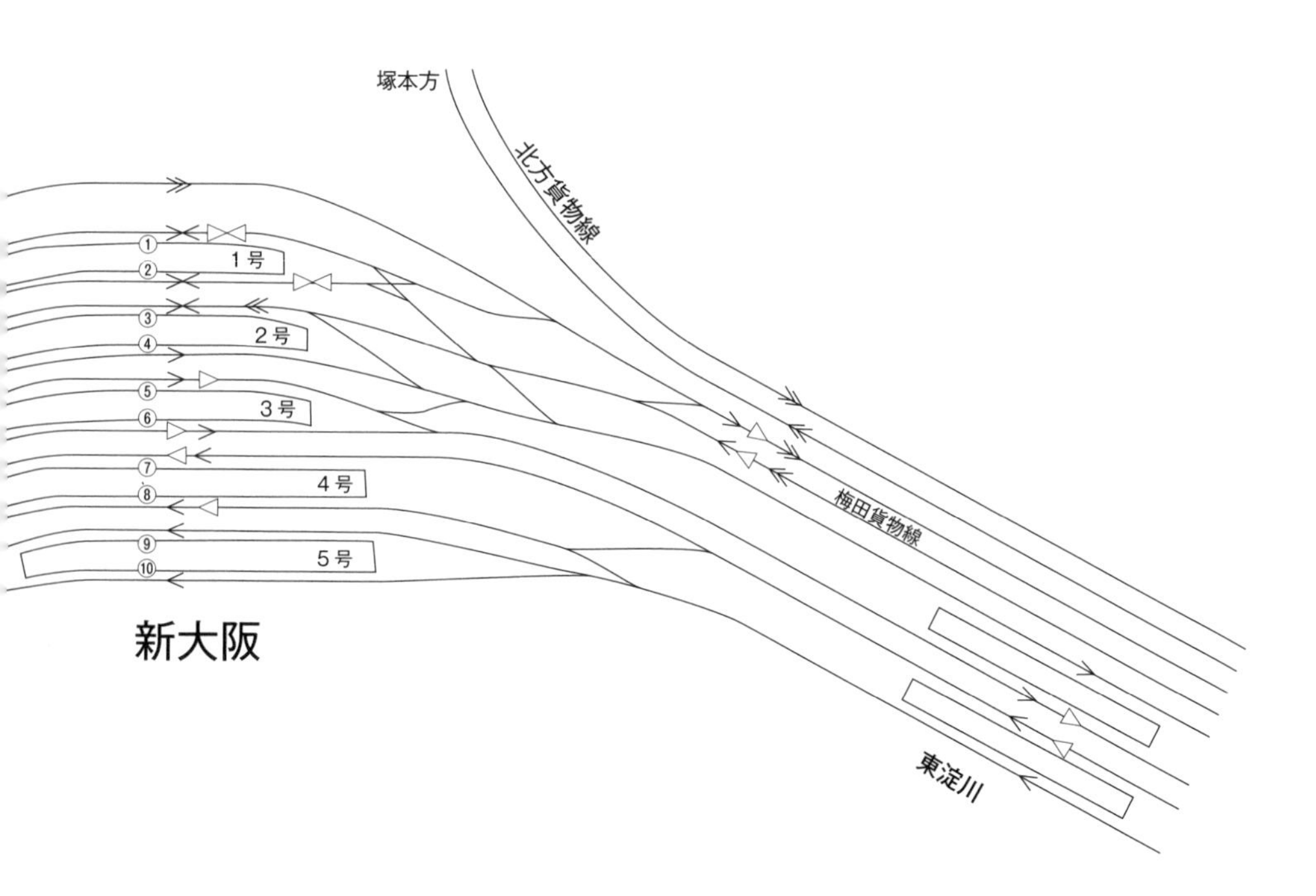
塚本方
北方貨物線
1号
2号
3号
4号
5号
梅田貨物線
東淀川
新大阪
①
②
③
④
⑤
⑥
⑦
⑧
⑨
⑩

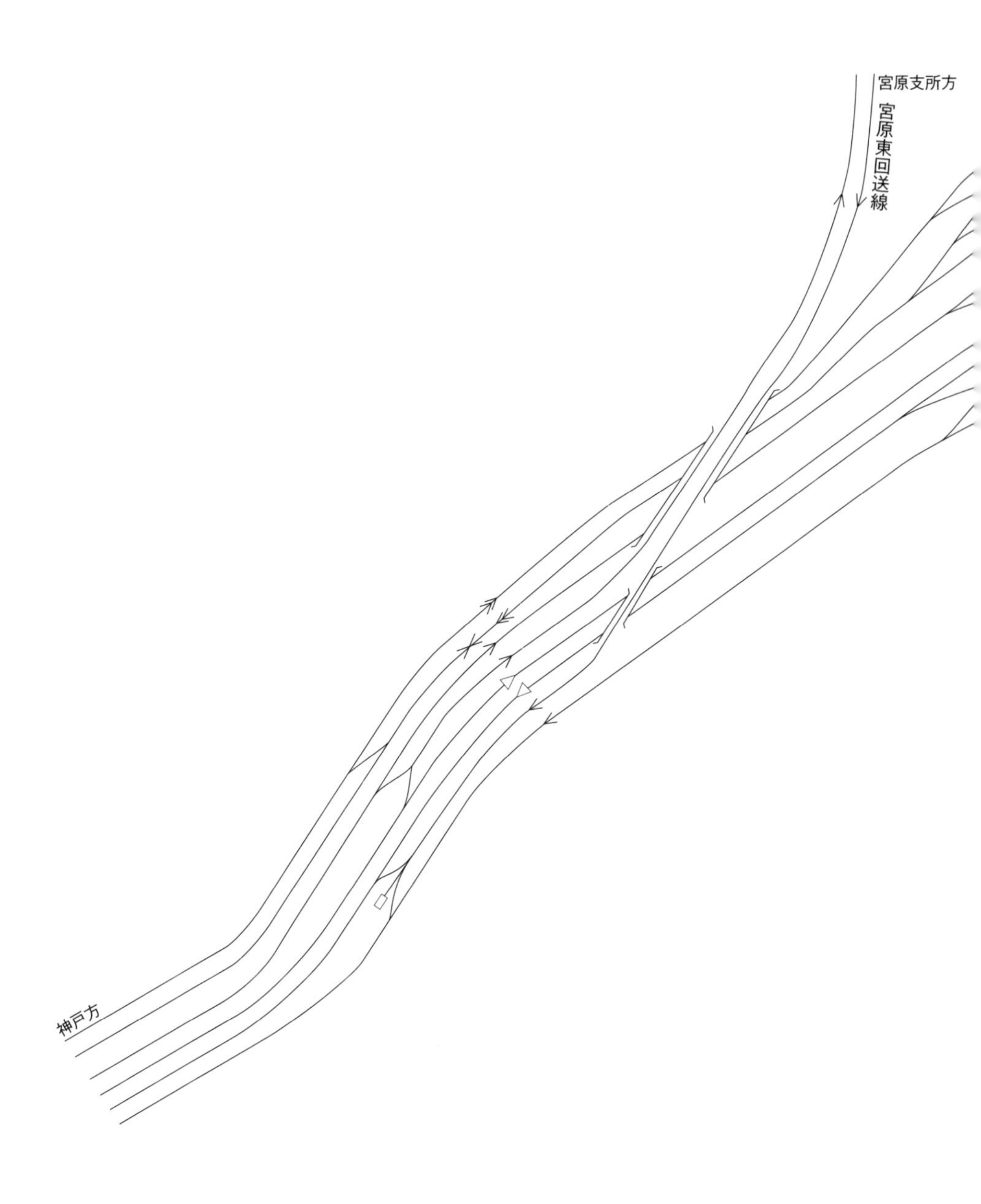
宮原支所方
宮原東回送線
神戸方

階段を設置できるようにしていた。さらに外環状線が合流する予定地点から新大阪駅までの複線用地を確保していた。

平成元（１９８９）年7月に吹田貨物ターミナル寄りで梅田貨物線の下り線から11番線への渡り線と大阪寄りで11番線から梅田貨物線の下り線への渡り線を設置して紀勢線特急の「くろしお」「スーパーくろしお」が梅田貨物線、環状線経由で乗り入れるようになった。「くろしお」「スーパーくろしお」は新大阪発着だけでなく京都発着もあった。上り京都行は11番線に停車後、上り外側線でそのまま進むが、下り紀勢方面は京都駅を出ると下り外側線を走り、吹田信号場（現吹田貨物ターミナル）で下り貨物本線に転線、新大阪駅手前で11番線転線する。新大阪駅を出ると再び梅田貨物線の下り線に転線するようにした。

その後、関西空港が開港すると関空特急「くろしお」もほぼ同じルートで11番線を発着するようにした。とはいえ、上下の各特急が11番線の1線だけで発着するのはダイヤ作成のネックになっていた。

そこで外環状線用に用意していた用地にホーム（5号ホーム）を新設して、これを下り長距離列車用にする。それまでの下り長距離列車用ホーム（4号ホーム）は下り近距離電車用、下り近距離電車用ホーム（3号ホーム）は上り近距離電車用にした。

それまでの上り近距離電車用ホーム（2号ホーム）と上り長距離用ホーム（1号ホーム）は上り長距離列車、梅田貨物線を走る上下長距離列車、下り西九条経由安治川口行貨物列車、大阪うめきたホーム発着の上下おおさか東線電車の発着線にした。

また旧11番線を撤去して1号ホームを拡幅、ホーム長を短縮、4号ホームは近距離電車用になるので大阪寄りを閉鎖して短くした。

これによってそれまで1線しかなかった梅田貨物線を通る各特急の発着線不足を解消し

た。そして線路番号は出発信号機がない梅田貨物線の上り本線を除く山側から1番、海側を10番に変更するとともに乗り場案内番号と統一した。なお、1番線と梅田貨物線上り線の間にある空間へのホーム設置は中止になった。

1番線は特急「はるか」「くろしお」の京都方面とおおさか東線電車久宝寺方面、2番線は特急「はるか」「くろしお」の関空・紀勢方面とおおさか東線の一部上下電車、3番線は特急「はるか」関空方面とおおさか東線うめきた地下ホーム大阪行、4番線は北陸特急「サンダーバード」金沢行と特急「スーパーはくと」京都行、特急「ひだ」高山行、5、6番線は上り近距離電車で基本的に5番線が新快速、快速、6番線が各停、7、8番線は下り近距離電車で基本的に7番線が各停、8番線が新快速、快速が停車する。9、10番線は大阪止まりも含めて下りの各種特急列車が停車する。

新大阪駅の神戸寄りで網干総合車両所宮原支所（旧宮原客車操車場）からの複線の連絡線（以下宮原東回送線とする）が合流してくる。宮原東回送線は上下の外側線と内側線の間に割り込んで、内外両線と合流する。そして梅田貨物線と複々線の旅客線の6線になって淀川を渡る。

宮原支所

在来線新大阪駅の西側に旧国鉄宮原客車操車場（宮原客操）がある。大正7（1918）年に大阪駅を通らないで短絡する宮原信号場—歌島（塚本駅の神戸寄りにあった信号場）間の貨物線（現北方貨物線）が開通した。これに伴って客車の仕訳、分解、組成をする宮原客車操車場（以下宮原客操）が設置された。

宮原客操が昭和8（1934）年9月に設置されると、同客操の両側から大阪駅に行けるように二つの回送線を設置した。一つ目は宮原第一信号場を経て大阪駅方面の宮原東回送線、もう一つは歌島信号場の手前から大阪方面への宮原西回送線である。つまり大阪駅の両方向にデルタ線を設置された。

さらに宮原信号場では梅田貨物駅への梅田貨物線も設置、さらに梅田貨物駅から西成線（現環状線と桜島線の大阪―桜島間）の野田駅の西九条寄りまで並行し、途中で分岐する大阪市場駅までの市場線も開通させた。

西成線は高架にして大阪環状線になった。このとき貨物線を西九条駅まで並行させ、途中で市場線が分岐して地上に降りて環状線をくぐるようにして大阪市場駅までの市場線を分岐させた。市場線は廃止されたが、環状線の貨物線から地上への路盤は今でも残っている。

宮原西回送線には別の使い道があった。東京方面からの大阪止まりの客車列車は大阪駅で機関車を付け替えず前進して歌島駅から宮原客操に入って清掃整備して客操内で機関車を付け替えて歌島信号場経由で大阪駅に向かう。そして東京方面へ出発

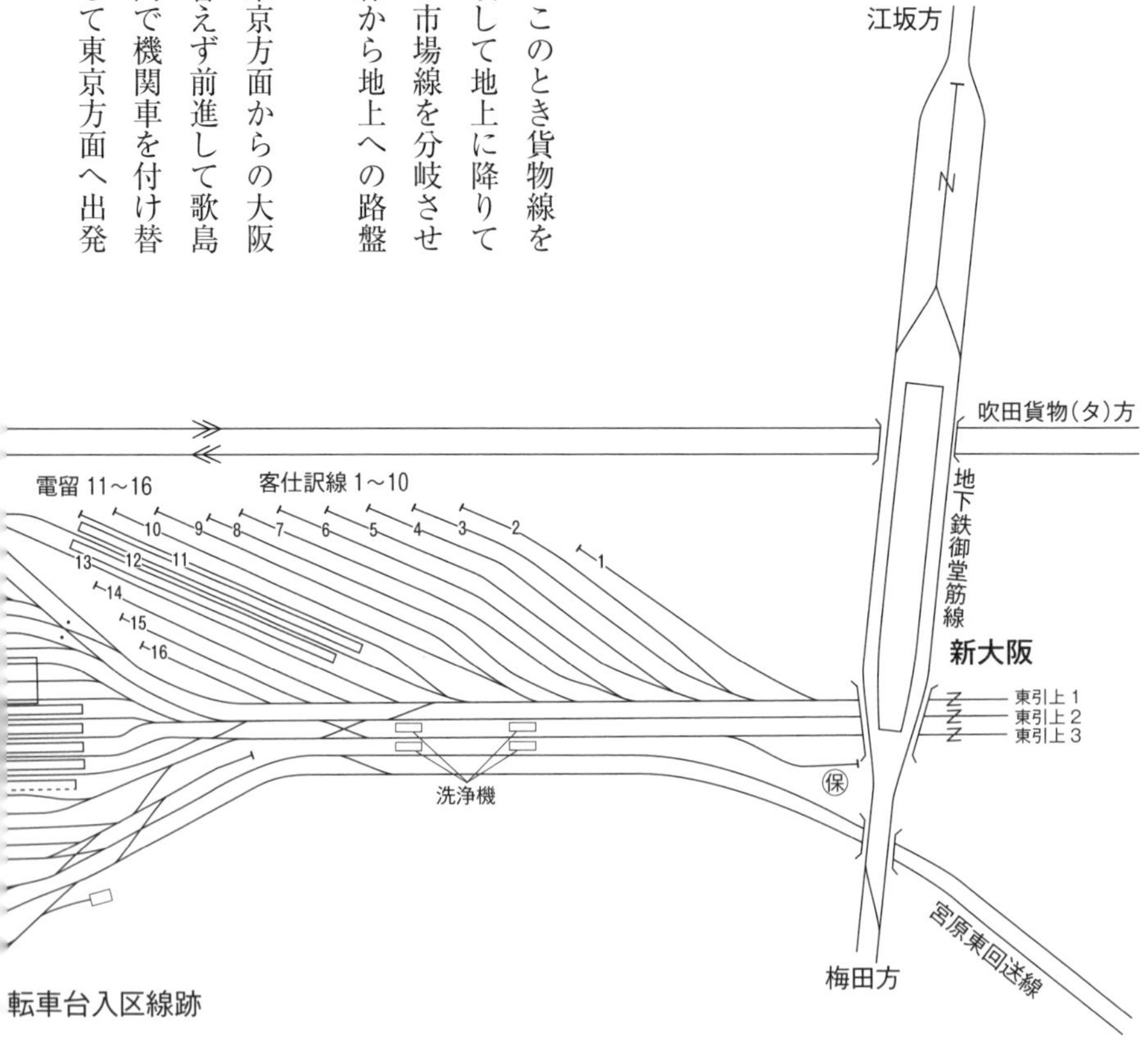

する。下関方面からの列車は宮原東回送を通って宮原信号場を経て宮原客操に入って清掃整備後大阪駅に戻る。

最後部に展望車がある特別急行「燕」などは機関車を付け替えることはなく、編成ごと向きを変える必要がある。このために宮原客操で整備後、バック走行して歌島信号場に向かう。歌島信号場に入り、スイッチバックして東海道本線で大阪駅に向かうと東京方面の先頭に機関車、後方に展望車が付いた編成ごと向きが変わる。

東京口でも編成ごと向きを変える必要がある。こちらは品鶴線の旧蛇窪信号場を通り越してスイッチバックして山手貨物線の大崎貨物ヤードに向かう。再び向きを変えることによって編成ごと向きを変えていた。

歌島信号場は当初は連絡所と呼ばれ大正11（1923）年4月に信号場になり、昭和9年7月に塚本駅の開設によって同駅構内となった。

宮原客操は年々整備され、電車基地としても機能するようになった。現在、所属客車列車はジョイフルトレインの「サロンカーなにわ」しかないので仕訳をする必要もなく、10線ある仕訳線は持て余し気味である。とはいえ大阪発着の電車、気動車の整備清掃は行われ、留置滞泊もあって車両基地として機能している。

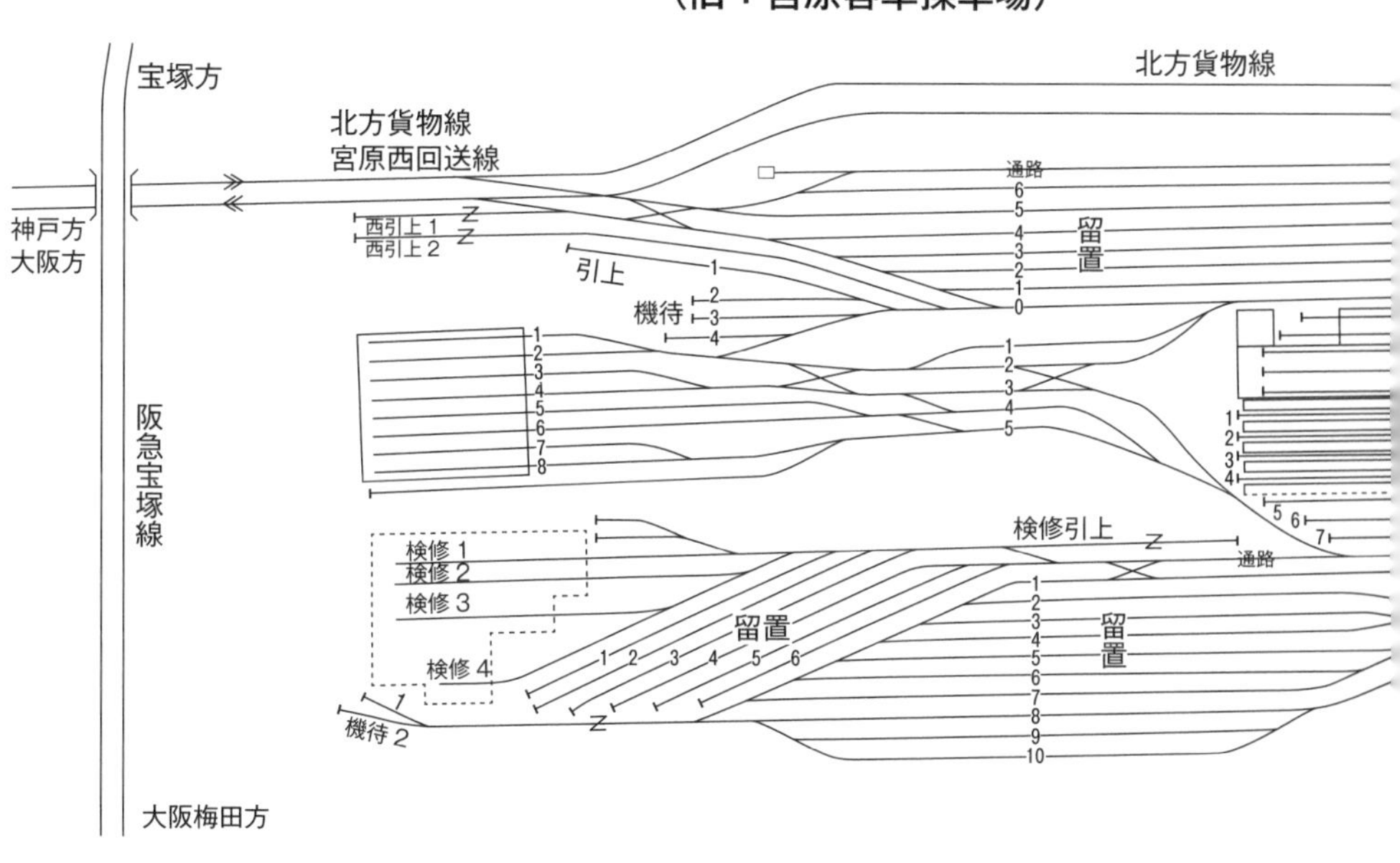

HEP FIVE の観覧車から見た大阪駅。ポイントの数がかなり減り、大屋根が設置された

大阪

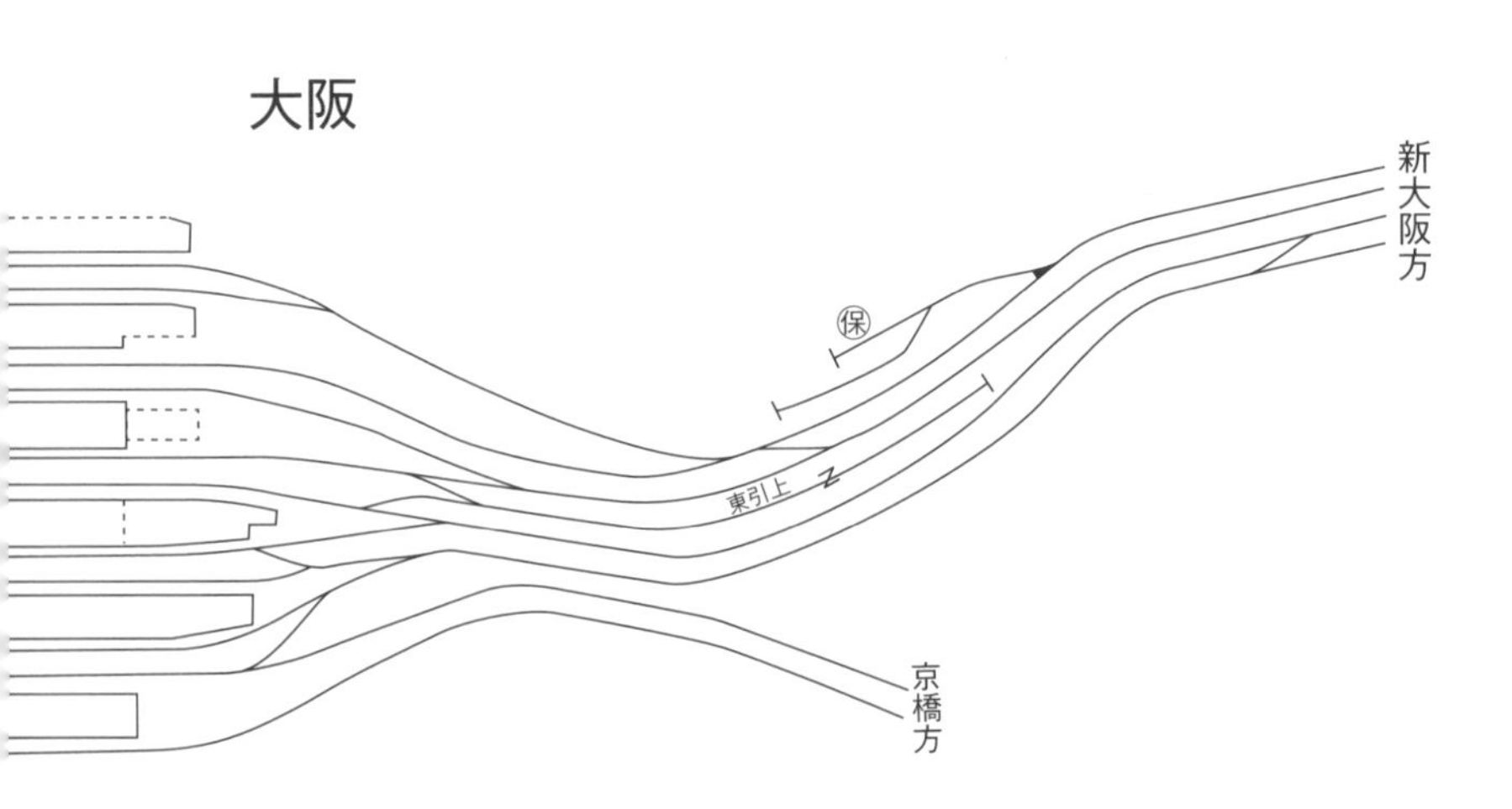

大阪うめきたホーム

大阪駅の北西にあった旧梅田貨物駅を廃止して梅田貨物線を地下化、そこに大阪うめきた地下ホームが令和５（２０２３）年３月に開設された。梅田貨物駅の跡地は「うめきたエリア」として再開発中である。

従来、梅田貨物線には関空特急「はるか」と紀勢特急「くろしお」が走っていた。うめきた地下ホームの完成でこれら特急が停車するようになるとともにおおさか東線の電車もうめきた地下ホームに乗り入れるようになった。

うめきた地下ホームと従来の高架ホームは改札内連絡通路で結ばれている。ＪＲ東西線北新地駅も大阪駅と運賃計算上は同一駅扱いにはなっていて乗り換えができるが、改札内連絡通路はなく運賃計算面以外は同じ駅として取り扱われていない。

うめきた地下ホームは島式ホーム２面４線で終端側に引上線が２線設置されている。その手前にシーサスポイントと梅田貨物線が分かれ、貨物線は地上に出てなにわ筋と平面交差してから高架になって環状線と並行する。

このためなにわ筋との踏切は今後も残る。おおさか東線の電車も大阪駅で折り返さず、

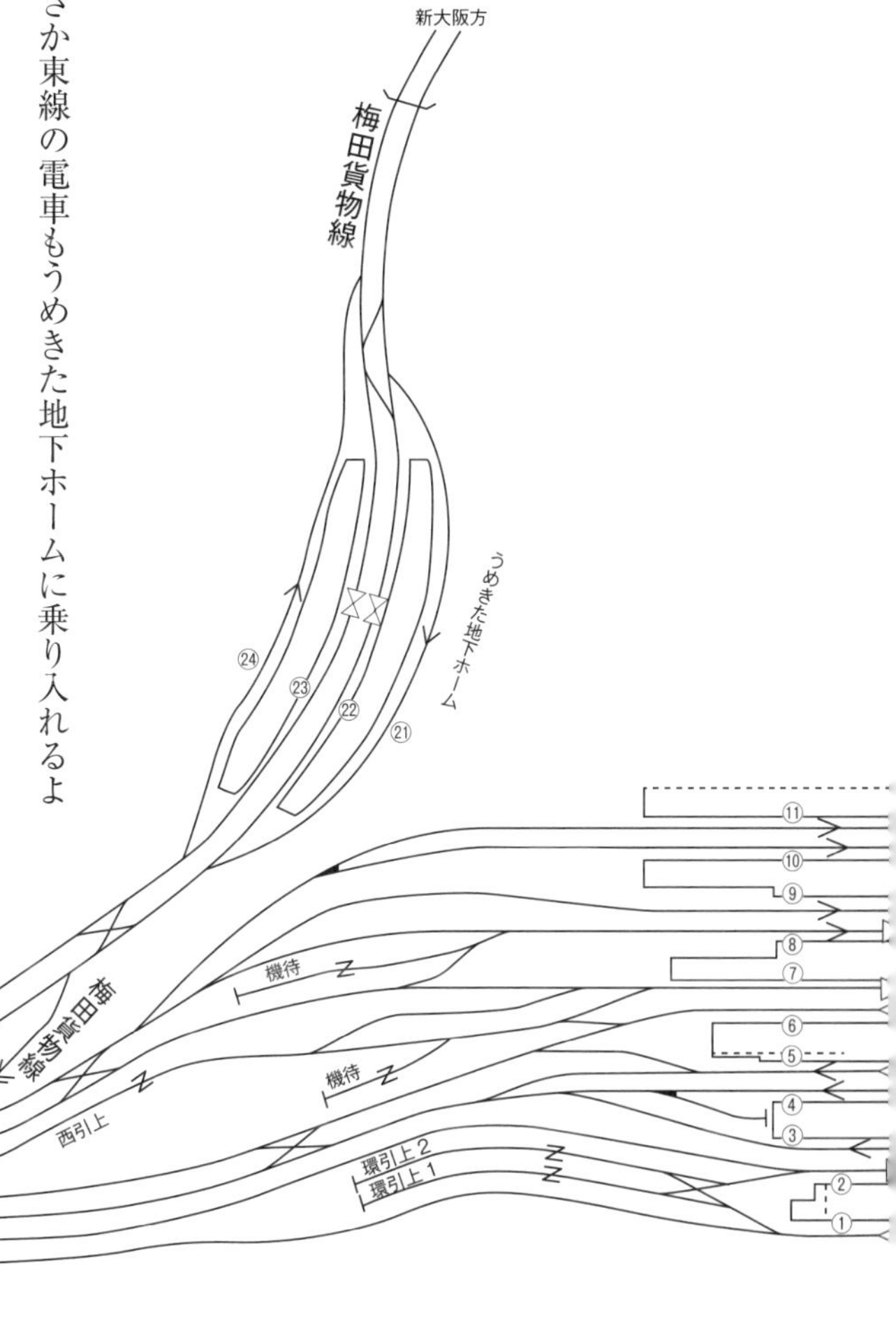

そのまま環状線の西九条駅を通って桜島線に直通すると新大阪駅からユニバーサルスタジオジャパン（ＵＳＪ）の最寄りのユニバーサルシティ駅まで行ければ便利だが、踏切が降りる回数が増えてなにわ筋の渋滞が激しくなる。また、梅田貨物線は単線なのでそれほど運転本数を増やすわけにはいかないために新大阪駅止まりになっている。

引上線で折り返しているが、この引上線はなにわ筋線（新難波・ＪＲ難波—うめきたホーム間、令和13年開業予定）ができると同線の上下本線になる。

これによって「はるか」と「くろしお」はなにわ筋線経由になって梅田貨物線で西九条を通らなくなる。そのときにはおおさか東線の電車が梅田貨物線経由で桜島駅まで行くことになろう。しかし、なにわ筋線に設置される予定の中之島、西本町に特急だけが停車するわけにはいかず普通電車も必要だろう。

とはいえなにわ筋線には南海電車も乗り入れる。大半は空港特急「ラピート」と和歌山市発着の「サザン」だが、空港急行も乗り入れるだろう。

もともと南海はうめきたホームに乗り入れずに別の駅を設置しようとしていたが、費用的見地からうめきたホームを共用することが決まった。さらに阪急なにわ筋連絡線（うめきた—十三間、令和13年開業予定）も、うめきたホームを共用することが決まった。

なにわ筋連絡線は淀川の地下を通って十三駅では地下に設置される。そこからは同時に開業予定の阪急新大阪連絡線と接続することになる。この阪急新線はなにわ筋線と直通することから狭軌線になるので標準軌の他の阪急各線とは接続せず直通運転はしない。

うめきたホームの21番乗り場には異なる位置にある各種車両に合わせて開口部が移動できるホームドアが設置された。電車が来ないときには全閉式（フルスクリーンタイプ）となり列車風も防ぐことができる。

大阪駅うめきた地下ホームに停車中のおおさか東線久宝寺行

21番乗り場には開口部移動式フルスクリーンタイプのホームドアが設置されている

うめきたホームの新大阪寄りでは単なるシーサスポイントで22、23番線から折返転線できる配線にはなっていない。新大阪駅から23番線に入線するおおさか東線電車と新大阪方面行特急との交差支障、22番線から新大阪方面に行くおおさか東線電車と西九条方面への特急との交差支障をなくす配線になっている。

しかし、ホーム端から内側の22、23番線と外側の21、24番線が分岐合流するポイントまでの間、すなわち内方にシーサスポイントを設置したほうがわかりやすい配線になるが、それをしていない。

JR西日本はできるだけシーサスポイントの新設を避ける方針だからだろうが、それだけではなく、将来の阪急なにわ筋連絡線の分岐を想定して、このような配線になっていると思われる。

大阪高架ホーム

従来の高架ホームは山側の11番乗り場か片面ホーム1面、その他が島式ホームの5面の11線になっている。平成16（2004）年に改良工事が始まって22年10月に配線改良といくつかのホームの拡幅工事が完了した。

改良工事が始まる前は片面ホーム1面（11番線）と島式ホーム6面（環状内回り線、環状外回り線と1～10番線）の14線（6番線と7番線の間に中線があった）だった。

また駅の前後には引上線や機待線、機折線があり、各種ポイントが輻輳（ふくそう）していた。多くのポイントは時速30km制限だったので駅のずいぶん手前から時速30kmに落として駅に進入していた。また、各ホームも狭かった。

運転席後部から大阪駅に進入する情景を見ていると、いったいどこのホームに入るのかワクワクして楽しんだものだが、運転上からすると進入速度は遅く、進路構成をするARC（Automatic Route Control ＝自動進路制御装置）の設定も大変だった。

改良後は島式ホーム１面と３線（中線１線を含む）を廃止して多くのホームを拡幅、ポイントの数を減らしてポイントの番数も上げ、ポイントの位置もできるだけホーム寄りに近づけて進入速度を高めた。

改良前にくらべてずいぶんシンプルになり、客車列車も激減して機待線も神戸寄りに２線しかない。引上線は米原寄りの東引上線と神戸寄りの西引上線の２線と環状線の西九条寄りにある２線だけになった。

環状内回り線と環状外回り線の呼称をやめて環状内回り線を１番線、外回り線を２番線とし、片面ホームに面した山側の線路を11番線にして、乗り場番号と線路番号を同じにした。

各ホーム中央に全体を覆う大屋根と各線路を跨ぐコンコースも設置された。大屋根ができて各ホームにある屋根を撤去する予定だったが、風が強い雨の日には大屋根の中まで雨が吹き込んだために一部を除いてホームの屋根は撤去されなかった。

１番線は環状内回り、２番線は環状外回り、３番線は北陸特急「サンダーバード」の到着と山陰方面特急「はまかぜ」、「スーパーはくと」、４番線は福知山特急「こうのとり」と福知山線快速（丹波路快速を含む）、朝ラッシュ時の下り新快速、５番線は下り新快速、快速と一部各停、６番線は下り各停、７番線は上り各停、８番線は上り新快速、快速と一部各停、９番線は福知山線快速の到着と夕ラッシュ時の上り新快速、10番線は山陰方面特急の到着、11番線は「サンダーバード」の出発が基本である。福知山特急「こうのとり」は９～11番線に到着するというようにシンプルでわかりやすくなった。

ホームの長さは関空快速や大和路快速を含めた環状線用の１、２番線が８両編成、３、４、

7～9番線が12両編成、5、6、10、11番線は14両編成対応になっている。しかし、5、6番線は米原寄り端の2両ぶん、10番線は前後の旧切り欠きホーム部分に柵があって閉鎖され、実質は12両対応である。

また、1、2番線には8両編成3扉車対応のホームドア、6、7番線には7両編成4扉車対応のホームドアが設置され実質は7両編成対応である。5、8番線には3扉車と4扉車のいずれにも対応するロープ昇降式ホーム柵が設置されている。11番線は唯一の夜行寝台特急電車「サンライズ出雲・瀬戸」が14両編成（7＋7両編成）で上り東京行だけ大阪駅に停車するために14両編成の長さを維持している。

かつての大阪発着の寝台特急客車列車ブルートレインは最大14両編成だったが、大阪駅の大改良をしたときには廃止されていたので、進入速度を高めるために現11番線を除いて各ホームを短くした。

福島—西九条間

梅田貨物線の終点は梅田貨物駅だったが線路は大阪環状線の福島駅を経て西九条駅まで伸びている。梅田貨物駅は廃止されて大阪駅うめきた地下ホームを経て福島駅から環状線と並行する。

福島—西九条間の貨物線は正式には大阪環状線の貨物線となっているが、同区間の貨物線も梅田貨物線に含めることがならわしになっている。

福島駅の大阪寄りの踏切でなにわ筋を横切ってから高架になって環状線と並行する。野田駅を過ぎると環状線外回り線への渡り線、続いて外回り線から内回り線の渡り線がある。この二つの渡り線を通って関空行「はるか」と下り「くろしお」が転線して環状線の内回

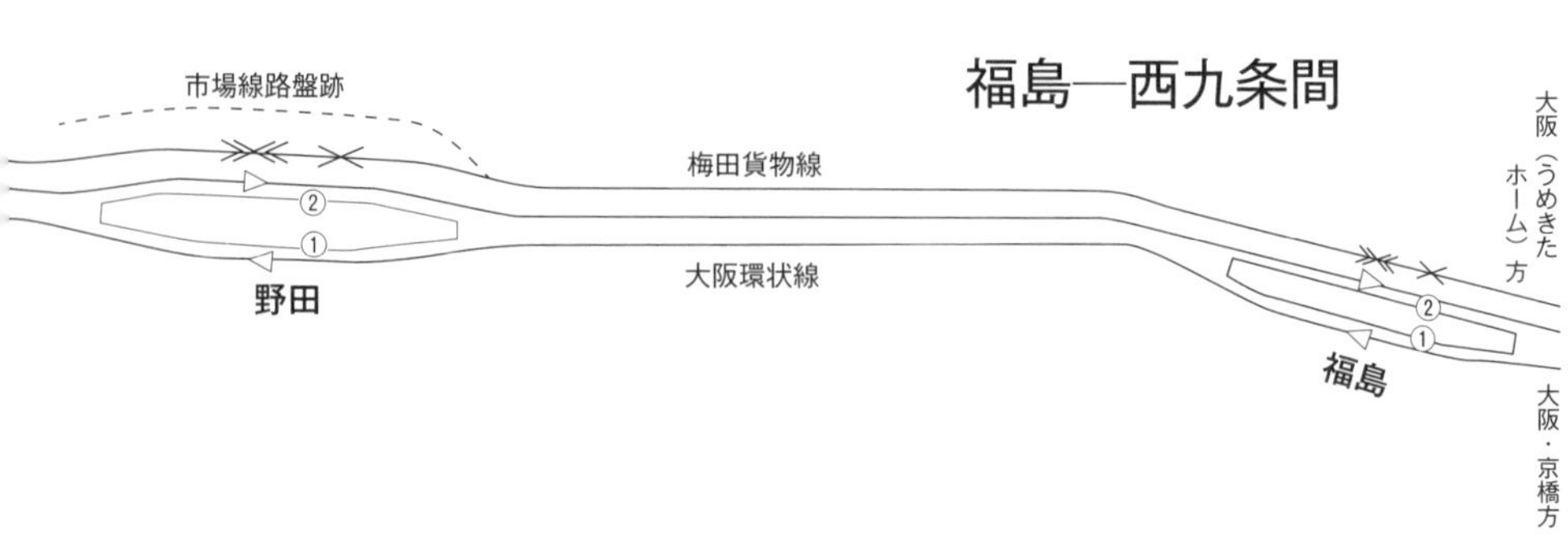

福島—西九条間

市場線路盤跡
梅田貨物線
大阪環状線
野田
福島
大阪（うめきたホーム）方
大阪・京橋方

り線を走るようになる。

次に梅田貨物線は複線になって上下貨物列車の行き違いができるようしていたが、下り線（2番線）は特急「はるか」「くろしお」の京都行き通過用になった。そのため天王寺寄りで外回り線から転線できるように配線変更している。その梅田貨物線は桜島線と接続し、桜島線の上り線は安治川口方面下り線との間に渡り線がある。

環状線と桜島線の西九条駅は島式ホーム2面3線で、線路番号は梅田貨物線が1番線、京都方面特急が通過する線路が2番線、環状線外回り線が3番線、中線が4番線、内回り線が5番線になっている。乗り場案内では3番線が1番乗り場、4番線は両側にホームがあるため大阪方面行は2番乗り場、天王寺方面行は3番乗り場になっている。5番線は4番乗り場である。

桜島線の電車は折り返し、環状線大阪方面との直通にかかわりなく中線の3番線で基本的に発着する。京都方面への特急は2番線、天王寺方面の特急は5番線を通過する。

野田寄りの梅田貨物線と環状線外回り線との渡り線、それに環状線内外回り線間の渡り線等は令和3（2021）年に設置された。それまでの特急は上下とも中線の4番線を経由して環状線と梅田貨物線とを行き来していた。

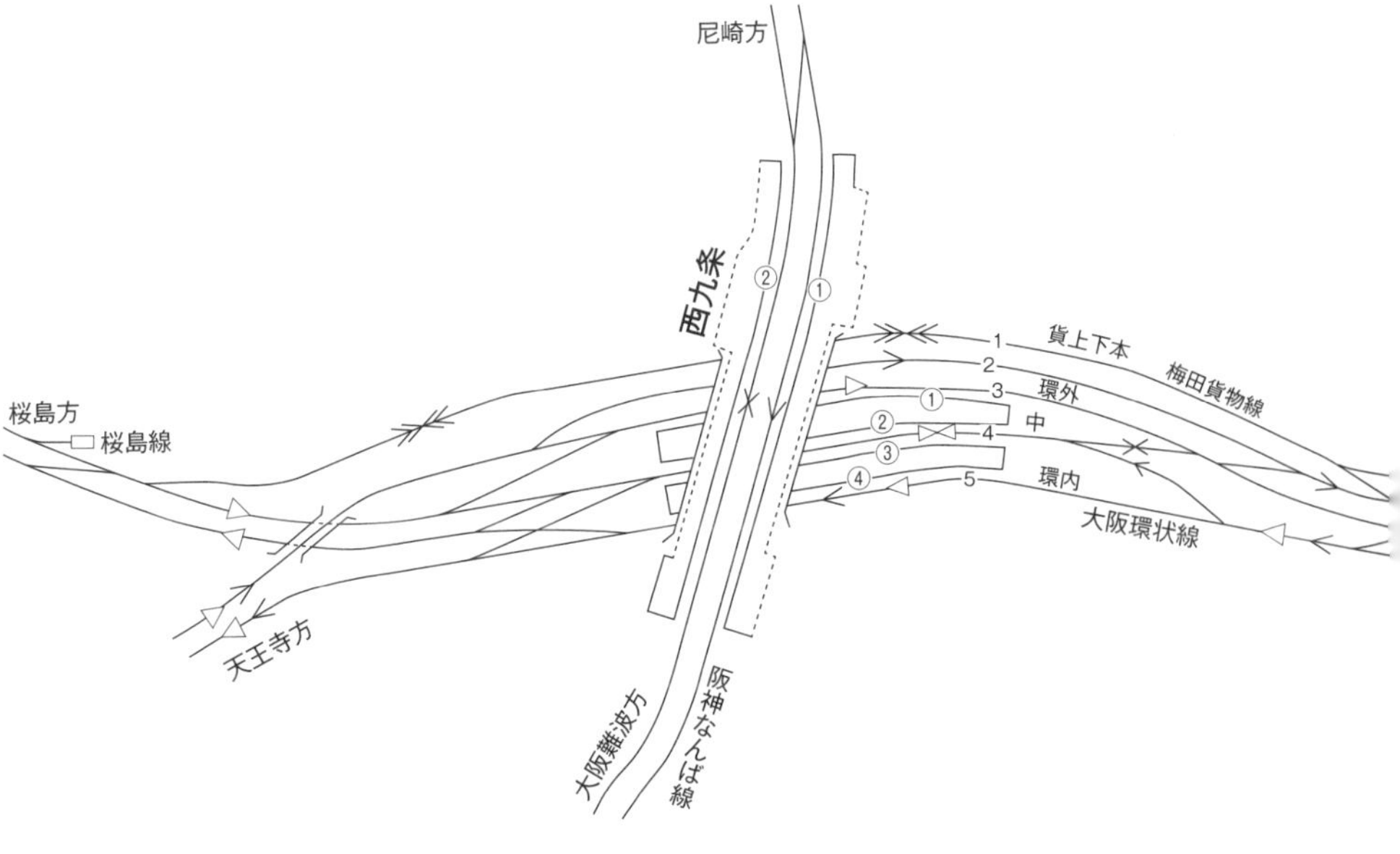

塚本・加島

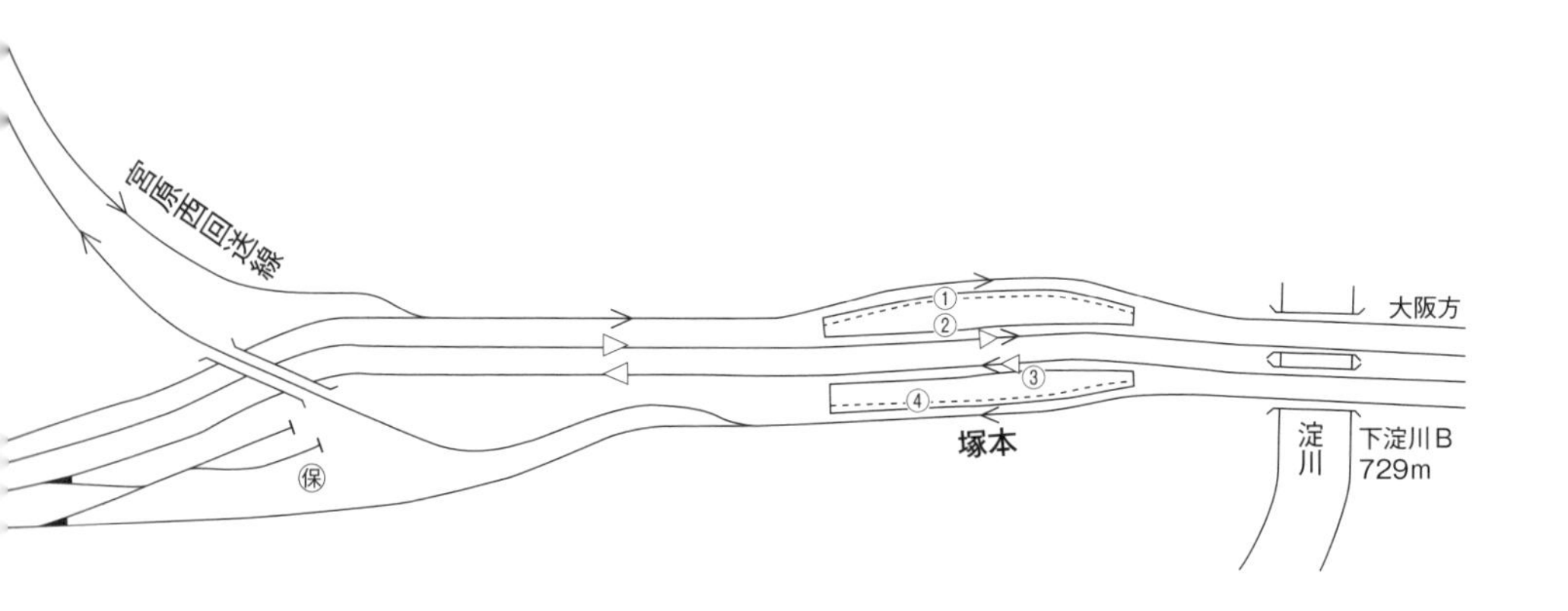

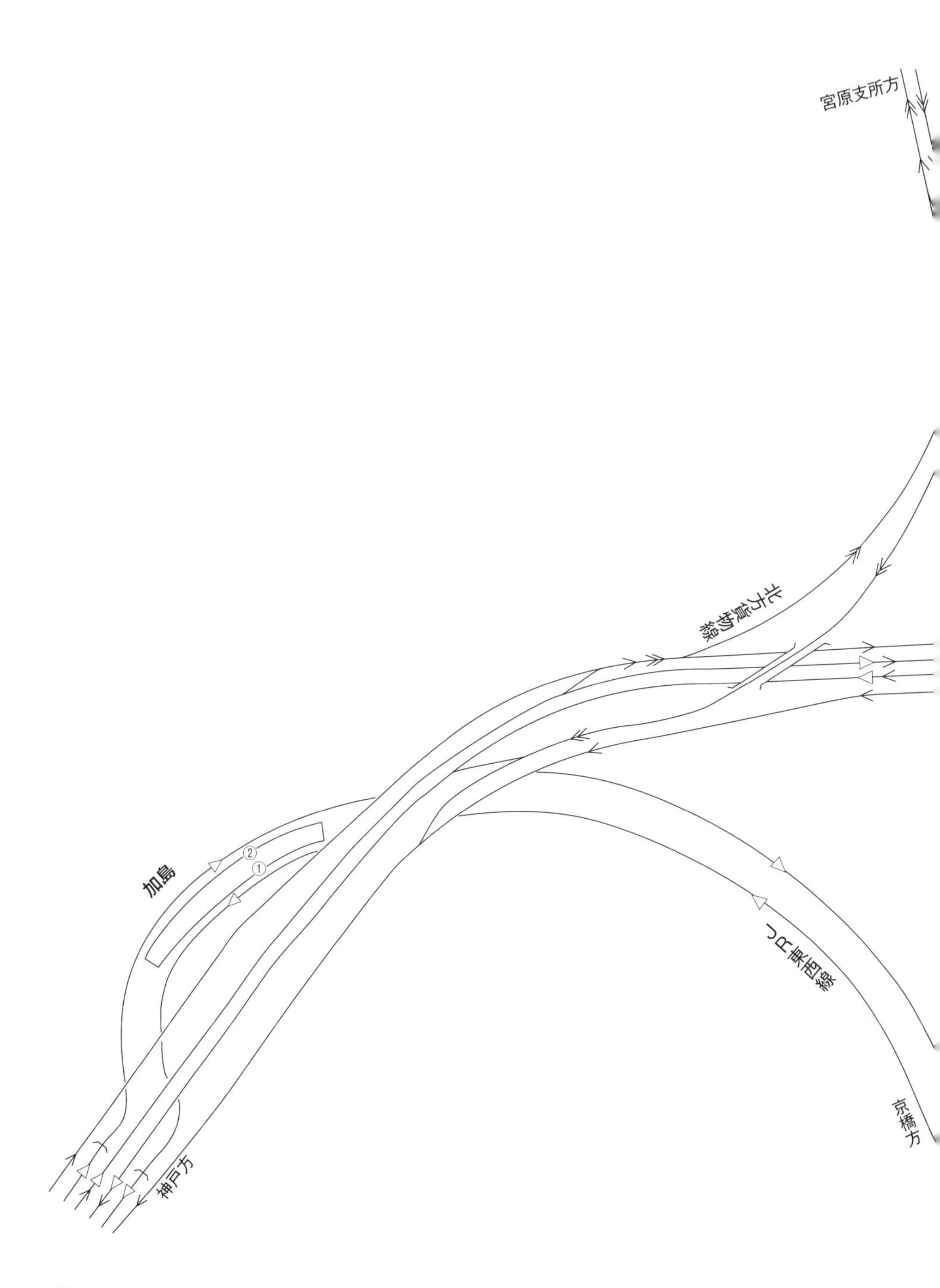
宮原支所方
北方貨物線
加島
②
①
JR東西線
京橋方
神戸方

4番線には桜島線の電車が折り返すことが多く、上下特急同士の西九条駅でのすれ違いもできず、ダイヤ構成上のネックになっていた。野田寄り天王寺寄りに渡り線を設置することによって4番線を通ることなしに転線でき西九条駅でのすれ違いもできるようになった。「はるか」の西九条停車は平成22年、「くろしお」の停車は令和5年3月に廃止になった。「くろしお」の西九条駅停車は、同駅で環状線電車に乗り換えることによって大阪駅へ行きやすくするためだったが、うめきた地下ホームの開設で不要になったために廃止になった。

しかし、朝の上りの西九条駅停車はＵＳＪに行くのに阪和線・紀勢線方面から便利だった。これを残念がった人もいる。

とはいえ特急の通過によって西九条駅停車の車両は全車3扉車になったために通常のホームドアを設置しやすくなった。

梅田貨物線は桜島寄りで桜島線と接続している。貨物列車はコンテナヤードがある安治川口駅で着発、荷役を行う。

桜島線との接続点の梅田貨物線側には安全側線がない。通常だと桜島線の上り本線を優先して接続する梅田貨物線側に安全側線を設置するのがセオリーだが、ここでは桜島線上り本線側に安全側線があって、貨物列車を優先した配線になっている。

現在はＵＳＪでアトラクションを楽しむ乗客のために旅客電車の本数のほうが多いが、かつては貨物列車の運転本数のほうが多かった。コンテナ貨物取扱駅の安治川口駅からは大阪北港への北港貨物線が分岐していた。それだけでなく、桜島駅からは三菱倉庫や石油基地への専用線が多数接続していて、臨港線として機能していた。

もともと桜島線を含む大阪―桜島間は主に貨物列車が走る西成線だった。環状運転を開始した以後も梅田貨物線を並行させて貨物列車が桜島線に多数走っていた。桜島線の上り

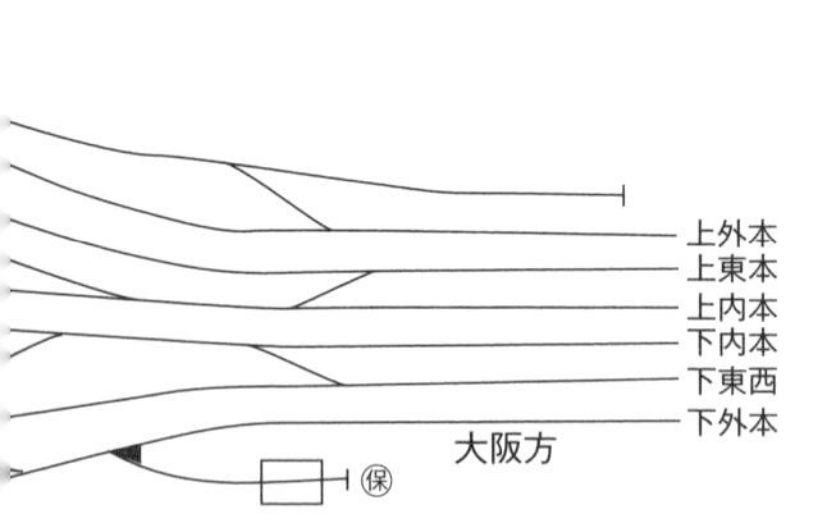

本線側にある安全側線はその名残である。

塚本

塚本駅の旅客駅は島式ホーム2面4線で外側線側は柵がしてある。神戸寄りで宮原西回送線が東海道本線の外側線と分岐合流する。上り外側線と合流する西回送線に安全側線があったが撤去されている。さらに神戸寄りでは北方貨物線と分岐合流するが、内側線にも転線できる配線になっている。

宮原西回送線と北方貨物線は宮原支所から途中まで共用してから二手に分かれる。その先で山側を高架で並行している山陽新幹線が離れて北西に進むところでもある。

北方貨物線の下り線が東海道本線の外側線と合流した先で、地下を走るJR東西線が海側から山側へ斜めに横切って、その先に島式ホーム1面2線の加島駅がある。

加島駅の先で地下から地上に出てきて、東海道本線の上下の外側線と内側線の間に割り込んで6線で尼崎駅に向かって進むようになる。

尼崎

尼崎駅は島式ホーム4面9線で線路番号と乗り場番号は合致している。海側から1番線になっており、1番線は外側線を走る下り山陽本線方面各種特急と貨物列車が通過、下り新快速と朝ラッシュ時の下り快速が停車、2番線は福知山線の特急「こうのとり」と大阪発の下り丹波路快速を含む快速、区間快速が停車、3、4番線はJR東西線と高

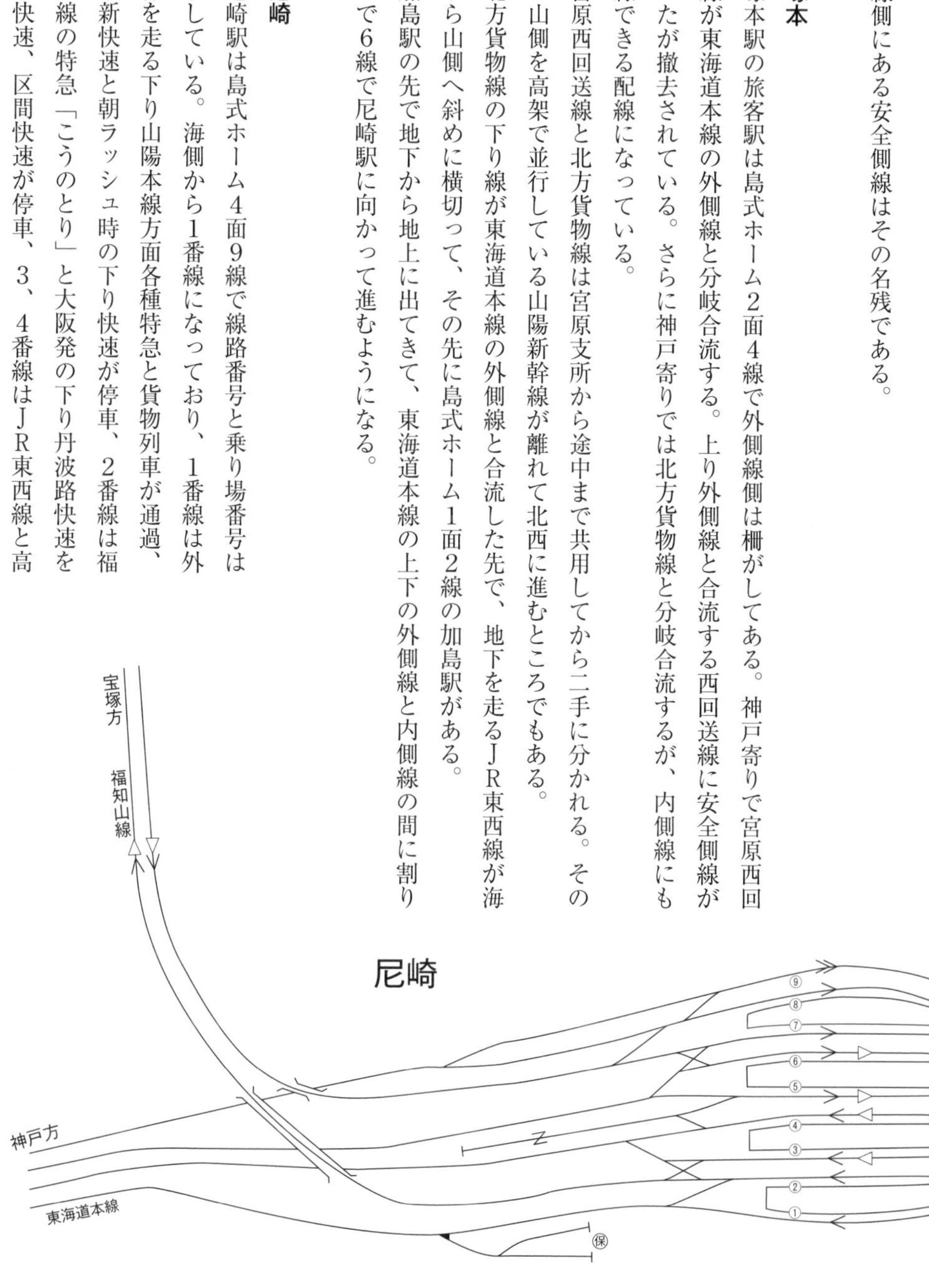

槻・京都発の西明石方面の各停と福知山線方面の各停、区間快速、快速、それに京都以遠方面の快速（高槻または京都以東は普通）が停車する。

5、6番線はその逆の内側線を走る電車とJR東西線に向かう各停と快速、区間快速、快速が停車、7番線は福知山方面から大阪方面への特急、快速、区間快速が停車、8番線は上り外側線を走る各種通過列車と上り新快速、朝ラッシュ時の上り快速が停車する。そしてホームに面していない9番線は1300t牽引の貨物列車の着発待避線である。

上下内側線の4、5番線に接続する変形Y形引上線が神戸寄りに置かれている。朝ラッシュ時にはJR東西線からの尼崎止まりにしたい電車が多数あるのに4番線に京都方面からの電車が停まっている、あるいは進入中、つまり交差支障起こして入れず、3番線に入るJR東西線電車がある。そのような電車は尼崎駅を通り越して福知山線で折り返しが可能な塚口駅まで行って折り返している。

甲子園口

甲子園口駅は島式ホーム2面5線になっている。下り外側線がホームに面しておらず、これが1番線になっている。2番線である下り内側線は海側の島式ホームの外側にあって、内側には大阪方面から同駅折返用の線路（3番線）がある。山側の島式ホームは通常の上り内側線と外側線との間にある。

乗り場番号は2番線が1番、3番線が2番、4番線が3番、5番線は4番で、4番乗り場は外側線の走る列車が通過するので柵があって乗ることができない。

もともとは他の方向別複々線の駅と同じ構造をしていたが、違うのは阪神武庫川線への国鉄貨物列車乗り入れのために西ノ宮（現JR西宮）駅から武庫大橋駅まで狭軌の貨物専

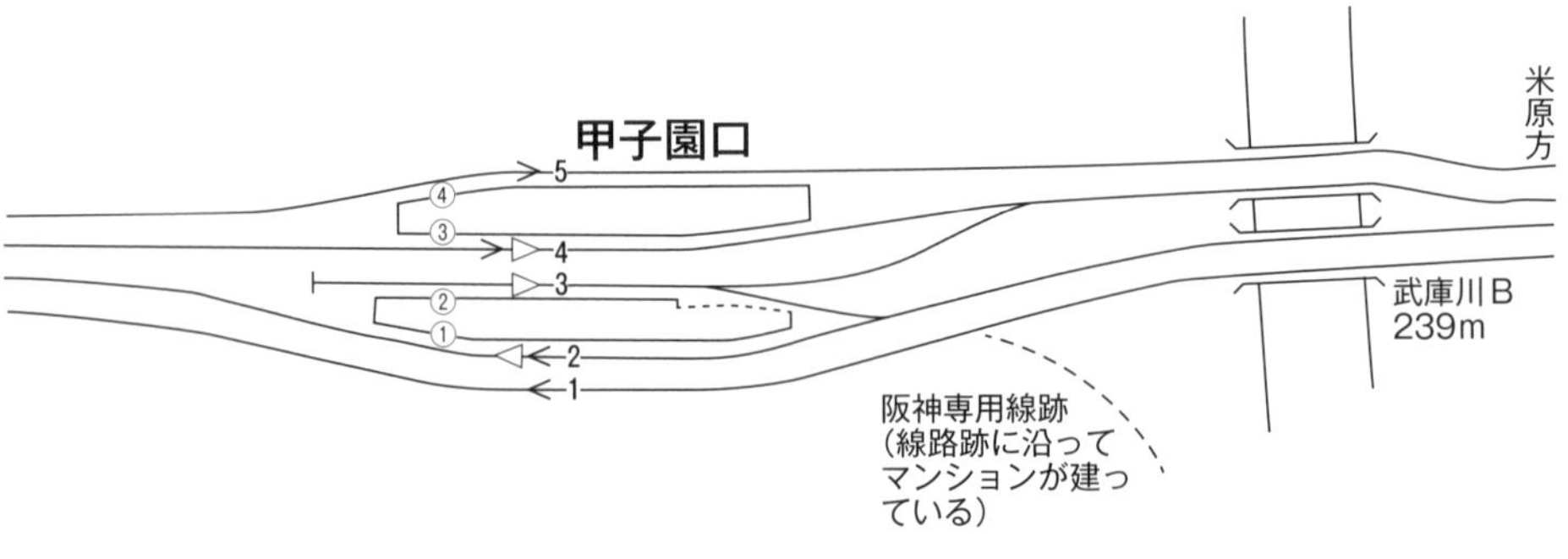

甲子園口
米原方
5
4
3
2
1
④
③
②
①
武庫川B
239m
阪神専用線跡
（線路跡に沿って
マンションが建っ
ている）

用線（阪神所属）が海側に並行していた。その貨物線が昭和28年に休止され、その後は放置状態だった。

その専用線の甲子園口付近を国鉄が譲受して外側線を移設して流用し、従来の外側線を内側線、元の内側線を折返線にした。配線変更は昭和39年10月に完工して使用開始をした。

なお、阪神の専用線は武庫大橋駅から標準軌併用の3線軌となって武庫川線として洲崎駅まで昭和18年3月に開通した。狭軌線は洲先駅からさらに進んで武庫川河口の川西航空鳴尾工場まで伸びていた。

鳴尾工場は米軍に接収されて戦後も貨物列車が1日6往復（うち1往復は不定期）走っていた。その後、貨物輸送はトラック輸送に切り替えられたりして減ってしまったために昭和33年7月に休止した。

旧鳴尾工場は閉鎖されたが、一部敷地は阪神の子会社で車両メーカーの武庫川車両の製造工場となった。阪神の車両（7861形など）を製作するほか京都の京福嵐山線の車両や西鉄2000系（川崎重工製となっている一部車両を請け負った）なども製造した。甲種鉄道輸送もありうるということで西ノ宮―武庫川車両鳴尾工場間の狭軌線（武庫川―洲先間は標準軌併用の3線軌）は昭和45年まで、洲先以南は昭和57年まで残っていた。甲種鉄道輸送を行った事実はない。そして武庫川線の貨物輸送は昭和45年11月に正式に廃止した。

西宮

西宮駅は外側線の両外側に1300t牽引対応の貨物着発待避線がある島式ホーム2面6線になっている。海側の下り貨物着発線が1番線、下り外側線が2番線、下り内側線が3番線、上り内側線が4番線、上り外側線が5番線、上り貨物着発線が6番線である。乗り場番号は2番線が1番乗り場と線路番号とずれている。4番乗り場が5番線である。

朝ラッシュ時は上下の西宮駅停車の快速が外側線を走るために1、4番乗り場は柵が設置されていない。その他の時間帯はロープを張って仕切っている。

次のさくら夙川駅は平成19（2007）年3月に開設された駅である。上り内外側線を山側に移設して上下内側線の間に島式ホームを設置している。

芦屋

芦屋駅は島式ホーム2面6線になっている。線路番号は山側から1番線で海側は6番線になっている。乗り場番号は2番から始まっていて線路番号と合わせている。

西宮駅の両外側には貨物着発待避線が置かれている。上り新快速は西宮駅で各停を追い越している

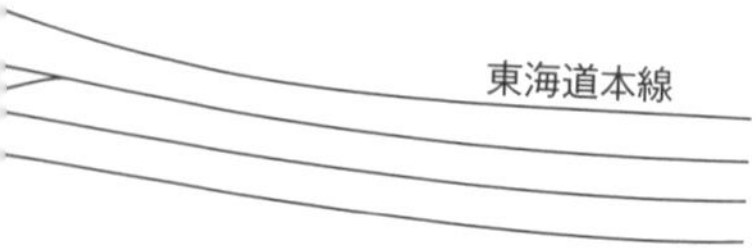

東海道本線

１番線は上り外側線本線でホームに面していない。２番線は上り内側線副本線、３番線は上り内側線本線、４番線は下り内側線本線、５番線は下り内側線副本線、６番線はホームに面していない下り外側線本線である。大阪寄りの内側線に逆渡り線があり、４、５番線は大阪方面に向けて折り返しができる。これによって芦屋以西で運転障害が発生しても芦屋駅で折り返し運転ができる。

２、５番線はホームの両端で外側線と内側線につながっている。朝ラッシュ時を除いて新快速は２、５番線に入線、５番線は新快速が発車して１分余り後に各停が４番線に入る。３番線で各停が出発した約１分後に４番線に新快速が入線してくる。また、上下快速は各停と緩急接続をする。このときは快速が３、４番線で発着、各停は２、５番線で発着していたが、令和５（２０２３）年から内側線を走る快速も２、５番線で発着するようになった。朝ラッシュ時の快速は外側線を通るので、新快速と同様に内側線副本線に入線する。このため各停は終日３、４番線に停車する。これによってホームドアの３扉車対応、４扉車対応が固定化され、まもなくホームドアの設置工事が始まる。

ともあれ、さくら夙川駅がなかったころは新快速と各停が同時に入線して同時に発車して、互いに乗り換えが可能だった。さくら夙川駅ができて各停が１分遅くなってしまい、同時進入発車できなくなってしまった。新快速から各停へ、上りでは各停から新快速への乗り換えはできても、下りで各停から新快速へ、上りで新快速から各停に乗り換えができなくなってしまった。

大阪―芦屋間で新快速を１分遅くするか、各停用車両の加減速度を上げて１分速くするかだが、前者は新快速のスピードダウンになって並行する阪急・阪神との競

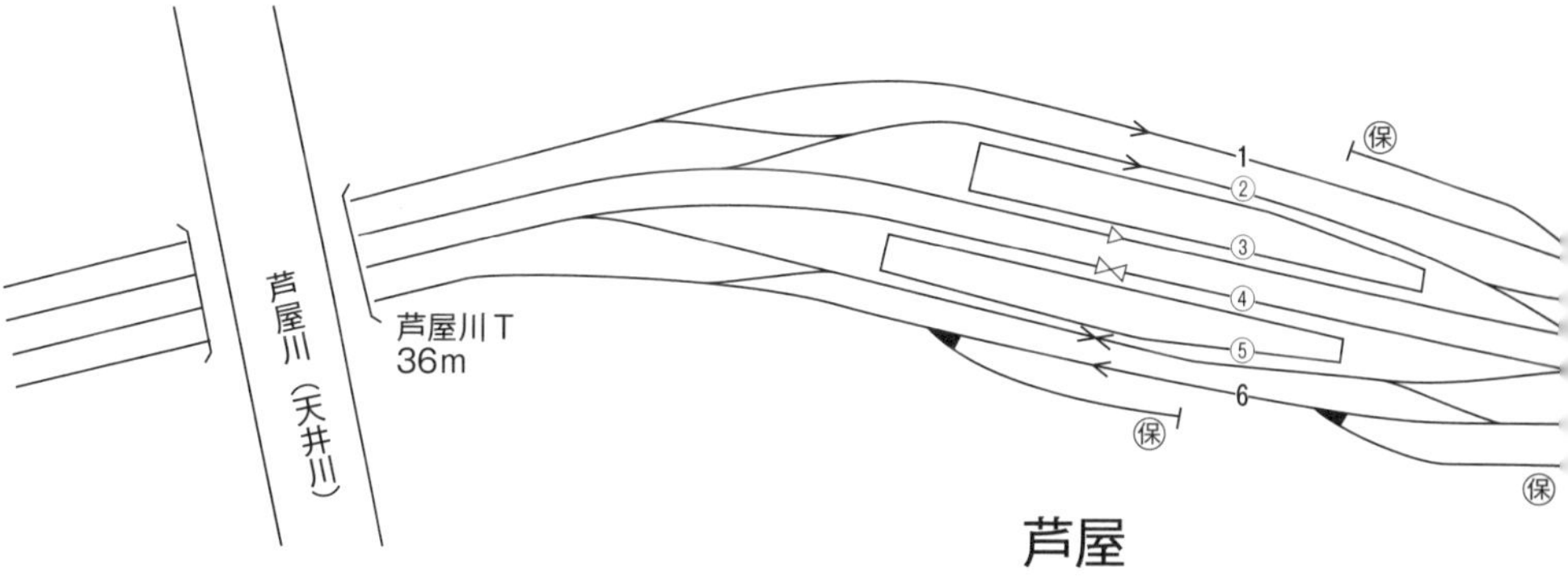

争力が削がれる。後者は高加減速の新車両の置き換えが必要でできなくはないがしたくないところである。

それでも実現可能なのは新快速の1分のスピードダウンだろう。並行する阪神・阪急は停車駅を増やして特急などを遅くした。「遅くなったけれども便利になった」として評価されている。ＪＲもそうしてもいいように思う。

国鉄時代の芦屋駅は外側線と内側線の副本線との渡り線はなかった。その代わりに大阪寄りで下り側は外側線から内側線に入る渡り線、上り側は内側線から外側線への渡り線、神戸寄りで下り側は内側線から外側線へ渡り線、上り側は外側線から内側線への渡り線があった。これによって外側線を走る修学旅行用電車「きぼう」号など団体臨時列車が芦屋駅に停車できるようにしていた。高槻駅でもこのような構造になっていた。京阪神間の他の駅は島式ホーム2面4線だったので、このような渡り線の設置はなかった。

新快速が芦屋駅に停車した平成2（1990）年4月に外側線から上下内側線副本線を設置し、その前後にあった4組の外側線と内側線との渡り線を撤去した。

甲南山手駅は平成8年10月に開設された。下り内外側線を海側に移設して島式ホームを設置した。

六甲道駅は島式ホーム2面4線で外側線側はロープで仕切られ、朝ラッシュ時には外側線を走る快速があるためロープを外している。内側線側は3扉の快速と4扉の各停に対応できるロープ昇降式ホーム柵が設置されている。

摩耶—三宮間

摩耶駅は平成28（2016）年3月に開業した新駅だが、これは旅客駅としての新駅であるということで、貨物駅としては古い歴史を持っている。明治37（1904）年2月にまず神戸港への臨港線の分岐用信号所として開設され、明治43年に灘（貨物）駅に昇格、大正6（1917）年12月に神戸寄りに旅客駅の灘駅が開設されると東灘駅に改称する。

昭和47（1972）年10月に東灘操車場に変更して貨物取扱を廃止する。複々線の本線が操車場の中央を通る貫通式になっているとともに神戸港線の上下線は抱き込み式になっていた。

つまり海側に神戸港線の下り本線があり、複々線の東海道本線との間に下り仕訳線6線（海側が6番と付番されている）がある。仕訳1番線に続いて8、7番の2線の下り着発線がある。8、7番線に間には貨物ホームが残っていた。次に東海道本線の複々線があり、山側に2、1番の上り着発線が並ぶ、こちらも着発線2線の間に貨物ホームが残っていた。次に上り仕訳線7線（内側から1〜6番線）が並び、その外側に神戸港線上り本線が通っている。神戸港線上り本線は神戸寄りで東海道本線の地下で斜めに横切って神戸港線下り本線と合流していた。

昭和56（1981）年4月に全国的にヤード仕訳機能の停止を行って東灘信号場となるが、平成15（2003）年12月に神戸臨港線と神戸港駅が廃止されると貨物待避着発線があるだけの東灘信号場となった。

神戸港線廃止後は複々線の東海道本線の海側に下り着発待避線1線、海側に上り着発待避線1線と留置線があった。この留置線の線路番号は1番とし、上り着発線が2番、東海道本線の4線が3〜6番線、下り着発線が7番だった。その後、留置線は不用ということで撤去された。

そして平成30年3月に東灘信号場から摩耶駅に格上げした。

摩耶駅の上り内側線の2番乗り場（右奥）は快速折返用に12両編成ぶんの長さがある

三宮駅の外側線のホームは15両編成ぶん、内側線は12両編成ぶんあるものの、ロープ昇降式ホーム柵は内外側線ともに12両編成で対応している。
上り外側線は「サンライズ瀬戸・出雲」が停車するがはみだした2両ぶんに対してはホーム柵がない

摩耶駅は上下内側線の間に島式ホームが1面ある構造だが、東灘信号場としての機能を残すために外側線の両外側に上下とも貨物着発待避線がある。移設したのは海側の下り線側である。ここには神戸港線の線路跡が残っていたために移設は簡単だった。

山側の上り貨物着発線が1番線で海側の下り貨物着発線が6番線になっている。神戸寄りに内側線の上下線間に逆渡り線があり、その次に下り側は外側線から内側線、上り側は内側線から外側線への渡り線、続いて上下線間に順渡り線がある。

1番乗り場（上り内側線の3番線）は12両編成が停車できる長さになっている。摩耶駅以東で輸送障害が起こったときに上り快速電車が折り返しできるようにするためである。2番乗り場は8両対応である。神戸寄りの順渡り線で上り各停が転線して2番線に入線して折り返すこともできる。

大阪寄りにも内外側間を行き来する渡り線がある。これらは上下の内外側線のいずれかに運転支障があったときに転線できるようにしたり、神戸寄りの下り貨物着発線を延ばしたところにある引上線にレール運搬貨物列車を昼間時に入線させたりするときに使えるようにしている。とはいえ常時稼働させているのは神戸保線区の保守車両の夜間での行き来のときである。

灘駅は島式ホーム2面4線だが、神戸寄りの上下内側線間に順渡り線、次に逆渡り線があって、内側線の2、3番線で以西への折り返しができるようにしている。順渡り線は駅近くにあるが、逆渡り線はずいぶん離れた阪急神戸線が合流してくるあたりに置かれている。

三ノ宮駅は島式ホーム2面4線でポイントはない駅だが、ロープ昇降式ホーム柵が全乗り場に設置されている。

山側から1番線で乗り場番号と一致しており、外側線側は15両編成ぶん、内側線側は12

摩耶—三宮間

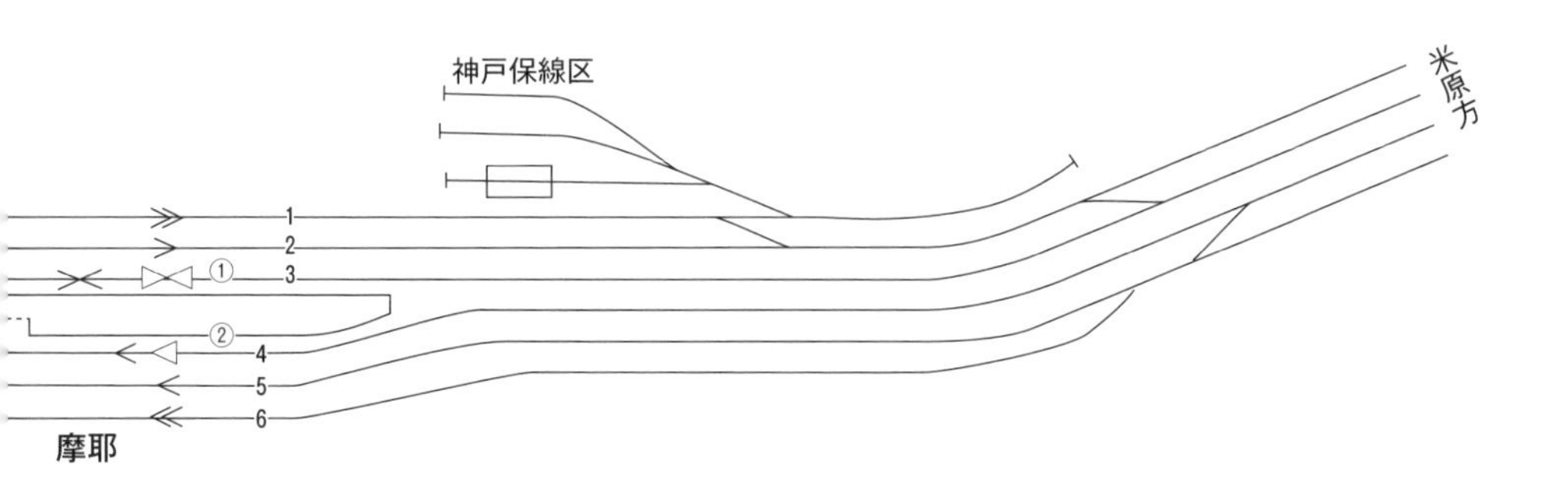

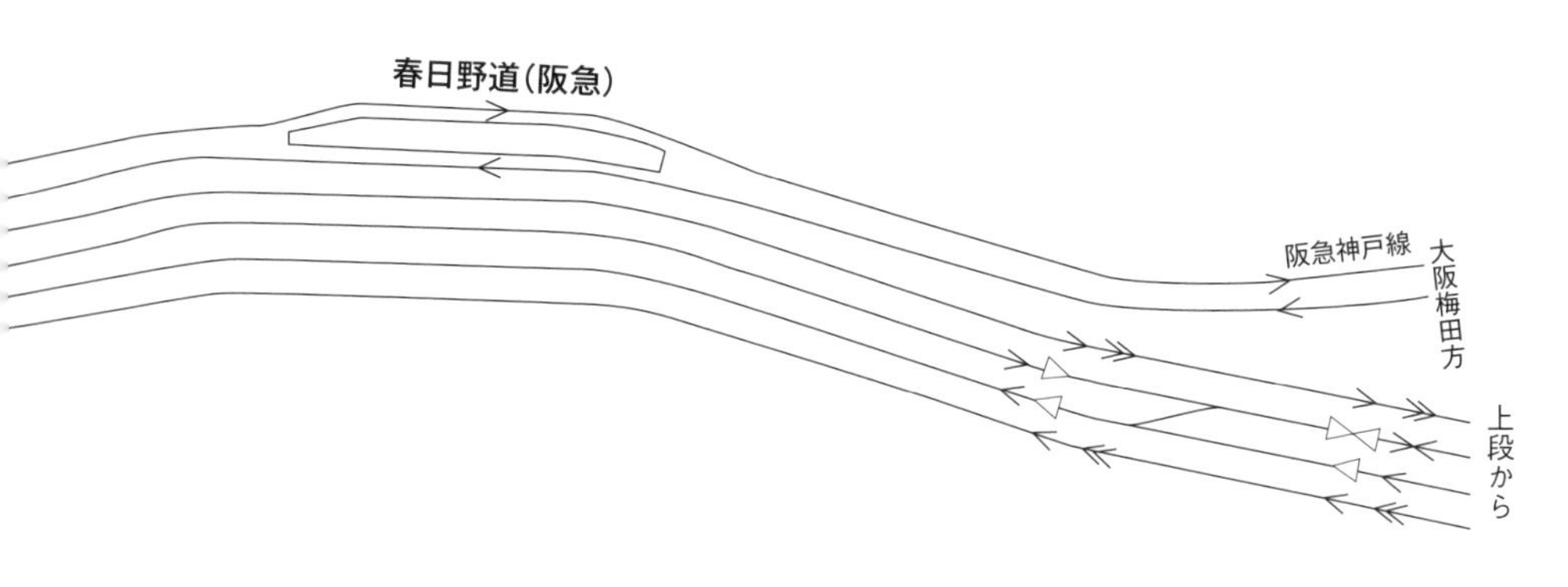

摩耶—三宮間

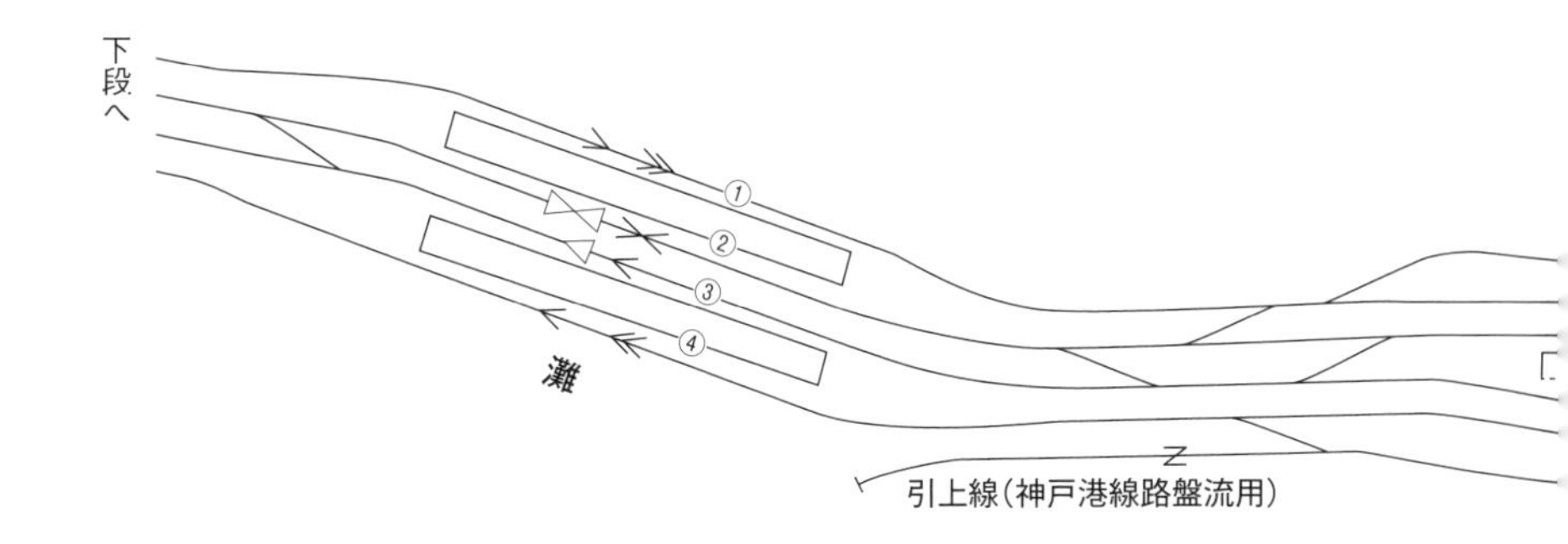
下段へ
①
②
③
④
灘
引上線（神戸港線路盤流用）

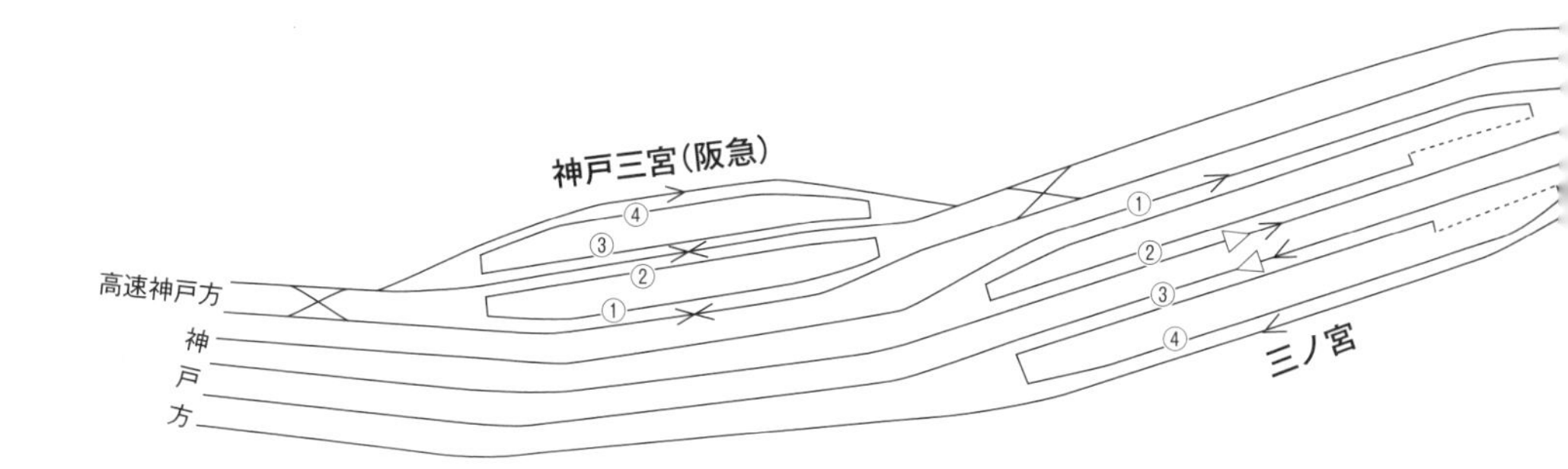
神戸三宮（阪急）
④
③
②
①
高速神戸方
神戸方
①
②
③
④
三ノ宮

両編成ぶんのホームの長さがあるが、ロープ昇降式ホーム柵はいずれの発着線も12両編成に対応している。

内側線には3扉の快速電車と4扉の各停電車がある。外側線では3扉の新快速（朝は快速も）と、基本1扉車だが扉の位置が各種形式で異なる特急電車に対応するためにロープ昇降式ホーム柵になっている。

阪急神戸線の神戸三宮駅はJR三ノ宮駅の神戸方にある。同線の大阪梅田寄りのシーサスポイントはJR三ノ宮駅の山側にあって阪急電車の転線風景を楽しむことができる。ただしロープ昇降式ホーム柵が設置されててロープ越しに見るので撮影には不向きになってしまった。

神戸

神戸駅は東海道本線の終点であり、山陽本線の起点である。自然に考えれば大阪駅を東海道本線の終点にしてもいいはずである。東海道新幹線と山陽新幹線とでは新大阪駅を境にしている。

東海道本線と山陽本線とが神戸駅を境にしているのは、官設鉄道として大阪―神戸間が新橋―横浜間の次に開通した日本で2番目の鉄道であった。開通は明治7（1874）年5月のことである。その後、大阪駅から東進、横浜駅からも西進してやがて東京―神戸間が東海道本線になった。

山陽本線のほうは同線を開通させた私設鉄道の山陽鉄道が明治21（1888）年11月に兵庫駅を起点にして明石駅まで開業し、翌22年9月に神戸駅へ延長して官設鉄道と接続した。山陽鉄道は国に買収されて山陽本線となった。このときに大阪駅を境にして東海道本

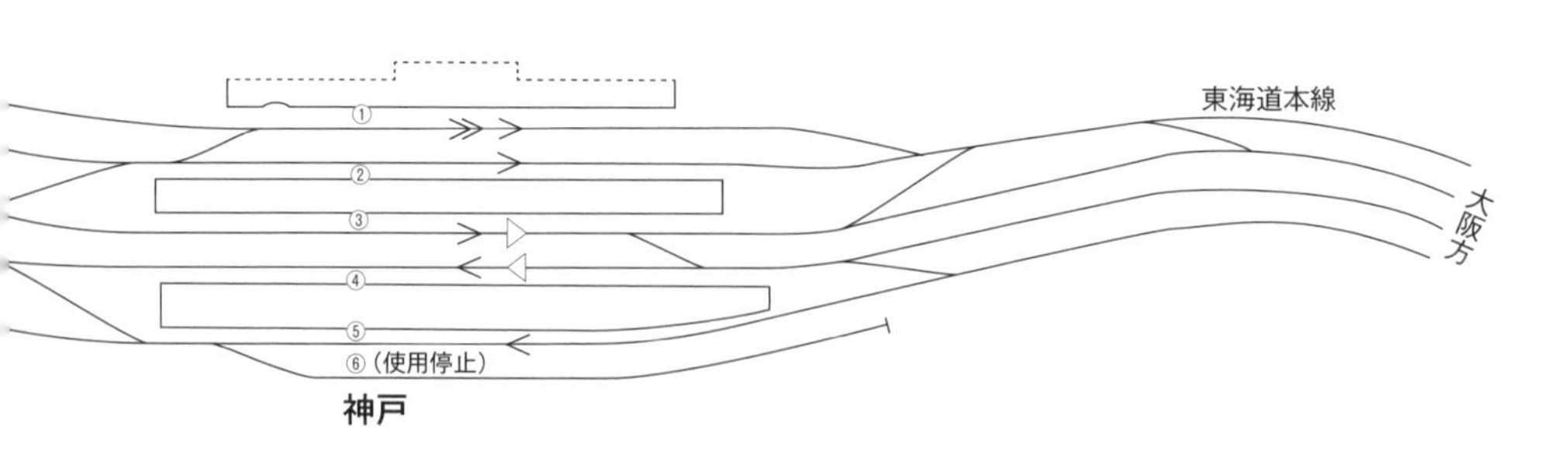

線と山陽本線とを分けてもよかったが、国が開通させた大阪―神戸間を山陽本線にするのは国としてプライドが許せなかったのである。

山陽鉄道の時代から東海道本線と直通運転を行っていたので神戸駅始終発は少なかった。京阪神地区での電車運転の開始は昭和８（１９３３）年だが、運転区間は吹田―須磨間と神戸駅を通り抜けて運転された。神戸付近の複々線化は昭和12年5月だが、このときは東灘（貨）―兵庫間で、これについても神戸駅を通り抜ける形だった。

しかし昭和11年5月の急行電車の運転を開始したときの運転区間は大阪―神戸間にした。急行電車というのが正式列車種別で長距離運転の急行列車と区別して料金不要の今でいう快速である。そして使用された車両は流線形のモハ52形4両固定編成だった。その後京都―神戸間に運転区間を延ばした。そのためトイレ付きの電車（付随車）を組み込んだ。

昭和31（１９５６）年11月に東海道本線が全線電化された。須磨―明石間の電化は昭和9年である。東海道本線全線電化のときに急行電車は最遠米原駅と明石駅まで運転されるようになった。昭和32年10月に急行電車は急行列車と紛らわしいために快速に種別を変更した。同時に高槻と芦屋の両駅に停車を開始する。昭和33年4月に姫路駅まで電化され快速も姫路駅まで一部延長運転を開始した。

この年の10月には新鋭１５１系電車によるビジネス特急「こだま」の運転開始がなされた。東京―神戸間と東京―大阪間が各1往復運転され、神戸折返特急が実現された。なお、

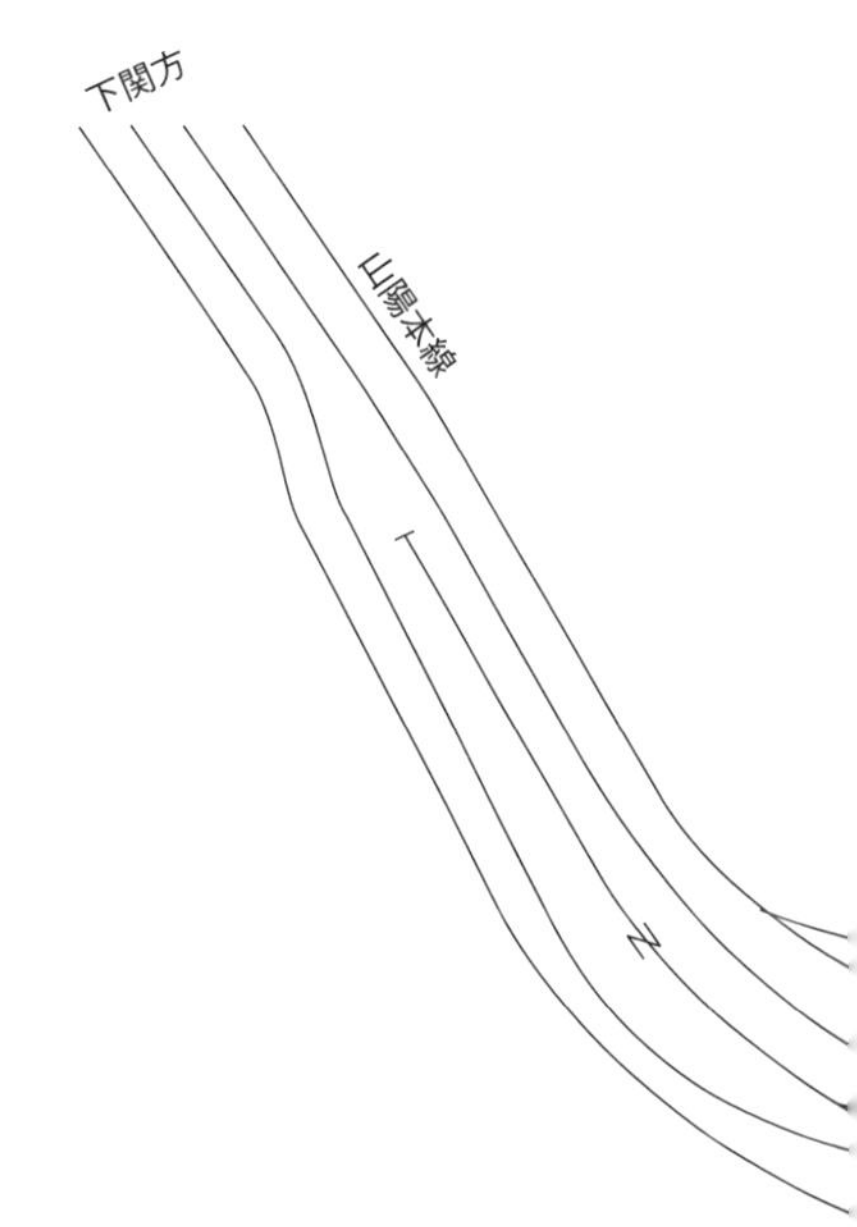

このときの東京—大阪間の所要時間は6時間50分だった。

昭和35年6月には6時間30分に短縮されるとともに、1等車2両とビュッフェ付2等車2両、2等車4両の計8両編成だったのを、個室付展望車のパーラーカー1両、食堂車1両、1等車4両、ビュッフェ付2等車1両、2等車6両の計12両編成にして、「こだま」以外に客車列車だった「つばめ」「はと」も電車化されて151系12両編成になった。

この時、東京発の第2「こだま」が神戸行（神戸着21時28分）、上りは第1「こだま」が神戸始発（6時30分発）だった。朝、神戸駅に向けて宮原客操を回送で出発、第1「こだま」で東京駅に向かう。田町電車区で整備清掃したのちに第2「こだま」で神戸に戻る。そして宮原客操に回送されて入庫する運用だった。

昭和39年10月に東海道新幹線が開業するまで、途中、広島電化で第2「つばめ」が同駅まで延長運転されるようになったが、神戸発着の「こだま」は、この運用で走っていた。東海道本線特急電車

元町駅など朝ラッシュ時だけ外側線を走る快速が停車する駅では、朝ラッシュ時が終わるとロープを張って事故が起こりにくいようにしている。ロープ1本では心もとないような気がするが、ないよりはましというところである

運転の華やかな時代だった。

東海道新幹線が開業後、長らく神戸駅発着の特急はなくなったが、昭和56（1981）年の神戸ポートピア博覧会開催時に神戸―富山間に臨時特急「ポートピア」号が運転され、次いでJR西日本になったのちの平成元（1989）年3月に神戸―富山間運転の「スーパー雷鳥」が登場、再び神戸駅に活気が戻ったが、681系「サンダーバード」の登場したのちの平成9（1997）年3月に「スーパー雷鳥」は廃止され、同時に神戸発着もなくなった。それ以来、神戸始終発の定期運転の特急はなくなった。

山側に片面ホームに面した1番線があり、この線が神戸駅始発の長距離列車が発車していた。神戸始発の長距離列車がない現在は朝の上り快速が停車して、後発の新快速が2番線に停車して追い抜いていく。また1300t牽引の貨物着発待避線でもあり、外側線の渡り線を通り越して下関寄りに線路が伸びてより外側線につながっている。

他の時間帯は閉鎖されている。2～5番線は他の島式ホーム2面4線の駅と同じ構造だが、外側線の2番線と5番線にはロープ昇降式ホーム柵が設置されている。

神戸寄りの引上線は上下内側線の間にあり、外側線からも入線できるように渡り線がある。引上線で折り返して渡

大阪寄りから見た神戸駅

り線で外側線の2番線へ向かうが、さらに1番線に向かう場合は2番乗り場のホームにかかった先に渡り線がある。1番乗り場では車両のオーバーハング部分がホームにかかるので切り欠いて当たらないようにしている。

大阪寄りで上り線は内側線から外側線へ、続いて外側線から内側線への二つの渡り線がある。下り線側の大阪寄りでは外側線から内側線への渡り線しかいない。内側線で順渡り線があって大阪寄りで内外側線から3番線に入線して折り返しができるようにしている。この渡り線は3、4番乗り場のホームにかかっているが、1番乗り場のようにホームを切り欠いて凹(へこ)ませてはいない。また海側に留置線の6番線があるが使用停止中である。

神戸駅の次は兵庫駅である。山陽本線の支線である和田岬線の回送線が並行するようになり、新長田駅の手前で下り外側線と回送線は上下内側線の下を斜めに横切る。新長田駅からは山側に列車線(兵庫駅の先までの外側線こと)、海側に電車線(同内側線)とした線路別複々線になる。線路別複々線は西明石駅まで続いている。

ただし新長田駅の先では上下列車線が抱き込む神戸貨物ターミナルがあり、東海道本線を走る貨物列車の終点はこの神戸貨物ターミナルだといえよう。

Profile

川島令三（かわしま・りょうぞう）

1950年兵庫県生まれ。芦屋高校鉄道研究会、東海大学鉄道研究会を経て「鉄道ピクトリアル」編集部に勤務。現在は鉄道アナリスト。著書に『全国鉄道事情大研究』（シリーズ全30巻、草思社）、『【図説】日本の鉄道　全線・全駅・全配線』（シリーズ全52巻、講談社）、旅鉄CORE『全国未成線徹底検証（国鉄編・私鉄編）』、おとなの鉄学『令和最新版！ライバル鉄道徹底研究』（天夢人）など多数。テレビ等でのコメンテーターのほか、早稲田大学エクステンションセンター・オープンカレッジ「鉄道で楽しむ旅」講師もつとめる。

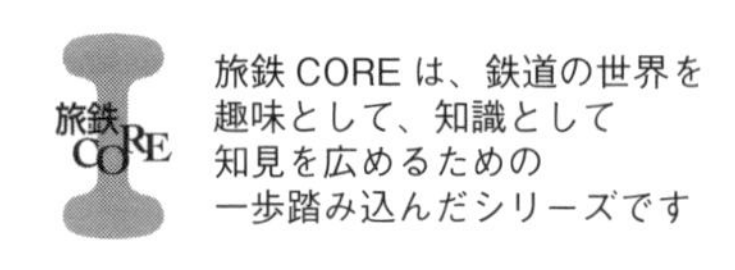

編　集　揚野市子（「旅と鉄道」編集部）
装　丁　板谷成雄
本文デザイン　マジカル・アイランド
校　正　柴崎真波

旅鉄CORE 006
配線で読み解く鉄道の魅力4
東海道本線編

2024年1月21日　初版第1刷発行

著　者　川島令三
発行人　山手章弘
発　行　株式会社天夢人
〒101-0051　東京都千代田区神田神保町1-105
https://www.temjin-g.co.jp/
発　売　株式会社山と溪谷社
〒101-0051　東京都千代田区神田神保町1-105
印刷・製本　株式会社シナノパブリッシングプレス

●内容に関するお問合せ先
「旅と鉄道」編集部　info@temjin-g.co.jp　電話03-6837-4680
●乱丁・落丁に関するお問合せ先
山と溪谷社カスタマーセンター　service@yamakei.co.jp
●書店・取次様からのご注文先
山と溪谷社受注センター　電話048-458-3455　FAX048-421-0513
●書店・取次様からのご注文以外のお問合せ先
eigyo@yamakei.co.jp

・定価はカバーに表示してあります。

Printed in Japan
ISBN978-4-635-82555-9